江苏省社会科学基金项目（20YSC010）
2020江苏省“双创博士”项目
中国矿业大学中国资源型城市转型发展与乡村振兴研究中心高端智库项目（2021-11158）

传统小城镇聚落空间形态的演变与营建

Evolution and Construction of Spatial Forms of Traditional Small Towns

林 岩 著

中国建筑工业出版社

图书在版编目（CIP）数据

传统小城镇聚落空间形态的演变与营建=Evolution and Construction of Spatial Forms of Traditional Small Towns / 林岩著. —北京：中国建筑工业出版社，2022.9

ISBN 978-7-112-27799-5

Ⅰ.①传… Ⅱ.①林… Ⅲ.①小城镇—城市空间—空间规划—研究—中国 Ⅳ.①TU984.2

中国版本图书馆CIP数据核字（2022）第154262号

发展小城镇是我国新型城镇化推进过程中的一项重要工作。本书以传统小城镇聚落为研究客体，以"自下而上"的城镇形态和营建途径为研究主题，旨在回望历史、提炼精髓、转化创新，对既有城乡规划与城市设计方法形成有效补充和完善。全书内容包括历史中的城镇形态与营建途径、传统小城镇聚落类型、小城镇聚落空间形态演变与营建等。

本书可供广大城乡规划师、城市设计师、城乡规划管理工作者以及高等院校城乡规划专业师生学习参考。

责任编辑：吴宇江
版式设计：锋尚设计
责任校对：姜小莲

传统小城镇聚落空间形态的演变与营建
Evolution and Construction of Spatial Forms of Traditional Small Towns
林　岩　著

*

中国建筑工业出版社出版、发行（北京海淀三里河路9号）
各地新华书店、建筑书店经销
北京锋尚制版有限公司制版
北京建筑工业印刷厂印刷

*

开本：787毫米×1092毫米　1/16　印张：20½　字数：355千字
2022年9月第一版　2022年9月第一次印刷
定价：**75.00**元
ISBN 978-7-112-27799-5
（39753）

聚落中的多样性表现形式和特点，并针对不同城镇对象的分项策略组合提出了“自下而上”城市设计途径在当代的再生方式。

当前，中国城镇化进入下半场，对比于追求快速增量发展的时代，城乡协调发展和品质提升已成为中国高质量建设发展的重要主题。“自下而上”的城市设计途径虽然在传统小城镇聚落中更为常见，但它对空间美感、场所活力、社区凝聚力等方面的塑造同样适合于大中城市。应该讲，本书的成果较好地契合了当下中国城镇发展和空间营建的实际需求，对丰富和充实本土化城市设计的理论和方法具有积极的价值。

中国工程院院士

东南大学建筑学院教授

2022年5月

序

2013年，我与正在东南大学攻读硕士学位的林岩商议确定了学位论文以“自下而上”城市设计途径作为研究主题。从那时起，林岩开始以传统小城镇聚落空间为载体，以“解剖麻雀”式的案例调研与分析作为主要方法，开展了一系列聚焦于“自下而上”城镇空间演变、形态特征与城市设计途径方面的研究，并在6年时间内完成了《基于“自下而上”城市设计途径的城镇聚落研究》的硕士学位论文和《以环境和需求为导向的小城镇“自下而上”城市设计途径》的博士学位论文。如今，林岩的工作基于这两篇学位论文、苏州木渎藏书和上海新场古镇等设计实践项目，以及陕西省城乡风貌特色发展战略院士咨询项目等，撰写完成了《传统小城镇聚落空间形态的演变与营建》论著。该书集结了她在硕博两个阶段学位论文的精华，其学理逻辑清晰，第一手资料丰富，田野调研深入，分类解析透彻，并系统呈现了“自下而上”的城市设计理论方法意义和实践应用价值。作为她的导师本人深感欣慰。

根据城市空间的历史发展规律和特点，我曾在1991年出版的《现代城市设计理论和方法》一书中研讨了历史上城市设计“自下而上”和“自上而下”的两种典型方法和途径，其中“自下而上”的途径通过若干个体在聚落社区宗教、法规、文化和约定俗成认知规律的引导下建设起他们的家园；而“自上而下”的城市设计则有一定预设的规划安排。这两者各有特点，对城镇空间的形成和演化缺一不可。改革开放以来的中国城镇化进程中，中国城市大多运用了“自上而下”规训式的城市设计方法，而对“自下而上”城市设计方法多有忽视和缺失。今天大家经常诟病的城镇风貌千篇一律以及历史肌理和结构日渐破碎等问题与此有脱离不开的关系。传统小城镇聚落是“自下而上”的城市设计所呈现的主要载体，这也是我鼓励林岩走进传统小城镇聚落，并实证调研和分析前工业社会中“自下而上”营建而成的城镇空间形态特征与内在演化动力的重要原因。很多历史经验和实践探索对于当下的城镇空间更新有着很好的借鉴启示和意义。林岩通过对中欧小城镇案例的实地调研、观察体验、图解分析与归纳总结，揭示了“自下而上”城市设计途径在传统小城镇

前言

发展小城镇是我国新型城镇化推进过程中的一项重要工作。我国的小城镇和乡村面广量大、类型多样，并构成了我国丰富多元的地域文化和充满魅力的人文景观。近年来，我国小城镇建设在功能和环境改善方面取得了举世瞩目的成绩，但一些地方在快速建设中盲目套用大城市的做法，导致了小城镇特色丢失、空间同质化等问题。如何在小城镇的更新中顺应其自身的发展特点，重构有特色、有温度的城镇空间环境，这是专业规划设计人员需要关注的重要问题。

小城镇和城市的本质不同，它们规模小、发展慢，与地域关系紧密，人口构成的同质性强，其空间形态的生长演变中包含了一种重要的"自下而上"的营建途径。因此，在小城镇建设中不能盲目照搬、推行适用于大城市的"自上而下"的规划设计方式，而是应该针对其"自下而上"的生长方式和群体特点，找到合适的干预强度和途径。本书以传统小城镇聚落为研究客体，以"自下而上"的城镇形态和营建途径为研究主题，旨在回望历史、提炼精髓、转化创新，对既有城乡规划与城市设计方法形成有效补充和完善。

本书在笔者博士学位论文——《以环境和需求为导向的小城镇"自下而上"城市设计途径》的基础上改写而成。该研究以3种典型的传统小城镇聚落类型为结构上的显性框架，以环境和需求为内容上的隐性线索，采用实地调研、推演分析、形态比较、归纳总结等方法，研究了小城镇"自下而上"营建途径的影响因素、表现形式、作用特点和实现方式。城镇的生长过程中几乎都包含了"自下而上"和"自上而下"两种途径的影响，而当两者的介入程度不同时，城镇最终会呈现不同的形态和特征。因此，根据"自下而上"的作用力对城镇生长影响的强弱便可区分出自然型、层叠型、设计型三种典型的城镇类型，即形成研究小城镇聚落的基本框架。而以环境和需求为导向则代表了"自下而上"营建途径的基本特征，并对应形成了本书案例分析的内容和维度。

本书首先对历史中的城镇形态与营建途径进行整体回顾，分析了"自下而上"途径的历史发展脉络和影响因素的类型，并梳理了"自下而上"与"自上而下"途径的关系。由于规模较大的城市通常会受到“自上而下”途径的更多影响和作用，而“自下而上”的形态表征较为不明显，选择传统小城镇聚落作为研究“自下而上”途径的客体更加合适，其生长途径表现了以“‘自下而上’为主、‘自上而下’为辅”的特点。

基于对陈炉古镇、考布里奇、新场古镇、达默小镇、刘店子、阿博莱伦等不同中欧案例的实地调研、观察体验、图解分析、归纳总结，本书深入研究了不同中欧城镇案例中的“自下而上”空间形态特征及其形成途径。自然型小城镇表现为一种单纯状态下“自下而上”途径作用形成的小城镇，其空间营建特点表现为人工环境与自然环境相适应并融合的过程，以及按照内部群体需求、自然产生的聚集逻辑和稳中有变的单元建设方式。层叠型小城镇表现为一种“自上而下”与“自下而上”双重途径干预的情况下形成的小城镇，其空间营建特点表现为积极利用自然条件优势，并与时局环境不断对话的有限改造，以及利用公共转化形成的集群意志表达和与特殊生活方式相适应的情境构建。设计型小城镇表现为一种以“自上而下”途径为主导，同时包容“自下而上”途径作用的小城镇，其空间营建特点表现为通过开发自然潜力并搭建城镇空间框架，以及城镇居民通过积极的共建与自建产生的场所定义和生活构建。

通过案例的分析和对比，可以大致梳理出三种“自下而上”途径的实现方式：以需求适应环境、以需求修正环境、以需求驾驭环境。其中“以需求适应环境”是在特定环境中建立居住的适宜性、稳定性为主要目标；“以需求修正环境”是使用者根据需求变化对空间的轻微调整来建立更符合时宜的适应性；“以需求驾驭环境”则是以整体的视角去协调各种不同的因素，使多种“自下而上”的力量相互协作，并在此基础上进一步总结了“自下而上”途径的形式变迁。在很多情况下，城镇发展是由一种模糊的途径——兼具“自下而上”和“自上而下”特征的非典型的“弱自下而上”营建方式来推动的。

最后，本书讨论了以设计师为主导的当代小城镇聚落空间“自下而上”的营建途径，通过“借鉴”“代行”和“保留”，可以激活“弱自下而上”途径的作用。这三种转化途径本身在设计的操作过程中是相互交叠、相互影响的，其中“借鉴”具有统领性的作用，其作用依据是历史，作用原则在于坚守城镇生长“不变”的规律；“代行”的作用依据是使用者的意愿，其作用原则在于取得对城镇内部居民有意义的“变化”；“保留”的作用依据是城镇内部的自发建设现象，其作用原则是将普通个体的作用直接纳入到城镇的设计与建设中。这三种转化途径又可以根据自然型、层叠型、设计型小城镇所具备的优势、面临的问题的不同，进行有针对性的组合。

站在当下城镇发展转型的节点上，“自下而上”的城镇设计与营建途径吻合了我国新型城镇化进程中对城镇在地性空间形态塑造的实际要求。积极推行“自下而上”的设计理念和技术方法，是提高我国城镇化质量的基础性解决途径之一。

笔者对这一课题的关注始于2013年，在对多个城镇案例的实地调研、项目研究和设计实践过程中逐渐对这一研究主题形成了一定认识。经过反复论证、修改、完善，形成这一论著，但仍然只能算作是自己漫长研究中的一个阶段性成果。本书不足之处，恳请同行朋友批评指正。

本课题研究是在东南大学建筑学院王建国院士指导下完成的，并受到江苏省社会科学基金、江苏省“双创博士”计划项目及笔者所在单位中国矿业大学的资助。特此致谢！

2021年12月

目录

1

绪论

1.1 研究背景

人们都希望在一座好的城市或城镇中生活：一个充满生机活力的、空间特征可识别并给人以归属感的、尺度和可达性适宜的、管理得当、同时又具备效率和公平的城市①。20世纪80年代以来，我国经历了一个史无前例的快速城镇化进程，大多数城镇在不同程度上出现了空间肌理破碎、环境品质下降等突出问题。"自上而下"的中国法定规划管控体系虽然在引导城镇快速发展中发挥了重要的引领作用，但是在塑造人们喜闻乐见的城镇人居环境上仍有不足，其中"自下而上"城镇发展动力的缺失是其关键的原因之一。本书旨在以传统小城镇聚落为研究对象，通过对"自下而上"城镇营建途径的系统研究，回答了"什么是我们心目中好的城市（镇）"。

1.1.1 工业化背景下的城镇特色危机和人文失范

过去100年见证了世界高速城镇化的过程。第一次世界大战之前，世界城镇化水平仅为15%，而根据联合国秘书处经济和社会事务部（UN DESA）人口司公布的《世界城市化展望（2018年修订版）》报告显示：2018年世界上55%的人口居住在城市中，并预计到2050年全球城镇化率有望达到68%。毫无疑问，城镇化已经成为近两个世纪以来对人类社会产生最大影响的社会过程。

工业化在最近一次城镇化进程中发挥了核心的影响作用。工业革命之后，特别是19世纪末，西方城市发生了巨大变化。在技术进步和社会经济发展的影响下，大量剩余劳动力从农村涌向城市，使城市中出现了空前的人口集聚现象。一时间，如何为大量人口提供住房和高质量的城市生活成为亟须解决的问题。在城镇急剧膨胀的过程中，如果依然按照传统的、自发的方式去发展，就会出现诸如空间拥挤喧闹、居住环境恶劣、卫生条件低下等严重的问题。而统一规划的方式提供了一种经济高效的发展选择，包括对城市进行功能分区、设计标准的街道系统、规划若干住

① Kevin Lynch. A Theory of Good City Form［M］. Cambridge: MIT Press, 1981.

宅小区等，会更有利于为人们提供“阳光、空气、绿色”的现代化生活环境。在接下来的100年内，这种政府主导的、注重工程技术、经济效率和社会管理的整体规划方式将引导大量现代城市的建设，塑造今天的城市环境，并成为现行主流的城市，尤其是大城市的扩张和建设方式。表现在物质空间形态上，则是大量运用简单的现代几何形体设计建筑和场地，用棋盘式的道路网获得高效的交通，并尽量保持街区的统一和规范等。

这种以政府主导的城镇快速扩张是典型的“自上而下”（Top-down）的建设方式，通过规模化、批量化的生产和建设，实现了城镇发展的经济和高效。与更多出现在过去的那种缓慢的、“自下而上”（Bottom-up）的城镇生长途径相比，“自上而下”的建设方式带来的明显好处是更有助于城市生产效率的提升、财富的累积和社会文明的进步。然而，这种建设方式也有问题，其中最明显的缺陷在于对城镇地域性、人文性的忽略和对其内在有机生长规律的无视。为了求得经济和技术的进步，现代城镇建设抛弃了大部分过去传统的城镇生长原则，确实也取得了卓越成效，但似乎又走向了另一个极端。如今“千城一面”、文化失范、记忆场所消逝的现象在世界范围内迅速蔓延，各种“城市病”蔓延滋长（图1-1）。

20世纪60年代，率先进入城镇化下半程的西方发达国家对过度信奉工业化和经济理性的现代城市建设方式进行了反思，开始重新关注规划和设计中长期被忽视的社会、文化和生活等人文属性。这包括凡·艾克（Aldo van Eyck）、简·雅各布斯（Jane Jacobs）、克里斯托弗·亚历山大（Christopher Alexander）等在内的多位建筑师、规划师和学者，他们指出现代主义城市规划和设计对普通人和社区的关心太过缺失。在空间设计方面，塞特（Lluis Sert）教授在1956年，哈佛大学设计研究生院（GSD）组织召开的城市设计国际研讨会上提议以Urban Design（城市设计）取代先前的Civic Design（市政设计），旨在呼吁重新关注“自下而上”的场所营造、市民空间和历史文化。此后，与“自下而上”相关的历史文化和人性再现等方面的内容逐渐受到重视，但和综合规划及其他相关城市发展手段相比仍处于劣势，尚未扭转以追求规模和速度为导向的城镇发展整体趋势。

如今，不仅西方发达国家需要重新审视工业革命以来的城镇发展途径，很多发展中国家也面临着相似的城市问题。预计从现在到2050年，全球城镇化增长中近90%将来自亚洲和非洲，城市人口规模的增加将高度集中在中国、印度和尼日利亚等少数几个国家①。今天，中国很多大城市是以美国现代城市为样本建设的。依照伦敦《国际水泥评论》杂志的数据，2011到2013年间，中国用掉的水泥总量比美国整个20世纪用掉的还要多。而如此高速度、高强度的建设带来的问题更加严重：包括由大量工业生产带来的能源紧缺和环境污染、城市风貌特色逐渐消失、公共空间活力丧失、邻里街区的辨识度和宜居性不够、居住环境缺少市民的心理认同、城市生活质量不断下降……这些城市诟病的产生应把一部分责任归咎于过分单一推行“自上而下”的建设方式。那么，如何修正现行的规划和设计方式，使其更加科学合理地引导城镇可持续健康发展，这值得我们每个专业人员深思。

（a）成都

（b）合肥

（c）洛杉矶

图1-1　千城一面

① 城市和小城镇改革发展中心．中心城市化信息与研究动态第5期［EB/OL］．城市中国网，2018.5. http://www.ccud.org.cn/article/21044.html

1.1.2 中国城镇化2.0阶段加强城市设计的必要

伴随着改革开放40多年来的快速发展，中国城镇建设在政府行政力量和房地产市场双重作用的推动下迅速扩张。中国城镇化从20世纪90年代开始起步。1990年中国城镇化率仅为26.4%，2000年达到36%，2017年突破60%，2021年末已达到64.72%，进入城镇化中后期阶段①。而全国城市建成区面积从1981年的0.74万km^2，激增到2015年的5.2万km^2，共提升了6倍，远高于人口的增长，大大超出实际人口用地所需②。在“自上而下”的城市规划与公共财力的支持下，中国城镇形态变迁表现出速度快、尺度大、历史肌理和结构的日渐破碎和异质化等特征③。

这种以规模外延扩张主导的城市发展方式，被很多专家和学者称为中国城镇化的1.0阶段。在这一过程中，我国切实在经济的增长、国家的富强、人民物质生活水平的提升等方面向前迈进了一大步。二三十年前，大多数人都还在为基本的生存而奋斗。而到了今天，国民的温饱问题已基本解决，人们更加有信心、有条件去追求美好的生活。然而，中国人民对目前的城镇生活满意度又该如何呢？除了高度认可和享受现代化的福利外，另一种声音也经常出现在我们的耳边：城镇空间越来越相似、居住环境越来越没有归属感、人与人之间的关系越来越冷漠。人们开始怀念过去，“乡愁”泛滥。这又是什么原因呢？我国城镇发展速度过快而缺少思考，在盲目的大拆大建中，不计其数的旧建筑和街区被推倒，旧的生活形态随之湮灭。而新建设起来的城镇空间过于追求体积庞大和形态整齐，缺乏传统的内涵和生命力，无法引起人们的精神共鸣，因此塑造出的城镇空间形象是冰冷而无趣的。过去20年里，城镇发展一味注重速度、规模、经济、功利和形式，但忽视了民生、文化、生态和特色④，这是我国高速城镇化过程中的疏漏和遗憾。

在这种情况下，国家在战略层面对城镇化发展方向做出调整。党的十八大特别是十八届三中全会以来，以人为本的新型城镇化成为中国可持续发展的战略性选

---

① 国家统计局．中华人民共和国2021年国民经济和社会发展统计公报［EB/OL］．统计局网站，2022.3. http://www.gov.cn/xinwen/2022-02/28/content_5676015.htm

② 赵燕菁．城市化2.0与规划转型——一个两阶段模型的解释［J］．城市规划，2017，41（3）：84-93，116.

③ 王建国．基于城市设计的大尺度城市空间形态研究［J］．中国科学，2009，39（05）：830-839.

④ 2016年9月，杨保军在“中国人居环境大讲堂”中的演讲《城市设计转型与城市特色塑造》中的总结。

择。2012年，党的十八大提出建设“美丽中国”的发展目标。2013年12月，中央城镇化工作会议强调要提高城镇建设水平，要“依托现有山水脉络等独特风光，让城市融入大自然，让居民望得见山、看得见水、记得住乡愁；要融入现代元素，更要保护和弘扬传统优秀文化，延续城市历史文脉”。2014年，中共中央、国务院印发的《国家新型城镇化规划（2014—2020年）》提出人文城市建设的具体措施，进一步细化文化保护与城市建设相结合的重点。2015年12月，中央城市工作会议明确指出：要坚持“以人民为中心”“人民城市为人民”的发展思想，并进一步提出加强城市设计，做好“生态修复、城市修补”，以及“精细化管理”等要求。2016年2月，中共中央、国务院印发的《关于进一步加强城市规划建设管理工作的若干意见》强调指出：要实现“体现城市地域特征、民族特色和时代风貌”的城市设计。2018年，《国务院机构改革方案》提出，将住房和城乡建设部的城乡规划管理职责划归自然资源部，旨在加强城乡建设中不同部门的整合、互动和协作，提升我国城镇发展的整体性和科学性。“十四五”期间，我国城镇化进入“以提升质量为主的转型发展新阶段”。扎实推进城市更新和乡村振兴，并不断满足人民群众对美好生活的需要，这已成为党中央做好城乡建设工作的重中之重。2021年，中共中央办公厅、国务院办公厅印发了《关于在城乡建设中加强历史文化保护传承的意见》，再次强调了城乡建设中延续历史文脉、推动高质量发展、坚定文化自信、建设社会主义文化强国的重要性。

当前，中国城镇化进入2.0阶段，城镇发展正从单一的规模外延扩张转向内涵式、重品质、增量存量结合，并逐渐以存量为主的人居环境设计营造和改善精细化管理作为主题①。在过去几年的高层会议中，城市设计在城镇发展中的作用被屡次强调，正是因为城市设计和其他规划、管理和发展手段相比，它对提升城镇空间环境质量更加有效，与建设“美丽中国”直接相关。因此，在不同类型、不同尺度的城镇空间环境营建中运用城市设计，特别是在中小尺度乃至小微尺度上发挥其对环境塑形和场所营造的作用，并同大尺度的城市规划和管理科学配合，这是即将到来的“存量时代”的客观需要。

① 王建国在中国城市规划学会城市设计学术委员会2018年年会上的主旨报告《城市转型发展vs中国城市设计发展的几点思考》中的观点。

1.1.3 新型城镇化过程中推进小城镇建设的要求

中央城镇化工作会议以来，发展小城镇在我国新型城镇化推进中的重要作用被不断揭示出来。新型城镇化的根本是实现人的城镇化，我国农村人口占比较大，单纯依赖城市吸纳农村转移人口来缩小城乡发展差距难度较大①，只有推进小城镇建设才能实现城乡和谐和可持续发展。2018年，国务院公布了实施乡村振兴战略的要求，指出我国人民日益增长的美好生活需要和不平衡不充分的发展之间的矛盾在乡村最为突出，发展建设乡村、让农村成为安居乐业的家园是建设美丽中国的关键举措。可见，除了建设城市，积极发展小城镇和乡村也是新时代中国可持续发展建设的重要组成部分。

我国的小城镇和乡村面广量大、丰富多彩，广泛分布于不同地域之间。根据《中国统计年鉴2021》显示，截至2020年底，我国县级及以上的城市有3000多个，乡镇级别的小型聚落（包括镇和乡）有3万多个，是前者数量的10倍。而乡村（自然村）的数量则更多，有近250万个。那些通过“自下而上”途径建设起来的美丽乡土聚落，是在地性建设的真实表现，相比于“自上而下”规划建设而成的城市，它们更具有自身空间形态特点和生活的实用性，呈现出富有活力的景象，令人扑朔迷离②。正是大量的不同地域中自发形成和自然生长的乡土聚落和其包含的群体及文化，构成了我国一直以来引以为傲的丰厚多元的历史文化和充满魅力的人文景观（图1-2）。

小城镇与乡村在空间形态的构成上有大量的相似点，它们不仅与城市关联紧密，而且作为“中间状态”同样具有极高的研究价值。在我国快速城镇化进程中，小城镇面临的问题也很多。其中突出的表现包括基础设施、公共服务、就业工作等方面与城市相比明显不足③，无法满足现代人不断增长的生活要求，导致了人口的流失。由于发展和建设缺乏科学合理的引导，近年来环境污染、乱搭乱建、遗产破坏等问题也层出不穷，使得小城镇的空间魅力正在逐渐消退。让专业规划与设计介入小城镇的发展进程中，从而留住山水、留住乡愁，这是与城市发展同等重要的问题。

---

① 吴亮东．全球化视野下中国的新型城镇化［N］．光明日报，2012-11-21.

② 林岩．基于“自下而上”城市设计途径的城镇聚落研究［D］．南京：东南大学，2015.

③ 赵晖．说清小城镇——全国121个小城镇详细调查［M］．北京：中国建筑工业出版社，2017.

（a）广东黎槎村

（b）陕西华阳古镇

（c）江西婺源

图1-2　不同地域中形态多样的聚落

那么发展建设小城镇应该采取什么方式呢？小城镇和城市的本质不同，它们规模小、发展慢，与地域关系紧密，人口构成的同质性强，是典型的“熟人的社会”[①]。因此，在小城镇建设中更加不能盲目照搬、推行适用于大城市的“自上而下”的规划建设方式，而是应该针对其“自下而上”的生长方式和群体特点，找到合适的干预强度和途径。否则“千镇一面”的现象也会在不同地域中快速蔓延，这将对中国城镇特色和多元文化流失造成无法挽回的损失。

1.1.4　现实的反思与设想的提出

回到本书开头所提出的问题，一座好的城市或城镇的标准是什么呢？美国学者艾伦·雅各布斯（Allan B.Jacobs）在《美好城市》中曾讲到，美好城市能够平衡

① 费孝通．乡土中国（修订本）[M]．上海：上海人民出版社，2013.

各种目标所在，实现个人和集体的认同感，维持责任感，对外来人开放，同时保持强烈的地方特色；利用自然环境，同时保护自然环境①。中国学者王建国认为即便在当下全球化和信息化时代，美好、整体有序、富有特色和文化内涵的城镇形态塑造也依然是一个永恒的主题②。可见，**对任何一个时代、任何一个地方来说，评定一座城市或城镇好坏的标准一定与基层老百姓的生活幸福指数以及普通人可感知的空间环境品质紧密相关，“自下而上”的微观主体对城镇生活的认同程度才是对这座城镇的真实评价**。在微观主体认同的基础上结合城镇现代化所带来的高效和方便，才能算真正实现了一座美好城市或城镇的建设。从这个角度看，中国当前大量的城镇离“微观主体的广泛认同”这个“好”的标准还有一定距离。

回看城镇聚落形成的历史脉络，在过去缺乏强有力的政府控制和专业规划设计工具作指导的情况下，世界各地人民用“自下而上”的方式建成了一座座“美好城镇”，即便这些传统城镇在现代化的多个角度上远远比不上大城市。当然，我们不可否认城镇化和工业化为现代生活带来的种种好处和方便，但如果过分单纯追求经济利益并夸大主观性的“自上而下”建设方式的优势，却忽视了微观的个体感受和人文情怀，我们便会失去塑造美好城镇的“基础”。美国学者凯文·林奇（Kevin Lynch）曾讲到发展的一个重要前提是要维护时间与空间的延续性③。因此，发展是不能孤立存在的，发展是过去、现在与未来之间的平衡。它不仅是宏观的业绩，也应该在微观上可以被感知。将此观点用在当前城市和城镇建设的反思上，就不难发现：以功能理性取向为代表的“自上而下”的城市规划建设和以经验实用取向为代表的“自下而上”的城镇营建途径不应是矛盾的，而是应该相互补充、互动协作，共同组建成一种整体的城镇发展方式，找到一种“平衡”的关系。

在当前新型城镇化背景下，本书提出这样一个设想：**在以“自上而下”的城市规划设计主导的中国城镇发展方式中，是否可以融入另一种“自下而上”的、历史上久经验证的营建途径——一种顺应城镇自身生长特征的模式来引导城镇的发展方向，并结合普通民众自身的力量来完成城镇建设。**

---

① 艾伦·B．雅各布斯．美好城市：沉思与遐想［M］．高杨，译．北京：电子工业出版社，2014.
② 王建国．从理性规划的视角看城市设计发展的四代范型［J］．城市规划，2018，42（1）：9-19，73.
③ Kevin Lynch. A theory of good city form［M］. Cambridge: MIT Press, 1981.

1.2 研究对象与视角

1.2.1 传统小城镇聚落

本书的研究对象为传统小城镇聚落。根据《牛津英语词典》的描述，城镇等级由高到低表现为大都市（Metropolis）、市（City）、镇（Town）、村（Village）、小村落（Hamlet）。其中“City”被定义为“一个重要的镇”，可见城市与镇具有相似的组成结构和运行机制。“镇”是城镇体系中“市”的下一级，是“很多住宅的集合（大于一个乡村的规模，通常与乡村相对立）”。“镇”的下一级是“村”，“村”是一堆住房的集合，比小村落的规模大，比镇的规模小。小村落指没有教堂的自然村落。

很多“自下而上”的传统小城镇聚落是通过商业贸易发展起来的。在当今西方学者的论述中，“Market Town”拥有2000~25000人口，具有紧密的人地关系、容纳了乡村式的生活并可以为城市储备劳动力，是一种处于中间状态（In-between）的聚居体（Matthew Jones，2016）。而在历史中，大多数古代城镇的规模要更小。斯皮罗·科斯托夫曾写道，2000人或更少的城市或城镇“很常见”，人口达到1万人的城市就“值得记录”①。因此，城镇的大小是相对的概念，不应以人口和规模来区分其等级和重要性。

英国城市规划师F. 吉伯德（Fredderik Gibberd）在《市镇设计》（Town Design）中论述道：“城镇和城市（Town and City）这两个词表明的是多种不同环境，但其基本含义是指都市生活的场所”②。他直接用“Town Design”表达“城市设计”，可见对于专业设计来说，针对不同的工作对象——镇与城市的操作方式并没有严格的区别，至少其中很多内容是相通的。

在我国，小城镇在各学科的定义有不同的侧重点。

从行政管理学的角度看，在经济统计、财政税收、户籍管理等诸多方面，建制

① 斯皮罗·科斯托夫. 城市的形成——历史进程中的城市模式和城市意义［M］. 单皓，译. 北京：中国建筑工业出版社，2005.

② F. 吉伯德. 市镇设计［M］. 程里尧，译. 北京：中国建筑工业出版社，1983.

镇与非建制镇都有明显区别。小城镇通常只包括建制镇这个范畴。根据1984年国务院批转民政部《关于调整建镇标准的报告》，中国建制镇最低要求是2000人（少数民族等特殊地区可突破这一下限）。中国学术界一般认为，建制镇的标准为：聚居常住人口在2500人以上，其中非农业人口不低于70%。

地理学将小城镇作为一个区域城镇体系的基础层次，或将小城镇作为乡村聚落中最高级别的聚落类型，认为中小城镇包括建制镇和自然村。

经济学中，小城镇是乡村经济与城市经济相互渗透的交汇点，是具有独特经济特征并与生产力水平相适应的经济集合体。

社会学中，小城镇作为一种社会实体，是由非农业人口为主组成的社区。1984年，费孝通在《小城镇　大问题》一文中把“小城镇”定义为：“一种比乡村社区更高一层次的社会实体。这种社会实体是由一批并不从事农业生产劳动的人口为主体组成的社区，无论从地域、人口、经济、环境等因素，它们既有与农村相异的特点，又都与周围乡村保留着不可缺少的联系。小城镇是从乡村型社区向许多产业并存的现代化城市转变中的过渡型社区。它基本脱离了乡村社区的性质，但还没有完成城市化过程。”[①]他在另一篇文章《论城·市·镇》中指出了城与镇的区别：“前者以政治及安全为目的，多为以官僚地主为基础的社区；后者以商业为目的，偏重于乡村间的商业中心。”[②]

根据我国对城乡的划分标准，我国城乡居民体系可以划分为：城市（大、中、小城市）、县城镇、县属镇（非县城的建制镇）、集镇、村落（包括行政村和自然村）。广义的来说，小城镇应包括小城市（设市建制的县城镇，即县级市）、县城镇、县属镇、集镇四类。

前文已经论述，本书选择小城镇聚落为研究对象主要因为其对比于城市更能表达“自下而上”营建途径所形成的空间和社会特征。因此，本书在进行案例选择时不严格界定城镇的行政等级和人口规模，而是取其生长途径的典型性。总体来说，本书研究对象取自城镇等级中较为“小”或“初级”的那部分聚落，主要包括小城镇、小城市以及规模较大的村庄。由于东西方城镇人口规模的差异，中国案例主要选择小城镇和有一定规模的村庄，欧洲案例主要选择小城镇和小城市，并用

---

① 费孝通．小城镇四记［M］．北京：新华出版社，1985.

② 费孝通．乡土中国（修订本）［M］．上海：上海人民出版社，2013.

“小城镇聚落”一词进行广义的概括。

1.2.2 “自下而上”的城镇营建途径

对于传统小城镇聚落来说，其空间形态演变与营建的一个最主要的特点是通过一种“自下而上”的途径。这也是本书切入研究主要采用的一个视角。

“自下而上”在汉语词典里的解释是：由下到上，表达的是一种事物形成的过程和特点。

从方法论的角度看，“自下而上”带有一定的导向性，即以事物末端整理为出发点，逐步累加、汇集、纠正，从而达到在整体层面上解决问题的目的①。

“自下而上”的现象在自然界中随处可见，可通俗理解为一种“自发形成”的过程，对比于“有明确目的”“受指导和控制”的现象，比如生物体的成长、自然景观的形成、物种特征的自然筛选和固化等。“自下而上”概念中所表达的“下”，为组成整体的个体、局部或内在特征；对比的“上”，为由多个局部组成的全体和整体。“自下而上”的驱动力来源于“局部”或“内在”，是在无明显外力干扰的情况下进行的过程，导向的结果是具有前后关联的、自然而然形成的②。

关于“自下而上”的城镇营建的阐释曾出现在多位学者的学术论述中。中国学者王建国在《现代城市设计理论和方法》一书中曾将历史上的城市设计与建设方式概括成“自下而上”和“自上而下”两种类型。其中“自下而上”的方法是指“按‘自然的力’或‘客观的力’的作用，遵循有机体的生长原则，若干个体的意向多年累积叠合来设计建设城市（镇）的方法”，它常常发生在“礼俗社会”之中，呈现出“修修补补的渐进主义”（Disjointed Incrementalism）的特点，并不是随着统一的平面图而是通过“合生过程”（Process of Accretion）发展起来的，表现为“因袭的设计”（Iconic Design）和“实用主义的设计”（Pragmatic Design）③。西班牙学者伊尔德方斯·塞尔达（Ildefonso Cerdá）在《城市化理论》（1867）中提出“自下而上”的设计模型，其主要特点是建立在地方建造者根据一套组合规则进行选择

① 林岩. 基于“自下而上”城市设计途径的城镇聚落研究［D］. 南京：东南大学，2015.

② 同上。

③ 王建国. 现代城市设计理论和方法［M］. 南京：东南大学出版社，2001.

的基础上。法国学者弗朗索瓦丝·科伊（Francoise Choay）在《城市主义及符号学》（1969）中提到基于邻里关系原则自建的本土设计，由当地的规则、习俗、谈判和案例制约，并像当地传统习俗文化那样一代代流传下来，这些规则和社区建筑代表了“自下而上”的力量。

从以上学者的观点中，可以辨别出“自下而上”的城镇营建途径有几个基本特点：

1.“自下而上”的城镇营建途径受到客观的、自然的影响因素作用，这些影响因素多来自地方环境特征。

2.“自下而上”的城镇营建途径主要是通过城镇局部空间中发生的若干个体自建活动实现的，多采用经验性、实用性的方法，并遵从于群体内部约定俗成的规则。

3. 这种城镇空间的营建途径没有预先设定目标，其作用下产生的城镇空间形态是一种随机性的结果。

在以上分析的基础上，笔者试图对此概念建立本书的定义：

狭义上来看，“自下而上”营建途径是“没有设计师的城镇空间设计”，即在不设定统一目标的情况下，通过累加无数基于地方经验的自建行为，无意识地完成城镇整体设计及营建的方式。

广义上来看，“自下而上”营建途径是在时空制约下形成的一种符合城镇内在生长逻辑的、与在地特征相匹配的城镇设计与建设途径。这种途径的实现方式和特点，以契合外部自然和人文环境特征，并反映内部使用者的真实需求为导向。

通常情况下，“自下而上”营建途径优先受到多种客观影响因素的作用，它具有稳定性和灵活性的双重特质。其中，稳定性来源于长期以来形成的、经多数当地居民认可的建设传统；灵活性来源于基于不同个体需求和审美的个性表达。“自下而上”营建途径形成于多元个体长期共同努力建设城镇的过程中，它构成了城镇文化脉络的一部分。

应该从何处入手研究“自下而上”营建途径呢？当下中国的城市环境主要是通过“自上而下”的规划设计途径实现的，而很多历史中通过“自下而上”途径建设形成的老街区、老建筑已在上一轮大拆大建中被破坏，不成完整体系，因此很难作为载体去研究“自下而上”途径的完整性。相比较而言，传统小城镇聚落中保留的通过“自下而上”途径形成的空间实体更加多样丰富，并在一定程度上仍然维系着质朴的人地关系。加上其规模较小，更适合于进行“解剖麻雀”式的样本深入解读，因此，也更适宜作为本书的研究载体。

1.3 研究目的和意义

1.3.1 研究目的

1. 揭示传统小城镇聚落“自下而上”空间营建的多样表现形式和内涵

“自下而上”的营建途径是一种既简单又复杂的城镇建设方式，它作为每个人身边渺小而平凡的存在，被众多学者歌颂和赞美，但并未被真正完整而系统的解读和揭示出来。即便在城市设计专业已发展到一定水平的今天，对于什么是“自下而上”营建途径、它的运行机制和特点是怎样的，大多数专业人员并没有明确的概念，更难以合理将相关知识转换运用到今天的城镇规划与设计工作中去。这是由于“自下而上”营建途径所涉及的范围广、内容杂、类型多，如果不去刻意地总结和梳理很难清晰呈现。同时，由于其变化多端的特点，不易进行全貌式的描述。因此，这部分内容的当前科学理解是比较抽象和分散的。即便如此，笔者希望通过亲身经历去观察、捕捉现实城镇中通过“自下而上”营建途径实现的空间实体和社区状态，以有限的视野在这片“神秘”的领域中找到一个切入的路径。

本书以传统小城镇聚落为主要研究客体，抱着向历史和传统学习的态度，试图通过对现实的解剖和归纳，将对“自下而上”城镇营建途径的认识推进到一个更深入的层次。正如经济学教授何帆在《变量》中指出：“旧的不一定是过时的，旧事物中同样蕴含着创新的基因。创新不是简单地弃旧扬新，而是不断地回到传统，在旧事物中重新发现新思想。”[①]传统小城镇聚落正是这样一种饱含了创新基因的、传统的“宝藏”，可以为当今重新认识和利用“自下而上”营建途径提供大量宝贵的历史经验和方法。走进“自下而上”的传统小城镇聚落，发现“自下而上”营建途径所创造出的美和力量，是本书希望达到的目标。

---

① 何帆．变量——看见中国社会小趋势［M］．北京：中信出版集团，2019.

2. 探索当代小城镇聚落空间的“自下而上”营建途径

有学者认为：狭义的城市设计是“自上而下”的对于城市发展建设的“人工干预”；而广义的城市设计是发生在世界各个城市角落中的基于个体诉求和社区集体诉求的多元、多义、多价的形态环境营建活动①。可见，城市设计与营建的主体有多种可能性，本书研究的对象是历史上由无数匿名的设计者（业主）所产生的广义的“自下而上”的城市设计与营建途径，但最终的落点是探索如何修正由设计师操作的专业“干预”方法。

如今完全依靠大量普通个体的“自下而上”的建设城镇的方式已不是城镇发展的主流选择。因此，要实现“自下而上”城市设计途径在当今城镇建设中的再生，必然存在两种不同类型城市设计主体的相关工作和思想的转换。这种转换应该通过改变专业设计思路、流程和方法来实现，使设计师在发挥个人创造力的同时，转换角色、换位思考，承担起一部分社会责任。如何在专业城市规划设计中依托个体的想法、巧借地方建设的历史经验、整合不同使用者的需求，是本书希望探索的另一个方面。

3. 寻找在当代中国实现“自下而上”空间营建的方式

在中国特有的、严格的社会制度的影响下，城市规划与设计的研究和实施无法脱离“自上而下”的法定规划。在过去二三十年内，由于中国城市设计长期不在法定规划的“体制内”，导致当下城市设计行业仍处于“三无”状态：成果无地位、运作无规则、设计无队伍②，城市设计成果难以“落地”，对实际城镇空间产生的切实效用大打折扣。研究表明，造成上述现象的根本原因是现行的控制性详细规划与城市设计的关系没有得到厘清③。自1990年《中华人民共和国城市规划法》颁布以来，控制性详细规划在我国具有法定地位，得到了规划行政部门和规划设计研究院的积极推动与探索。然而“中国特色”的控制性详细规划带有鲜明的“自上而下”的规划思维，在城镇建设过程中以“全覆盖”“一刀切”式的模式推行，在一定程度上影响了城市设计的发展和城市特色的塑造。“要加强设计城市的环节”“要让城

① 王建国在中国城市规划学会城市设计学术委员会2018年年会上的主旨报告。
② 邓东在哈尔滨工业大学研究生院第二届“城市设计知行论坛”上的报告。
③ 金广君．城市设计：如何在中国落地？[J]．城市规划，2018，42（3）：41-49.

市设计有用”就必须使城市设计纳入法定的城市规划编制体系中。

而对于“自下而上”的营建途径来说，由于其本身代表的是广大弱势群体的利益，更加需要得到领导阶层和法律规范的认可、保护和支持，才有可能从“意向性的设计”变为现实。因此，在当前环境下，要研究适应本土的、具有我国特色的“自下而上”营建途径，不能仅就“自下而上”途径自身相关的问题进行探索，还应充分考虑现行的城镇建设体制和方式，与“自上而下”的城市规划进行合理的衔接。与此同时，我们需要针对不同地域城镇发展现状和现实问题寻找“定制化”的解决途径，才能加强城市设计的“落地”，实现“自下而上”与“自上而下”两种城镇发展途径的有机结合。探索“自下而上”的营建途径在今天中国不同地域的小城镇和城市社区中的重组和实现方式，是本书希望达成的另一个重要研究目标。

1.3.2 研究意义

1. 理论意义

从Team 10的“人际结合”思想、凯文·林奇的人本主义观点到克里斯托弗·亚历山大以居民共建为基础的模式语言，学界对“自下而上”途径的关注几乎是一开始就随着现代城市设计理论的产生而出现的。近10年，可持续发展（Sustainable Development）、场所营造（Place Making）、社区设计（Community Design）等主题始终在国内外城市设计理论探究中频繁出现。但即便如此，“自下而上”在“理念”上的讨论要明显大于对其内在组成特征的解剖，更远远超出在现实中的应用。目前，已知的“自下而上”营建途径思想在城市规划设计中的运用方式包括：加强对现实城镇生活的观察、对居民意见的收集和融入普通民众在设计工作中的参与等。但这些方法仍然不成体系，对于创造地方的多样性和社区活力的作用依然有待提高。因此，重新回到传统小城镇聚落中去观察和研究历史中“自下而上”途径所创造的各类现象，对从更加微观、深入的角度厘清“自下而上”途径的作用方式有一定理论意义。而计算机技术发展为进一步精确计量和认识城镇形态构成、发掘不同特征要素之间的关联提供了新的方法，有助于推进对“自下而上”途径的理论认知深度，找到更清晰的设计及实践的指导依据。

2. 应用意义

对于中国来说，即便在城市发展迅速的情况下，小城镇仍是国家版图中面广量大的组成部分。在未来的城市规划和城市设计工作中加强对小城镇的建设引导，是现实国情所需。但目前普遍实施的“自上而下”的规划设计方法大多是针对大城市和新区的，在小城镇中照搬此类设计方法，则会出现设计方法与设计对象之间在尺度和特征上的不匹配。要找到适合于小城镇空间发展的专业介入途径，则需要从研究和提炼小城镇“自下而上”的形态特征和形成途径入手，并以此为基础拓展并形成“自下而上”的、有地域针对性的设计方法。因此，研究“自下而上”营建途径可以对既有城市规划设计方法形成有效补充和完善，尤其是有助于加强专业设计对小城镇发展建设的辅助作用，具有一定的推广应用价值。

1.4 国内外研究现状与分析

与传统小城镇聚落的“自下而上”营建途径相关的研究主要反映在三个方面：一是以历史为线索的“自下而上”的城镇生长进程；二是以调研为依据的“自下而上”的城镇聚落案例研究；三是“自下而上”的相关设计理论和实践。

1.4.1 国外相关研究

1.“自下而上”的城镇生长进程

20世纪以来，西方的历史学家、社会学家、城市理论家通过对城市历史的调查和研究以及实际城市空间的观察和分析，形成了许多经典的城市历史及理论著作，呈现了人类最初的“自下而上”聚居过程，并对之后的城市设计和研究工作产生了重要影响。

在诸多城市历史的研究著作中，在世界范围内产生巨大影响力的力作是美国城市理论家刘易斯·芒福德（Lewis Mumford）的《城市发展史——起源、演变和前景》。作者试图在此书中描述5000年的城市发展史，不仅专门回溯了城市的起源、描述分析了一连串城市文明，同时对城市发展的是非曲直、功过得失作了历史性的总结。他在书中反复强调城市的社会功能，认为城市是神性（Divinity）、权力（Power）和人性（Personality）组成的复合物，并提出"城市最终的任务是促进人们自觉地参加宇宙和历史的进程"[①]，以此为基础对日后城市发展提出意见。其他具有影响力的通史型著作还包括意大利学者贝纳沃罗（L.Benevolo）的《世界城市史》、英国学者莫里斯（A.E.J.Morris）的《城市形态史——工业革命以前》、英国学者约翰·里德（John Reader）的《城市》、瑞典历史学家伊德翁·舍贝里（G.Sjoberg）的《前工业城市：过去与现在》等，这些著作均通过考古学和历史学的方法对人类最初聚居行为的产生和城市文明的形成进行梳理和回顾，阐述了从游猎到定居、从村庄到城市的发展进程中自然、安全、信仰、技术、经济等基本因素的影响作用。

另有一些理论家从形态、规划、设计的角度对历史上的城镇形成过程进行了深入解读，旨在发现城镇成长背后的"自然法则"，这为今天的建筑师和规划师的工作提供依据和灵感。美国学者斯皮罗·科斯托夫（Spiro Kostof）的两部著作《城市的形成——历史进程中的城市模式和城市意义》和《城市的组合——历史进程中的城市形态的元素》分别讨论了从历史的视点观察到的城市形式，以及人类所有聚居模式中普遍性的城市构成要素。他关注"作为意义载体的形式"，认为形式本身并不能充分说明其背后的意图，只有当熟悉了产生这种形式的文化时，才能正确地"解读"这种形式[②]。

美国城市学家约瑟夫·里克沃特（Joseph Rykwert）是一位用"历史观"反思今日规划问题的学者，他在《城之理念——有关罗马、意大利及古代世界的城市形态人类学》中明确反对了现代城市像"发动机"一般的运作方式以及规划工作中对"历史的清除"。他认为现代规划师应从古代先例中学习和理解基于习俗和信仰体系形成的概念原型，以及它与场所及格局形态之间的关系[③]。

德国学者阿尔弗雷德·申茨（Alfred Schinz）的《幻方——中国古代的城市》

---

① 刘易斯·芒福德. 城市发展史——起源、演变和前景［M］. 宋俊岭，倪文彦，译. 北京：中国建筑工业出版社，2005.

② 斯皮罗·科斯托夫. 城市的形成——历史进程中的城市模式和城市意义［M］. 单皓，译. 北京：中国建筑工业出版社，2005.

③ 约瑟夫·里克沃特. 城之理念——有关罗马、意大利及古代世界的城市形态人类学［M］. 刘东洋，译. 北京：中国建筑工业出版社，2006.

则是一部以西方学者的视角研究并呈现中国城市发展方式的著作。通过丰富翔实的现场资料和精准的地图，表达了社会、文化、政治和历史等因素在城市发展过程中的作用。

2.“自下而上”的城镇聚落案例研究

建筑学界对“自下而上”聚落的关注是从广阔乡土空间中的匿名建筑开始的。美国建筑师雷蒙·亚伯拉罕（Raimund Abraham）在1963年出版的《文化建筑构造》一书中，高度赞扬了未经设计、自发建造的建筑，包括乡间的磨坊、牛栏①。美国作家、建筑师、社会史家伯纳德·鲁道夫斯基（Bernard Rudofsky）在其著作《没有建筑师的建筑：简明非正统建筑导论》中通过介绍鲜为人知的非正统建筑世界，试图冲破建筑艺术的狭隘观念，包括“乡土建筑”（Vernacular Architecture）、“无名建筑”（Anonymous Architecture）、“自生建筑”（Spontaneous Architecture）、“本土建筑”（Indigenous Architecture）、“农村建筑”（Rural Architecture）。这些建筑并非少数精英或专家发明，而是由具有共同文化传统的人群集体根据群体经验，自发的而且是持续活动创造形成的。书中对乡土建筑进行了深入研究和重新定位，反映了文化和技艺的传承和延续，强调了人本性（Humaneness），其建筑风格和建造方法的多样性与生活的多样性相呼应，其人性化的建筑元素具有独特的价值②。

美国学者阿摩斯·拉普卜特（Amos Rapoport）基于大量案例的调研，用建筑学结合人类学的方法研究了世界各地的大量传统建筑形态和聚落环境，其中案例研究部分成为《宅形与文化》《建成环境的意义——非语言表达方法》《文化特性与建筑设计》等多部著作的论述基础。他在《宅形与文化》中指出风土建筑的特征有：无需理论和美学主张，与场地周边环境共生，关照邻里，兼顾建成环境和自然环境，即便是同种结构方式也会有多样化的局部发挥③。在《建成环境的意义——非语言表达方法》中，他主张研究聚落环境时结合特定文化内涵的剖析，用直接的观察、分析和推理，去解释物质空间背后的意义。他反复强调世界各地城镇聚落的多

---

① Raimund Abraham. Elementare Architecture Architectonic［M］. Salzburg: Pustet, 2001.

② 伯纳德·鲁道夫斯基. 没有建筑师的建筑：简明非正统建筑导论［M］. 高军，译. 天津：天津大学出版社，2011.

③ 阿摩斯·拉普卜特. 宅形与文化［M］. 常青，等译. 北京：中国建筑工业出版社，2007.

样性是由文化景观体现出来的，因此，地方人群的文化认知与空间形态之间有极为重要的联系①。

日本的建筑师和学者通过翔实的调研分析对聚落研究作出了重要的贡献。学者原广司的著作《世界聚落的教示100》从建筑设计的角度将聚落中的真知做了系统的介绍，其中对共同体的共同幻想、自然的取材、叠加的性质、自由与限制的共存等特征的描述，解释了看似无逻辑的人类居住形态背后的规律②。建筑师藤井明2000年完成的著作《聚落探访》将聚落的配置和组织关系予以抽象符号化，并探究了聚落共同体的构成方法。藤井明指出，聚落的空间图式经过"序列化""区域化""符号化"等一系列过程得以完成，构思方法的多型性产生了聚落形态的多样性，保证了空间的独特性③。

3."自下而上"的相关设计理论和实践

"二战"以来，现代城市设计对既有的功能导向为主体的规划设计方法进行了反思，开始倡导城市建设中的生态性、人文性、综合性，考虑城市的使用者——人的实际需求。由此诞生的城市设计理论从多角度探讨了自下而上城市设计思想的重要性，从今天看来，很多理论仍具有前瞻性和参考价值。

Team 10在1959年的国际现代建筑学会（CIAM）年会上提出了"参与性设计"思想，主张在设计过程中设计师与社会和环境对话。他们认为城市社会中存在人类结合的不同层次，城市设计应该涉及空间的环境个性、场所感和可识别性。同时，提出了重要的"门阶哲学"（Doorstep）、"过渡空间"（In-Between Space）等思想，特别强调了城市设计中以人为主体的微观层次。

美国学者简·雅各布斯的学术主张被视为具有里程碑式的城市设计理论观点：自此欧美城市设计开始从物质层面转向对城市社会、文化以及社区问题的研究，开始强调城市设计的公平性问题、对弱势人群的关怀以及城市设计的公众参与。她认为"多样性是城市的天性"，应关注城市环境和日常生活的互动关系。她反对大规划，倡导基于"街道眼"的"自下而上"的公共安全设计策略：通过由运动和变化

---

① 阿摩斯·拉普卜特．建成环境的意义——非语言表达方法［M］．黄兰谷，等译．北京：中国建筑工业出版社，2003.

② 原广司．世界聚落的教示100［M］．于天炜，刘淑梅，译．北京：中国建筑工业出版社，2003.

③ 藤井明．聚落探访［M］．宁晶，译．北京：中国建筑工业出版社，2003.

组成的复杂秩序——生活的秩序，神奇地突出每个个体，且又组成有序的整体，从而唤起人们对城市复杂多样生活的热爱[①]。

美国麻省理工学院的凯文·林奇教授在规划设计中推崇人本主义的思想，他与其团队从城市居民的集体意向入手，建立了城市形象的调查方法，并总结概括出城市形体环境的5点构成要素：路径、节点、边界、标志、区域。他认为，城市设计师和规划师必须了解其所规划环境中使用者的思想行为，规划才能有意义[②]。

美国学者C. 亚历山大在其著名的《建筑模式语言》中，以“以人为本”为主体思想构建了从宏观规划到局部建筑的全尺度设计模式。他所倡导的模式语言是以居民共同参与建造为基础的，即共同的模式语言。同时，也希望模式可以通过渐进的方式加以实现，使它们逐步的、有机的、几乎是自然而然的应运而生。他和同事构想了一个简单的时代：地方发展由自组织的社会体系主导，通过常识就可以解决复杂的问题，而不需要复杂机器和外部机构的介入[③]。此外，他在《城市设计新理论》中提出采用整体发展的思路。其中提到美丽的城镇之所以具有有机性、整体感，是因为按照自身整体的法则发展起来的。为了实现整体性，就应当改变城市设计思路，仿照古老城镇渐进形成整体的方式，将“结果导向”的设计方法转向“过程导向”，并以“过程”为核心制定设计的原则。而城镇的整体化特征为：渐进的、不可预测的、连贯的、富于感情的[④]。

美国学者阿摩斯·拉普卜特的文化观点亦对城市设计理论产生了重要影响。他在《文化特性与建筑设计》中主张建筑设计应该以所在环境的文化特性研究为基础，认为传统文化特性应该受到尊重，并顺其自然的演变。文化与建筑形式之间应当有一种“调和”关系，设计应尽可能是“开放性”的。在设计中，要从建筑与城市的构架出发，构架中的空隙则要由使用者来填充[⑤]。在《作为乡土建筑的自发社区》中，他以乡土建筑为框架对自发性建造给予了很大的关注，并结合社区层面进行研究[⑥]。

---

① 简·雅各布斯. 美国大城市的死与生［M］. 金衡山，译. 南京：译林出版社，2006.

② Lynch K. The Image of the City［M］. Cambridge: M.I.T. Press, 1960.

③ C. 亚历山大，等. 建筑模式语言［M］. 王昕度，等译. 北京：知识产权出版社. 2002.

④ C. 亚历山大，等. 城市设计新理论［M］. 陈治业，等译. 北京：知识产权出版社. 2002.

⑤ 阿摩斯·拉普卜特. 文化特性与建筑设计［M］. 常青，等译. 北京：中国建筑工业出版社，2004.

⑥ Amos Rapoport. Spontaneous Settlements as Vernacular Design [M]// PATTON, CARLV (EDITOR). Spontaneous Shelter: International Perspectives and Prospects. Philadelphia: Temple University Press, 1988.

麻省理工学院（MIT）系主任哈布瑞根（John Habraken）教授则是将为“每一个使用者”设计的“哲学思想”深刻植入设计思想和实践中，在《骨架：大量性住宅的另一种途径》所提出的SAR理论中，阐述了将住宅设计分为“骨架”和“可拆开的构件”的概念。随后，这一思想扩展到城市设计中，把城市物质构成更广义地命名为“组织体”，而把广义的基础设施、道路、建筑物承重结构命名为“骨架”（Support）。组织体决定该地区环境特色和人群组织模式，设计可由居民来共同参与决定①。他的学生哈莫迪（Nabeel Hamdi）进一步发展了相关理论，并在荷兰进行了相关教学和实践活动。

1.4.2 国内相关研究

1.“自下而上”的城镇生长进程

国内对城镇历史的形态现象和动因的研究相对于西方来说比较薄弱，代表著作有：武进的《中国城市形态：结构、特征及演变》、胡俊的《中国城市：模式与演进》、成一农的《空间与形态——三至七世纪中国历史城市地理研究》、李孝聪的《中国城市的历史空间》、王鲁民的《营国：东汉以前华夏聚落景观规制与秩序》、王贵祥的《匠人营国——中国古代建筑史话》、薛凤旋的《中国城市及其文明的演变》等。相较于西方，我国古代“分封而建”政策下形成的城市则更多是在“自上而下”的政治和军事因素影响下建成的，并反映一定时代（朝代）的特殊要求。而在宋代废除里坊制之后，特别是明清资本主义经济萌芽出现后，我国“自下而上”的城镇有了一个很大的勃兴，城镇建设形成了“自上而下”和“自下而上”两种并行不悖的途径，这一点很长时间被我国城镇建设史研究所忽略②。

2.“自下而上”的城镇聚落案例研究

我国早期城镇聚落案例研究出现在社会学领域，其中以费孝通先生的研究为代

① 张钦哲，朱纯华．SAR的理论基础与我国住宅建设［J］．建筑学报，1985，(7)：68-71.
② 王建国．现代城市设计理论和方法［M］．南京：东南大学出版社，2001.

表。费孝通先生于1985年出版的《小城镇四记》[①]，对江苏省内11个小城镇做了系统调查，对自发形成的小城镇类别、层次、兴衰、布局和发展进行了详尽的阐述，是我国早期小城镇研究的经典之作。

建筑学界早期的聚落研究建立在地域民居研究基础之上，20世纪80年代以来，一些学者将建筑单体的民居研究渐渐扩展到整体聚落的研究，以高校为依托形成以特殊地域聚落为关注对象的研究团队。其中有影响力的团队包括：东南大学以段进、龚恺、董卫、张十庆等教授为代表的团队；清华大学以单德启、陈志华、楼庆西、李秋香教授为代表的团队；天津大学以张玉坤教授为代表的团队；同济大学以阮仪三、刘滨谊教授为代表的团队；西安交通大学以周若祁等教授为代表的团队；西安建筑科技大学以刘加平等教授为代表的团队；华南理工大学以陆元鼎、吴庆洲教授为代表的团队等。其聚落研究主要关注于文化层面的理论探讨以及测绘调查层面的现象描述与资料累积[②]。其他有代表性的学者及其研究成果还包括王澍（1987）探讨的皖南聚落街巷系统网状结构，彭一刚（1994）探讨的传统聚落景观分析，陈紫兰（1997）提出的传统聚落的界域性与中心性，业祖润（2001）提出的聚落空间体系的中心、方向、领域三元素构建等。

2010年以后，学界在聚落研究的方法、技术、多学科交叉等方面的探索逐渐增多。王昀、浦欣成（2009）等学者将聚落平面与数学模型结合，通过计算机辅助编程和数理统计对聚落中“量”的特点有了更精确的分析。单军（2010）、王鑫（2014）等学者将环境适应性引入建筑学，以“地区建筑学”为切入点，对晋中、滇西北等不同地域的传统聚落与建筑形态的外显表征、历史演化、类型辨析等问题进行了深入分析[③④]。刘沛林（2014）致力于GIS手段下的聚落景观基因研究，通过深入分析地域景观图谱将中国传统聚落划分为14个景观区[⑤]。赵之枫（2015）从空间视角切入，对传统村镇聚落进行了多方位空间解析[⑥]。与此同时，空间句法、非线性方法等新兴量化方法在聚落研究中也有了不同程度的运用。

---

① 费孝通．小城镇四记［M］．北京：新华出版社，1985.

② 浦欣成，王竹．国内建筑学及其相关领域的聚落研究综述［J］．建筑与文化，2012，（9）：54-55.

③ 单军，吴艳．地域性应答与民族性传承——滇西北不同地区藏族民居调研与思考［J］．建筑学报，2010，（8）：6-9.

④ 王鑫．环境适应性视野下的晋中地区传统聚落形态模式研究［D］．北京：清华大学，2014.

⑤ 刘沛林．家园的景观与基因：传统聚落景观基因图谱的深层解读［M］．北京：商务印书馆，2014.

⑥ 赵之枫．传统村镇聚落空间解析［M］．北京：中国建筑工业出版社，2015.

3. “自下而上”的相关设计理论和实践

相对西方国家，国内的城市设计起步较晚，并在很大程度上受到西方城市设计思想的影响。尽管在城市设计发展的30年内，占据主流的城市设计思想和理论始终是“自上而下”的物质空间理性规划，但学界对可持续、人性化、本土化的城市设计方法的探索始终没有停止。王建国1988年提出城市设计的主要目标是改进人们生存空间的环境质量和生活质量，在文章《自上而下，还是自下而上——现代城市设计方法及价值观的探寻》[①]中将城市设计价值取向和方法概括成“自上而下”和“自下而上”两种不同类型，并以古常熟城市规划设计为案例，讨论了“自下而上”的城市设计方法。20世纪80—90年代，在吴良镛（1989）、邹德慈（1998）、郑时龄（1999）等城市设计前辈的论述中，均提到了“以人为本”、关心“公众利益”等价值取向。在1990年的中国城市规划年会上，学界达成了“城市设计以人为中心”的共识。21世纪以后，我国城市设计理论发展得更加多元而立体，“可持续”“本土化”“适应性”“开放性”等方面的学术主张不断涌现，同时社会实践、公众参与方面的关注度持续上升。2015年之后，我国城市发展迎来从“增量”走向“存量”的转型过渡时期，城市设计领域相应的“因地制宜”“人本尺度”“精细化”等主题讨论逐渐增多。

国内学界对针对小城镇的“自下而上”设计方法的关注也在逐步增强。王士兰、曲长虹曾在2004年的城市规划年会上提出要重视小城镇的城市设计，就阶段划分、设计内容及必须重点研究的几个问题进行了理论和方法的探索[②]。王士兰等在《小城镇城市设计》中系统性论述了小城镇城市设计目标、对象、层次和类型，其设计的阶段与任务、设计成果的表达形式和评审、实施等[③]。其他关于小城镇城市设计的系统性论述还包括夏健、龚恺等编著的《小城镇中心城市设计》[④]、赵之枫等编著的《小城镇街道和广场设计》[⑤]等。吕迪华、徐雷等对小城镇形态保护

① 王建国. 自上而下，还是自下而上——现代城市设计方法及价值观的探寻［J］. 建筑师，1988（10）.

② 王士兰，曲长虹. 重视小城镇城市设计的几个问题——为中国城市规划学会2004年年会作［J］. 城市规划，2004，28（9）：26-30.

③ 王士兰，游宏滔. 小城镇城市设计［M］. 北京：中国建筑工业出版社，2004.

④ 夏健，龚恺. 小城镇中心城市设计［M］. 南京：东南大学出版社，2001.

⑤ 赵之枫，张建，骆中钊，等. 小城镇街道和广场设计［M］. 北京：化学工业出版社，2005.

提出了“链接”与“生长”两种方式，强调既要保护历史遗存的风貌，又要自然地融入大中城市，并承载起现代城市生活①。卢峰认为旧城更新是当前小城镇建设的重点和难点②。朱少华针对我国小城镇的建设特色和要求，以小城镇空间环境为研究重点，提出小城镇城市设计的方法、原则和内容③。李大勇等认为地域文化是城镇与生俱来的生命基因，城镇形象特色建构的关键是确立城镇形象特色的生成、发展与地域文化传承、发展的城市设计命题④。王承华等提出了小城镇空间营造的四方面理念和路径：自然共生结构、微空间设计、乡土文化传承以及原生态环境理念⑤。熊勇等提出小城镇城市设计要注重具体的地域性表达，构建了“3+4+3”的小城镇城市设计地域性回归研究框架⑥。徐晓曦深入挖掘了“城市修补”理念内涵，寻求了特色小城镇可以兼顾特色原真性保护和对城镇低干扰的旅游适应性更新新的策略方法⑦。陈超等从小城镇城市设计存在的问题出发，讨论了新型城镇化背景下小城镇城市设计策略，以期构建宜居、精致和具有特色的小城镇⑧。吴瑕玉等在重庆小城镇街道微更新中，在明确街道公共空间的日常生活需求和空间品质特征的基础上，以平民化设计、日常需求为导向形成新的空间约定，通过搭建微更新行动攻略和情境式协作平台，鼓励居民参与到微更新中⑨。张立涛等针对当前我国小城镇建设的特色和要求，形成了小城镇城市设计技术要点⑩。刘迪等尝试摸索城市设

① 吕迪华，徐雷，王卡．“链接”与“生长”——兼并过程中小城镇形态保护的两种方式［J］．城市规划，2005（1）：89-92.

② 卢峰．山地中小城镇旧城更新的策略与方法［J］．重庆建筑大学学报，2005，27（2）：23-25.

③ 朱少华．小城镇城市设计初探［D］．西安：西安建筑科技大学，2006.

④ 李大勇，吴强．地域文化传承视角下的小城镇形象特色的建构［J］．小城镇建设，2010（2）：85-89.

⑤ 王承华，杜娟．小城镇空间特色塑造探讨——以南京谷里新市镇城市设计为例［J］．小城镇建设，2015（5）：64-69.

⑥ 熊勇，宋丽美，张志强．小城镇城市设计中的地域性回归研究——以株洲市云田镇为例［J］．湖南工业大学学报，2016，30（3）：91-96.

⑦ 徐晓曦．“城市修补”理念下特色小城镇旅游适应性更新研究［D］．南京：东南大学，2016.

⑧ 陈超，徐宁，张姚钰，等．新型城镇化背景下小城镇城市设计实践反思——以南京市江宁区土桥新市镇城市设计为例［J］．规划师，2016，32（1）：105-111.

⑨ 吴瑕玉，柳健．平民设计，日用即道——凸显日常的重庆小城镇街道微更新操作指南［J］．规划师，2017，33（S2）：180-186.

⑩ 张立涛，刘星，薛玉峰．小城镇城市设计技术要点研究［J］．小城镇建设，2017（5）：54-60.

计在中国传统社会小城镇本土化过程中方法论体系的构建路径①。马青峰等借鉴王澍“自然建造”的概念提出了小城镇历史街区“自然生长”的改造模式，通过尊重居民的价值取向和合理分配改造资源来实现②。冯伟等提出在小城镇城市设计策略中要强化自然山水与城镇的空间格局、保持传统建筑空间风貌、严格控制街区空间的尺度及比例关系③。赵彦超等提出应对自然—田园—城镇的有机整体关系进行保护和发展，从而形成完整统一、具有“本土”特征城镇空间的小城镇特色空间营造路径④。

如今在各类城市设计中，“小规模更新”“自发更新”“渐进式”“微更新”等“自下而上”的方式得到很多学者的提倡。在旧城更新、小城镇改造、乡村建设的实践中出现了一些成功案例，如上海田子坊、深圳“趣城”、北京南锣鼓巷、苏州平江路、宜兴丁蜀镇古南街、南京小西湖等，受到了社会的广泛关注。

1.4.3 研究现状分析

总体来看，对于城镇客体的研究：纵向的历史演进和横向的空间形态等方面的研究成果均比较丰硕，尤其在西方不乏重要的经典著作。不同国家城市历史学家和理论家的论述对象和重点虽有不同，但他们基本都认为研究历史是认识今天的城镇特征与内涵以及制定合理的发展策略当中不可缺少的一个环节，也是诸多规划师和建筑师所欠缺的。过去的学者通过历史回溯、案例调查、图纸解读、软件分析等方式像展开画卷一般为后人揭示了城镇发展历程、现象特征和内在原因。已知的对今天的城镇认知仍有重要影响的结论包括：（1）城镇是通过自然、社会、文化、经济等自下而上的因素和政治、军事、宗教等自上而下的因素相互叠加形成的，是多因子协同作用下的复杂系统；（2）城镇的本质特点与人密切相关，理解城市形态必

① 刘迪，朱慧超，俞为妍．中国传统社会小城镇本土化城市设计刍议［J］．城市规划学刊，2017（S2）：206-210.

② 马青锋，张鑫，郑先友．小城镇历史街区的“自然生长”改造模式——以黄屯老街为例［J］．南方建筑，2018（2）：72-77.

③ 冯伟，秦亚梅，武芳，等．基于空间形态特征的小城镇城市设计策略［J］．建筑与文化，2019（5）：147-149.

④ 赵彦超，张清华，唐克然．基于山水林田城村共同体视角的小城镇城市设计路径探索——以青海省贵德县中心城区为例［J］．小城镇建设，2019，37（6）：41-48.

须要了解使用者日常生活的感受。但我们也必须认识到，城镇是个包罗万象的复杂巨系统，当下理解仍然是“冰山一角”。因此，针对不同地域、不同案例、不同时段的城镇的进一步研究仍然十分必要。目前，城镇历史和空间形态主要欠缺的研究内容包括：（1）当前大多研究是以特殊地域案例为对象的表征形态研究，综合性的探讨外在表征与内在机制相结合的研究还比较少；（2）将城镇客体特征的发掘与城市规划设计思维、方法相结合的研究还比较少。

西方国家对“自下而上”城市规划设计的关注起步于20世纪60年代，以此为主题产生了诸多论述，在以下几个方面有很大的启发性：（1）倡导人性化设计。认为城市规划与设计必须建立在了解居民真实需要的基础之上，并鼓励居民参与社区共建；（2）保护城市的历史文脉。要灵活开放地引导城市的未来走向，采用渐进式的发展策略；（3）通过提升城市的丰富性、多样性、整体性来保持城市的活力。由于西方国家城市规划和设计实践的局限，大多研究在理论上的探索大于实际应用。

我国在经历了上一轮城镇飞速发展之后进行了反思，认识到在绝对的“自上而下”的城市规划和设计中，适当融入“自下而上”的设计途径已是大家的共识和积极探索的对象。当前讨论中与“自下而上”营建途径相关的概念和议题，包括“非正规视角的更新策略”“弹性设计”“微更新”“渐进式更新”“日常生活视角的设计策略”“自发更新”等，其所包含的内容和深意在很多情况下是相通的，但还缺乏概念之间的梳理和融合，以及策略上的系统化研究。同时，针对小尺度城镇的城市规划设计理论和方法还比较稀缺。与西方案例相比，我们对深刻、细致的小城镇案例研究还相对较少，需要作进一步探索。

1.5 研究内容和思路

1.5.1 主要研究内容

1. 历史中的城镇形态、营建途径和影响因素

首先回顾人类聚落及城镇形成与发展的历史，讨论这一过程中形成的“自下而

上”和“自上而下”两种典型的城镇营建途径，以及这两种途径在不同规模尺度城镇聚落中的分布和表现形式，进而得出“自下而上”的营建途径更多表现在小尺度城镇聚落中的结论。然后进一步阐述小城镇的形态类型和背后的影响因素，从基本条件、行为方式、经济、风土文化四个层面，分类研究城镇特征形态形成的多种“自下而上”的驱动力，以及它们对城镇的影响方式，从而对“自下而上”营建途径形成概括性的认识。

2. 不同类型小城镇的形态演变特征和营建途径

针对生长途径的不同，将小城镇分为自然型、层叠型、设计型三种类型，并针对每种类型进行典型案例的调研和分析。其中自然型小城镇的典型案例选择陈炉古镇、考布里奇；层叠型小城镇的典型案例选择新场古镇、达默小镇；设计型小城镇的典型案例选择刘店子、阿博莱伦。对每个案例进行历史演进、形态构成、营建模式等方面的详细解读，并对中欧小城镇进行比较和归纳，从而揭示以“自下而上”营建途径为主导发展方式形成的小城镇形态与演化特点。

3. 当代小城镇聚落空间的“自下而上”营建探索

以前文的案例研究为基础，梳理出在小城镇中不同背景条件、实施范围、执行者等情况下出现的若干不同形式的“自下而上”营建途径。进一步以中国的城镇发展现状为基础，提出针对不同区域、工作对象的“自下而上”营建策略、要点和建议。

1.5.2 研究思路

1. 研究方法

文献阅读：广泛阅读国内外关于城市形态和城市设计的各类书籍、期刊以及相关的硕士、博士学位论文等，梳理相关研究成果，分析研究现状中存在的问题。尤其是传统城镇聚落历史方面的著作，为本书的典型案例和设计策略的研究提供相应的背景和理论基础。

案例调研：本书的研究基于大量的第一手资料，选取国内陕西、上海、山东等不同地域和特征类型的传统小城镇聚落，以及英国、比利时等欧洲传统小城镇聚落进行实地调研。通过直接观察、生活体验、影像采集、居民访谈等方式获取有效分析信息和数据。

推演分析：根据文献资料和现实情况，对多个目前已经不存在的案例历史现象和历史演化过程进行了推测和还原，通过图像和叙述大致重现完整的历史发展过程。同时，通过相关软件对城镇图像进行数字化处理，在感性分析中加入“度量”参考和比对。在此基础上，深入分析城镇形态演变背后的动因机制，对相关的“自下而上”影响因素进行细致剖析。

归纳总结：以调研案例为基础，进行图解分析、多因素分析、比较分析等研究，为“自下而上”营建途径的特征归纳提供足够的基础研究支持。通过中欧城镇案例的对比，研究这些案例的共性与差异，并归纳总结不同类型城镇现象背后的作用机制和特点，推导成一般性的结论。

实践运用：结合笔者参与的上海新场古镇城市设计、苏州木渎藏书老镇区规划设计、芜湖十里长街重点历史地段城市设计等实践项目，运用并检验本书提出的城市规划与设计思想和方法，并为进一步推广实现“自下而上”营建途径提供参照和依据。

2. 内容框架

本书的研究框架如（图1-3）：

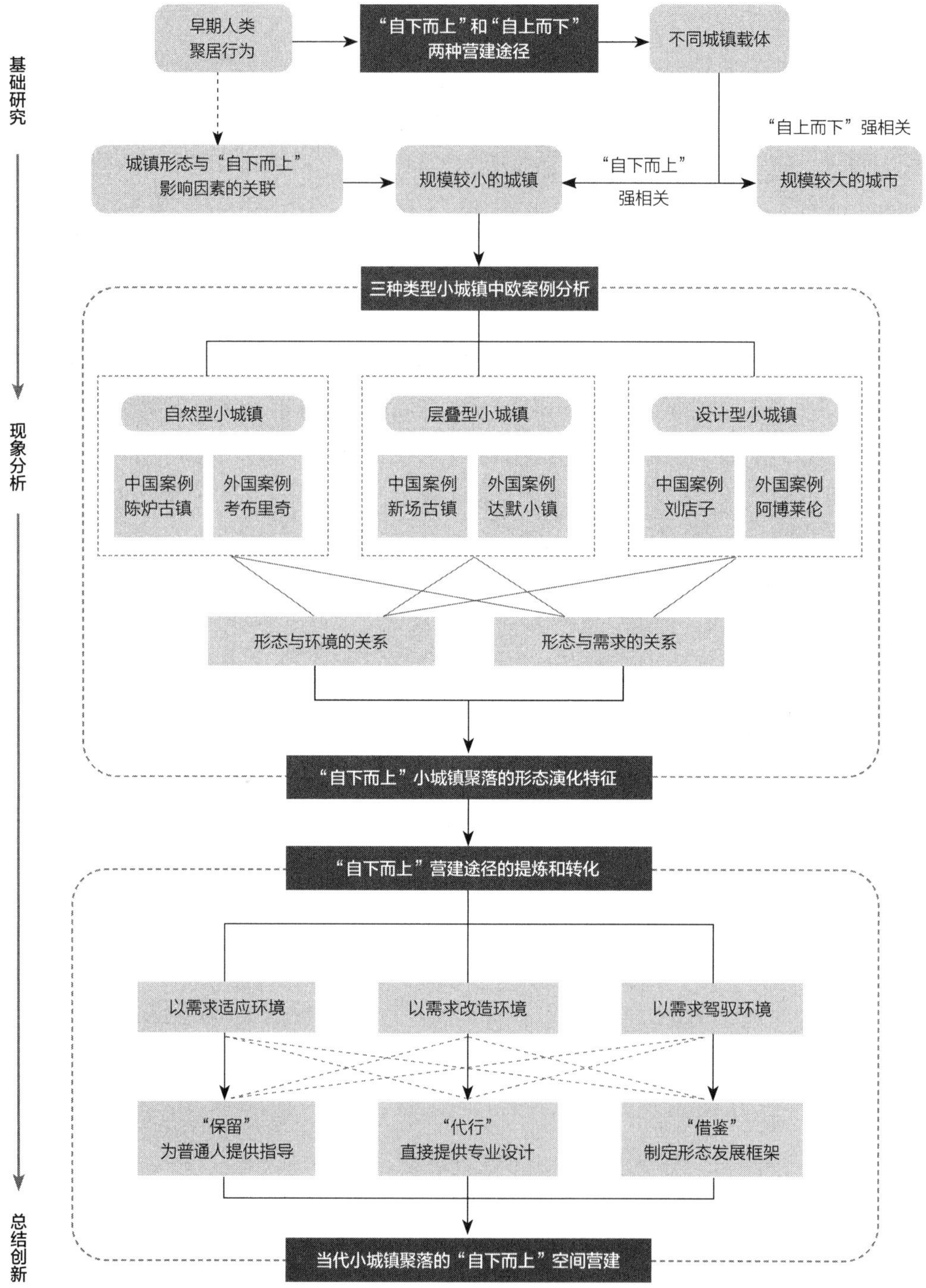
基础研究
现象分析
总结创新
早期人类
聚居行为
“自下而上”和“自上而下”
两种营建途径
不同城镇载体
“自上而下”强相关
城镇形态与“自下而上”
影响因素的关联
规模较小的城镇
“自下而上”
强相关
规模较大的城市
三种类型小城镇中欧案例分析
自然型小城镇
中国案例
陈炉古镇
外国案例
考布里奇
层叠型小城镇
中国案例
新场古镇
外国案例
达默小镇
设计型小城镇
中国案例
刘店子
外国案例
阿博莱伦
形态与环境的关系
形态与需求的关系
“自下而上”小城镇聚落的形态演化特征
“自下而上”营建途径的提炼和转化
以需求适应环境
以需求改造环境
以需求驾驭环境
“保留”
为普通人提供指导
“代行”
直接提供专业设计
“借鉴”
制定形态发展框架
当代小城镇聚落的“自下而上”空间营建

图1-3　研究框架

2

历史中的城镇形态与营建途径

城镇形态是在内部无数的营建活动的干预下形成的，其中“空间形态”与“营建活动”始终处于动态互动之中，“营建活动”的特点决定了“空间形态”的最终呈现。从人类整体的发展来看，之所以城镇形态从古到今发生了如此巨大的变化，是因为营建活动方式的不断转变和进步。

本章主要从历史的角度解读人类在建设城镇过程中出现的主要营建途径，旨在发掘历史脉络与营建活动之间的关联。首先，进入历史的“源头”——史前聚居阶段，再现早期人类聚居行为及空间营建活动的演变。进而，解读历史上城镇建设中普遍存在的两种途径——“自下而上”和“自上而下”途径的发生过程和影响下的城镇形态。最后，综合两种途径的特点，归纳出它们主要的作用范围和互动方式。

2.1 早期人类聚居形态的演进

在史前人类聚居地形成的过程中，基于自然环境条件和基本生存需要的“自下而上”方式曾是唯一的空间营建途径[①]。人类首先通过适应环境来寻求安身立命之所，进而摸索出简单的自然改造之道；当若干营建活动累加形成一定规模时，早期的聚居形态便出现了。

在史前历史中，根据人类聚居形态的发展和特点可概括为以下三个阶段：

第一阶段包括了整个旧石器时代，起源于50万年前并延续到1万年前左右，是以采集狩猎为生的游牧时期；

第二阶段为原始新石器时代（Proto-Neolithic）和新石器时代，大约发生在1万年前到公元前3000年，人类开始出现农业定居；

第三阶段是青铜时代，大约开始于公元前3500年至前3000年间，持续了近2000年，在这期间出现了最早的城镇[②]。

在这三个阶段中，每个阶段的转变都意味着“最先进的社会凭借经济领域中真正的、根本性的变革来确保一种生存方式”[③]。这一过程同样生动描绘了城镇的雏形——早期人类聚居空间的初现和演变过程。

2.1.1 第一阶段：局部的片段

在旧石器时代的历史中，世界上有无数几十人组成的小部落[④]，他们没有固定的居住地点，和其他动物一样根据外界环境的食物供给和安全状况择居或迁移，在游动和定居的状态中不断摇摆[⑤]。据历史学者们的研究，当时每平方公里土地能够供养的人口不到4人[⑥]，食物的匮乏决定了当时的人类无法在某一地点长久生活：一

---

① 王建国. 现代城市设计理论和方法［M］. 第2版. 南京：东南大学出版社，2001.

② A.E.J.莫里斯. 城市形态史——工业革命以前［M］. 成一农，等译. 北京：商务印书馆，2011.

③ Childe. What Happened in History［M］. London：Pelican Books，1964.

④ 尤瓦尔·赫拉利. 人类简史——从动物到上帝［M］. 林俊宏，译. 北京：中信出版社，2017.

⑤ 刘易斯·芒福德. 城市发展史——起源、演变和前景［M］. 宋俊岭，倪文彦，译. 北京：中国建筑工业出版社，2004.

⑥ 徐远. 人·地·城［M］. 北京：北京大学出版社，2016.

旦人口增长，食物耗尽，只得迁移他处，另寻家园。

在那个时代，人们的生活始终围绕着三大主题展开：觅食、抗争和繁衍，这几乎构成了人类一切行为的指南和努力的方向。为了实现这三个目标，人类改变自我、相互合作、发明工具、改造自然，使生存经验不断累积。

由于获取营养、填饱肚子是维持生命的基本需要，觅食成为大部分人白天的主要“工作”。长久以来，人类处于自然界食物链的中间位置，主要依靠采集植物、挖找昆虫、追杀小动物、寻找大型动物吃剩下的腐肉为生，后期还学会了追捕大型猎物[①]。为了获取充足的食物资源，人们开始对居住地进行筛选、在采集和捕猎过程中分工合作，并初步发明了简易的工具——包括把石头打磨成砍削石器、把树枝削尖变成锋利的猎具等。人群与其他动物或人群之间时而会为了争夺食物资源产生争执，或为了守护暂时的栖居地发生残酷的斗争。

原始自然界中的生存威胁因素很多，如自然的灾害、野兽的袭击、食物的匮乏、疾病的蔓延、其他群落的进攻等，人类为了活下去不得不持续与各种威胁抗争。人类产生了自我保护的概念，发明了武器、学会了用火，并有了选择更加安全的栖息地的倾向。而人类集体行动的习惯大大提升了团体中每个成员的生存机会，使再凶猛的野兽也不敢轻易地侵犯[②]。

繁衍是人类生存的另一大主题。和其他动物相比，刚出生的婴儿尤其离不开母亲的照顾，需要其他团体成员持续提供帮助才能将孩子养大，因此，人类演化更偏好形成强大社会关系的种族[③]。人类具有共情的能力，每个个体不仅关心自己的后代，也开始关心父母、兄弟、近亲和朋友。只有团结一致、彼此照顾的群体，才能获取更大的血脉延续的机会。

在这段历史中，人类使用语言符号进行交流，这使得成员之间得以不断进行分享和交流，也有了知识经验的累积，并逐渐适应了多种多样的自然环境[④]。与此同时，人类无法理解的现象还有很多。为了解释眼前的世界、求得心灵的安慰，人类用想象力构建了信仰的世界，这才有了精神的寄托。

---

① 尤瓦尔·赫拉利. 人类简史——从动物到上帝［M］. 林俊宏，译. 北京：中信出版社，2017.

② 河森堡. 进击的智人——匮乏如何塑造世界与文明［M］. 北京：中信出版社，2018.

③ 同上。

④ 大卫·克里斯蒂安. 极简人类史——从宇宙大爆炸到21世纪［M］. 王睿，译. 北京：中信出版社，2016.

在这一阶段，只有少数简易的建筑物和构筑物被创造出来。刘易斯·芒福德在《城市发展史——起源、演变和前景》中提到了西方世界考证的4种早期场所形式：宿营地、贮物场、洞穴、石冢[①]，它们满足了原始人的生活和精神两种不同方面的基本需求。

人类在游牧过程中，会在一定季节里有意识地把一些家族团体和部落集团聚拢到一个共同的生活环境中来，形成一系列营地。宿营地和贮物场在这种情况下出现了，而它们只有极其简陋的形式——用原始材料搭起的棚屋、用各种物品围绕着用火的地方[②]；但人们已然在反复的停留和移动中渐渐懂得了如何选择有利的地点：充沛的资源、有利的交通、安全的地势等（图2-1～图2-3）。

比起居住空间，当时人类对精神空间的追求达到了更高的境界。死去的人比活着的人更先获得固定的居住地：一个墓穴，或以石冢为标记的坟丘，或是一处集体安葬的古冢，表现了人类早期对死亡的敬重和对精神信仰的依赖。另有一些证据反映在原始人在岩洞中的艺术创造。创作于旧石器时代的西班牙阿尔塔米拉（Altamira）岩洞壁画，生动描绘了多种动物形象，特别是那些野牛和牡鹿的轮廓至今清晰可辨，其美学水平相当高超[③]（图2-4）。经考证此岩洞不曾有人类居住

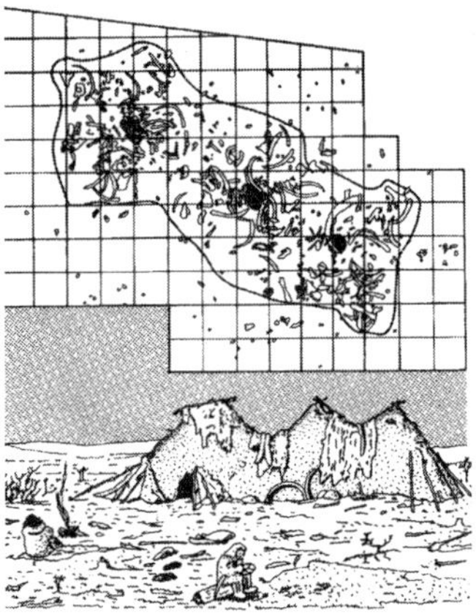

（a）乌克兰发掘的旧石器时代晚期住房

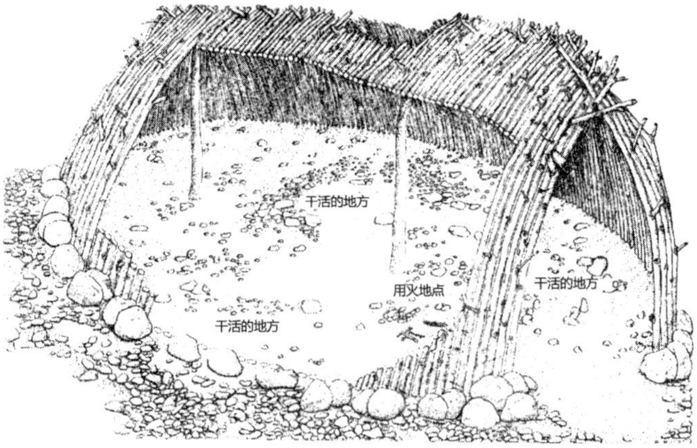

（b）靠近尼斯（Nizza，法国）的泰拉阿马塔（Terra Amata）发掘的旧石器时代聚居地中的建筑

图2-1 旧石器时代的简易住房

① 刘易斯·芒福德．城市发展史——起源、演变和前景［M］．宋俊岭，倪文彦，译．北京：中国建筑工业出版社，2004.

② L.贝纳沃罗．世界城市史［M］．薛钟灵，等译．北京：科学出版社，2000.

③ 河森堡．进击的智人——匮乏如何塑造世界与文明［M］．北京：中信出版社，2018.

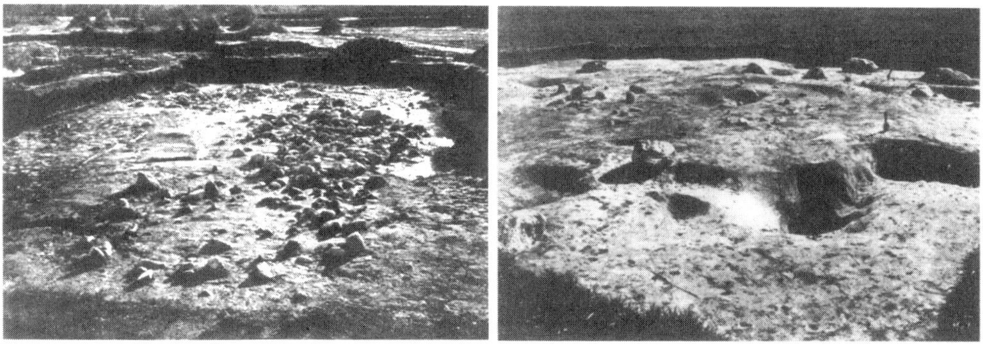

（a）夏季住地　　（b）冬季住地

图2-2　旧石器时代人类的住地遗迹

发掘于德国北部的阿伦斯堡-荷尔斯泰因（Ahrensburg-Holstei）。

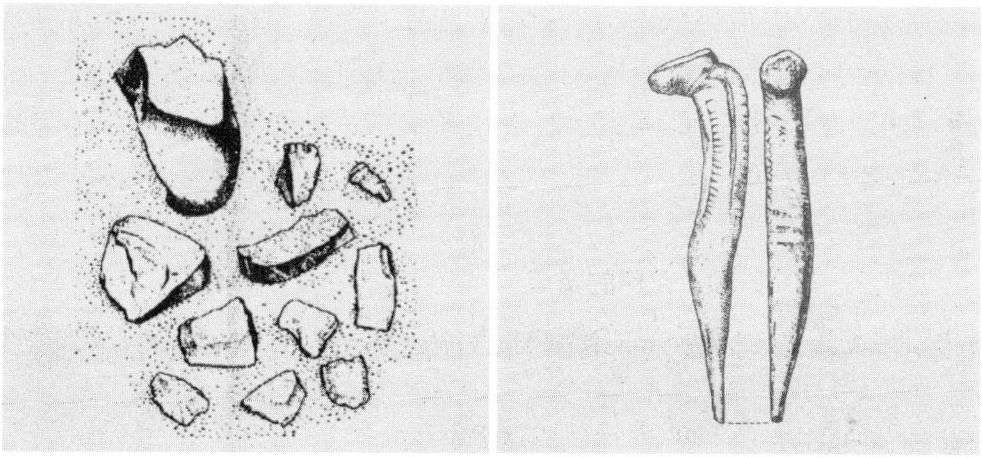

图2-3　旧石器时代的工具

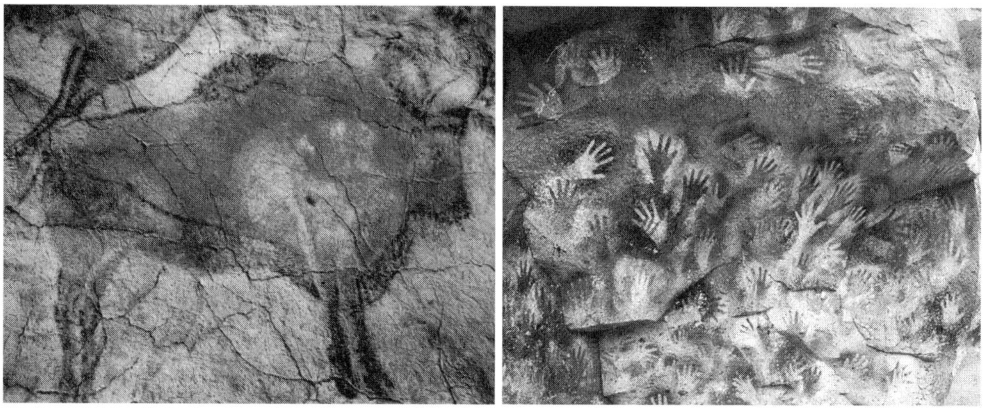

图2-4　史前壁画

过，但却是当时的某种礼仪中心，充当着重要的精神活动场所。在刘易斯·芒福德的描述中，这些空间被统称为“圣地”①，因为精神的需要，人类产生了早期的聚集行为。那些礼仪性的汇聚地点，即各方人口朝觐的目标，就是日后城镇发展最初的“胚胎”②。

在这个最初阶段，采集狩猎的生存方式决定了人类的空间营建活动是临时性的、片段化的。如今，建筑被认为是“凝固的音乐”，它具有永恒的魅力，这是因为它们吸收了时间与空间的双重菁华。而早期的建造，在时间意义上被打碎，并散落到广阔的空间中去，就像“零碎的音符”，一般稍纵即逝，尚未形成“乐章”。简易的住房是人们聚居痕迹中的一个个“局部”或“片段”，它们只能为游牧人群提供一个季度甚至更短期的庇护空间，其聚居地的中心也总是随着环境的变化而迁移。而具有“永久”意义的精神空间，也是独立于群体日常生活环境之外的，只能算作无数空间“片段”中最特别的一种。在当时的条件下，这种聚居方式和营建途径只能暂时地帮助人们解决最基本的生存问题，而缺乏长期的稳定性和安全性。因此，这也决定了由若干“局部的片段”组成的居住形式是人类聚居形态中最原始的一种表现。

2.1.2 第二阶段：无序的聚集

大约在1万年以前，人类走进新石器时代，农业的出现使永久定居成为可能。通过驯化动植物，人类可以改变土地的食物供给能力，养活更多人。由于居住地的固定，人类对环境的熟悉度不断增加，更容易营建安全的居所。而这一生存方式改变的更大意义在于，相比于频繁的迁徙，定居之后的婴儿成活率和人类繁衍速率比以往有了较大的提升，为人口的增长提供了保证③。因此，从采集狩猎向农耕的转变为整个人类突破进化瓶颈、求得更大规模的种族延续和发展产生了极为重要的推动。

此时人类的日常生活方式彻底改变了④，人类不再需要花大量时间去丛林里寻

---

① 刘易斯·芒福德．城市发展史——起源、演变和前景［M］．宋俊岭，倪文彦，译．北京：中国建筑工业出版社，2004.

② 同上。

③ 尤瓦尔·赫拉利．人类简史——从动物到上帝［M］．林俊宏，译．北京：中信出版社，2017.

④ 据考古研究，人类从采集狩猎到农耕定居经过了漫长的过渡，很长一段时间内两种生存方式并存。本书此处论述的“彻底改变”指这一演变过程完成之后，纯粹的“农耕定居”与“采集狩猎”相比较。

觅动物和野果，而是整日悉心照料地里的庄稼。从此，人类日出而作、日落而息，并随着季节变化和动植物生长规律忙碌着不同的农事。地里庄稼的生长状况与人类的命运直接相连。若是一年的劳动换来大丰收，则可以获得充足的食物；若是遇上天灾、颗粒无收，则极易引发饥荒。随着农耕水平有了一定的进步，渐渐出现了剩余粮食和剩余人力，而这两个因素正是后来城市生活产生的先决条件①。

技术进步与农业发展同步进行。新石器时代出现了大量构造更加复杂的生产工具和生活用具，而在此之前，旧石器时代产生的大多是捕猎用具。犁的发明和耕作技术的发展促进了农作物产量的提高，为储存剩余粮食提供可能②。各式存储工具尤其是陶器的出现是另一大进步。人们开始用陶器储藏水和食物，并且更方便进行精细的烹调，有利于制作婴儿食物和缩短生育间隔③。与此同时，农业引发了空间的改造，田地有了简单的划分，灌溉改变了水流的走向。而当人们有了稳定的居住生活，则需要更加稳定坚固的庇护所，所以开始用手边可以利用的材料营造房子，这才有了正式的“家”。

自从人们开始依靠土地生存，往往一生就只在一个确定的地点生活，出身与住处、血统与土地的关系就此形成。原先在采集狩猎时期一般形成的是几十人的小部落，但自从有了农耕定居，人们可以聚集成几百甚至上千人组成的团体，有了更多的亲戚和邻居④。这些人有着同样的生活方式、认知观念和精神信仰。他们中间还可能根据年龄、性别和体力情况，有了初级的分工。群体的壮大也伴随着社会的成长，出现了成员们默许的组织管理方式。社群中那些德高望重的长者的智慧往往影响着整个社会秩序的形成，而他们遵守履行的行为准则又可能是前辈留下来的。

村庄是人类永久定居之后出现的最早的聚落形式，刘易斯·芒福德描述：“村庄，连同周围的田畴园圃，构成了新型聚落：这是一种永久性联合，由许多家庭和邻居组成，又有家禽家畜，有宅房、仓廪和地窖，这一切都根植于列祖列宗的土壤之中。在这里，每一代都成为下一代继续生存的沃壤”⑤。从外观来看，新石器时代

---

① 刘易斯·芒福德. 城市发展史——起源、演变和前景［M］. 宋俊岭，倪文彦，译. 北京：中国建筑工业出版社，2004.

② 约翰·里德. 城市［M］. 郝笑丛，译. 北京：清华大学出版社，2010.

③ 同上。

④ 尤瓦尔·赫拉利. 人类简史——从动物到上帝［M］. 林俊宏，译. 北京：中信出版社，2017.

⑤ 刘易斯·芒福德. 城市发展史——起源、演变和前景［M］. 宋俊岭，倪文彦，译. 北京：中国建筑工业出版社，2004.

的村庄已经具备了小型城市的很多特征，但从空间要素和构成关系的复杂程度来看，仍有相当大的差距。从关于土耳其加泰土丘（Catal Huyuk）的记载中可以得知早期聚落的空间构成情况。这个聚落形成于约公元前5700年，虽然它总被形容为“世界上的第一个城市”，但考古挖掘表明这里更像一个过度扩张的大村庄①。它由大量挤在一起的房屋组成，房屋的外围是农业空间。房屋之间没有道路，需从屋顶的洞口进入室内。这里的空间高度平均，像一些大家庭聚在一起，没有作为公共中心的建筑，房屋之间只有一些露天的院子，每2~4栋房屋共享一座神祠，以满足人们日常的信仰活动（图2-5~图2-7）。可见在人类定居早期，最先出现的人工空间要素包括以家庭为单位的住屋、经过整理的农业空间、小型的精神空间、储藏空间、院落和围墙等。而道路、广场、公共建筑、城墙等公共性较强的空间概念尚不清晰。

这一阶段人们的聚居形态表现为一种无序的聚集，或者可以用加泰土丘的形象来描述——各个单元“挤”在一起而已。早期聚落形态恰恰呈现了“自下而上”最质朴的表现：单体房屋是为满足每个家庭的需求而各自建立起来的，这一过程中只需处理好与相邻单元的关系即可，而公共结构的考虑极为欠缺、不成体系。社会内部的联结十分紧密，群体中的人们成了共同体，但这种关系纽带仅仅基于血缘、情感，或生存和安全，从这一点来看，此时人们对聚居的基本需求和第一阶段并无太大差异。当固定的聚居空间出现后，每个个体更加容易获得熟悉感、归属感和安全

图2-5　壁画中的土耳其加泰土丘
形成于约公元前5700年，画中包括一群挤在一起的房屋和远处的活火山。

① 约翰·里德. 城市［M］. 郝笑丛，译. 北京：清华大学出版社，2010.

图2-6 加泰土丘的考古现场和还原模型

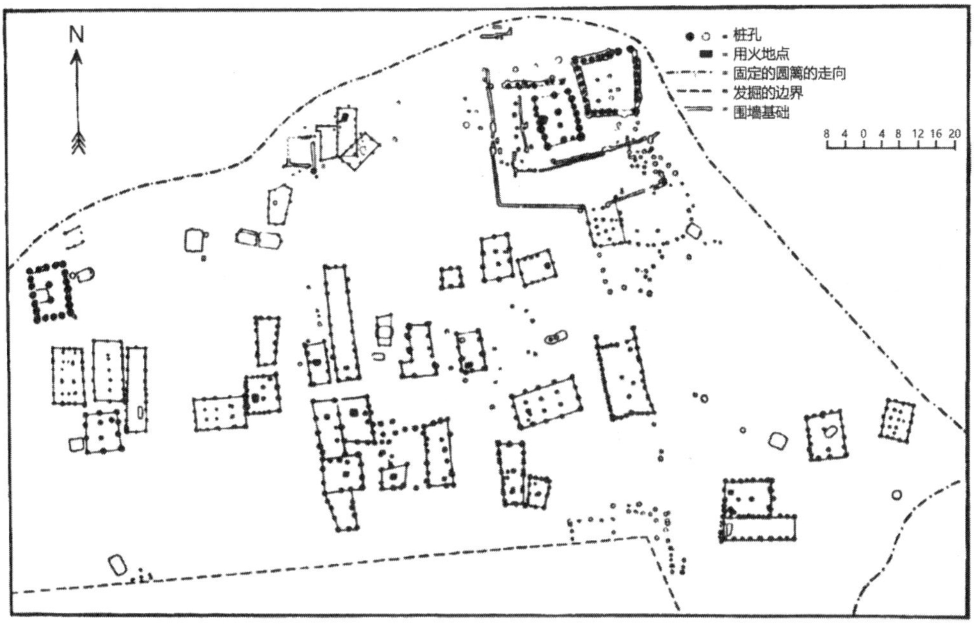

图2-7 奥地利哈尔斯塔特（Hallstatt）新石器时代居民点

房屋无序排列，只能大概分清一些空地稍大，一些道路稍宽，以承受有限的群体活动。

感，但此时的空间构成只能支持小群体的种种行为活动，人们没法共同完成很复杂的事情、实现更加高级的合作。

2.1.3 第三阶段：有序的增长

随着生产力提高、人口增长，早期的居民点有了更大规模的扩张。生产剩余使一些人不需要从事田间耕作也可以解决温饱问题，率先变成了工匠、商人和士兵。当不同职业的人聚在一起，有了基础生产之外的分工合作，一种不同于农村的更加复杂的聚落就出现了。早期的城镇是手工业者和商人的松散联盟，提供农事以外的生产和交易空间①。城镇生活和乡村生活相比更具有多样性，提供了更多人与人之间交流和合作的机会。

市场的出现并逐渐正规化、规模化，这对城镇的建立具有重要的推动作用。如果一个城镇是自发从乡村演变形成的，那么它很有可能拥有一个活跃的市场，并通过商业聚集吸纳大量居民。简·雅各布斯在《城市经济》中提到城市是作为枢纽性的集市而出现的。紧接着，农业的深化又进一步供养着城市②。在中国的"城市"定义中，"城"与"市"可分开来看待，其中"城"代表"城墙"，"市"代表"集市"，"市"又往往比"城"更早出现③。在乡村和小镇中，集市的生命力就是促使聚落进一步生长扩张的"基因"，如果集市有规模，则更容易吸引商贩和工匠，并发展成更大的街市。

此时，信仰也逐渐演化为内容更加充实的宗教，成为不同人甚至是不同人群在认知上的共同点。真实的生活经验往往只能让一小部分人达成统一的意见，但虚拟的宗教可以让很多互不相识的人走到一起，并成为他们共同的行事原则。久而久之，这些共同的想象和认知与很多人的日常生活结合在一起，演变成集体文化中的烙印。当城镇产生，它们转变成了更加正式的，甚至可以指导环境建设的力量。比起乡村，城镇是更加神圣的存在，掌管城镇土地的"神灵"尤其不可随意对待，需

---

① 约翰·里德. 城市［M］. 郝笑丛，译. 北京：清华大学出版社，2010.

② 斯皮罗·科斯托夫. 城市的形成——历史进程中的城市模式和城市意义［M］. 单皓，译. 北京：中国建筑工业出版社，2005.

③ 卓旻. 西方城市发展史［M］. 北京：中国建筑工业出版社，2014.

安排奠基仪式，以祈求建设的顺利[①]。而与精神信仰相关的公共事务则需要妥当管理，因此，可与天地“通灵”的僧侣和巫师具有很高的地位。

城镇需要从周边乡村源源不断地得到食物补给，而交通运输的进步为此提供了支持。如果仅仅依靠人力，人们能够运输食物的总量和距离都将是非常有限的。但动物的驯化却使长途运输更容易实现，大型牲畜包括牛、马、骆驼成为分担运输工作的劳动力。水路运输对城镇发展也起到重要的支撑作用，中国早期城镇多出现在江河的下游，这不仅有利于耕种，还有利于成本较低的水路运输[②]。

城镇的正常运转需要组织管理，最初的组织者并不拥有至高无上的权力，他们很可能只是一个团体中能力更强、更值得信任的人，掌握了更多的资源和财富。有了组织者的计划和统筹，则更加有可能广泛调动人力和资源，修建出更加坚固、更大规模的公共设施和建筑。

早期城镇或城市空间中的仓库、水库、沟渠、广场、市场、围墙等在同期的村庄中几乎都有出现，甚至它们的组织关系也没有太大改变，只是规模和复杂程度不同[③]。村庄中的公共活动并不算多，大多数人在以家庭为单位的范围内生产和生活；但城镇中的生活几乎离不开公共交往，想要生存就必须和不同职业的人建立联系、交换所有。城镇中的公共空间十分重要，它不仅是人们日常交流的发生地，更是汇集大量人参与各种专项活动和庆典活动的场所。因此，城镇需要建设比乡村更大的广场、教堂、街道和寺庙。而当城镇发展成更大的城市，其中的原因更加复杂了，既可能是王权的产物，也可能因为商业的发展慢慢长成[④]。

这一阶段的城镇和以往的村庄相比，继承和保留了居住区自由的形式，但区别在于出现了公共结构，且用以支撑更加“有序”的城镇生活（图2-8～图2-10）。何为“有序”？即让人在一片“杂乱无章”中辨认出方向，并区分出空间的差异和等级。城镇中的道路、广场、大型建筑等重新定位了城镇的空间坐标，并起到建立公共体系、营造差异空间的作用。

---

① 约瑟夫·里克沃特．城之理念——有关罗马、意大利及古代世界的城市形态人类学［M］．刘东洋，译．北京：中国建筑工业出版社，2006.

② 徐远．人·地·城［M］．北京：北京大学出版社，2016.

③ 同上。

④ 同上。

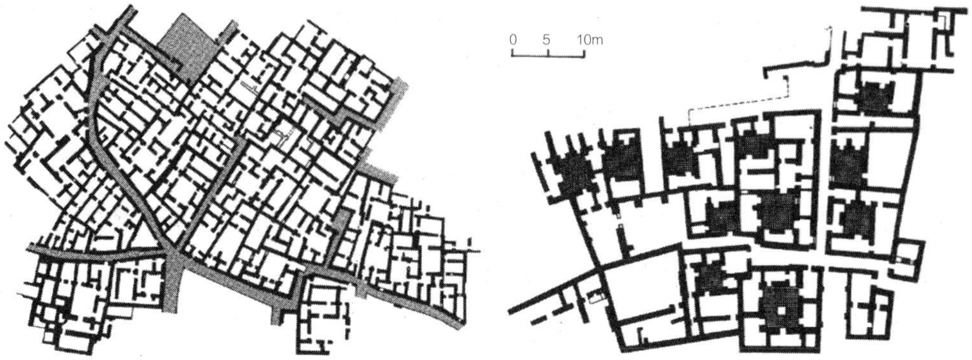

图2-8　乌尔城自发的居住区部分

形成于约公元前1900年，和加泰土丘相比，已经出现了道路、小广场等结构的发育。

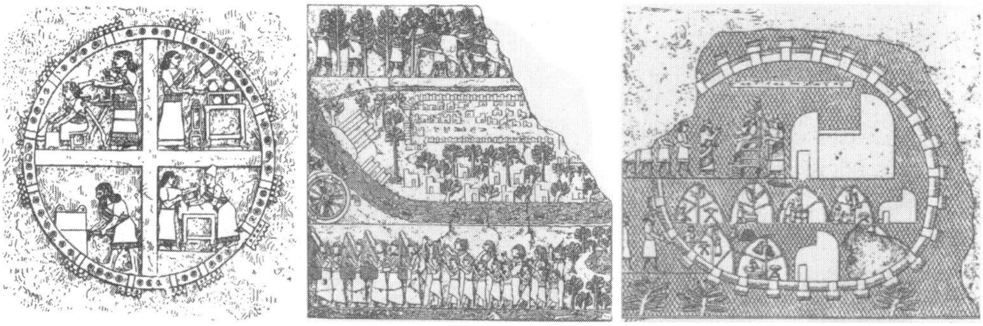

图2-9　亚述浅浮雕中的早期城镇公共生活

追求“有序”是人们努力的方向。此时，城镇中更加复杂的公共建设已经开始依赖少数人的权力和才能，虽然房屋之间的小径和院落可以自然而然地形成，但公共性更强的街道、港口、城墙等则需要在领导者的指令之下修建。从此，城镇在“无序”形态的基础上出现了“有序”的一面，但这种“有序”尚处于萌芽阶段，表现为局部的“有意识的决定”。

早期人类聚居形态从局部、无序的构成开始，逐渐趋向发育完整和有序，这其中包含着日后出现的种种城镇形态的雏形（表2-1）。在之后的各类聚落中，大量季节性的场景、偶发的现象和孤立的场地，都是整体中“局部的片段”，无数乡村、小城镇甚至城市老区的住屋排列、小型室外场地和自由市场仍表现一部分“无序的聚集”，但它在整体的公共建设上始终追求“有序的增长”。对应到城市设计途径的发展上，这种“继承”依然十分明显：以“局部”“无序”的状态作为出发

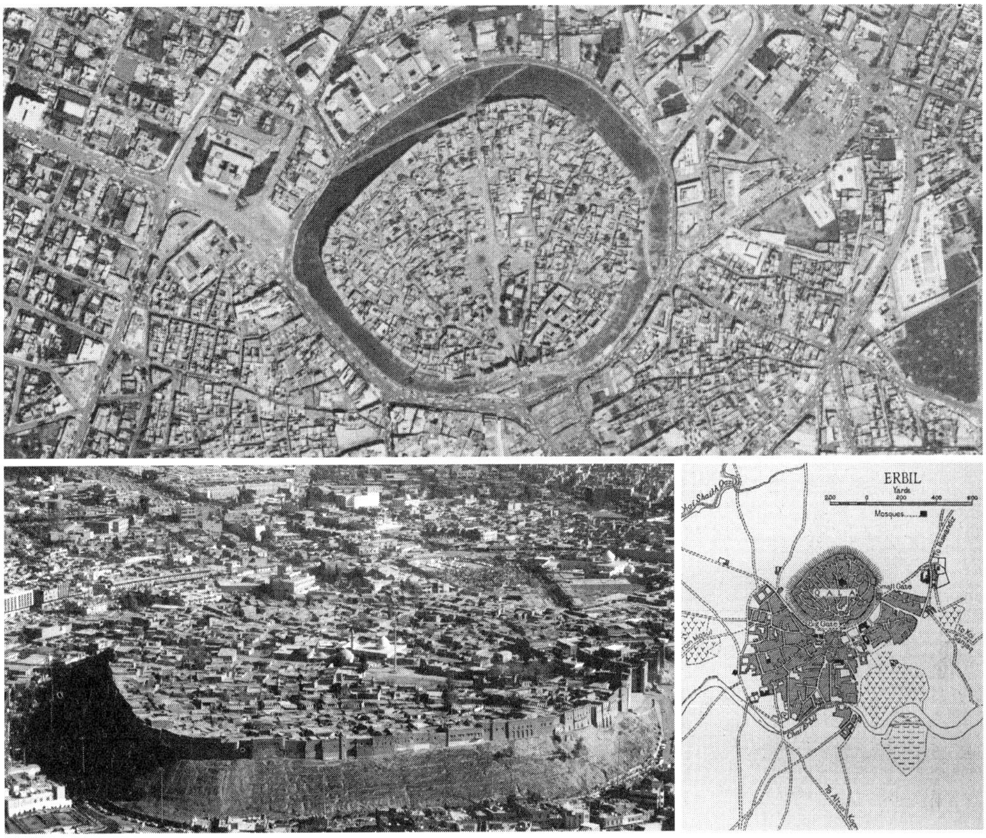

图2-10 现存的最古老的城市之一——伊拉克埃尔比勒（最早追溯到6000年前）

点，进而影响整体，便为“自下而上”的营建途径；而以“有序”的理想作为出发点，反向控制部分，则为“自上而下”的营建途径。

早期各阶段的人类聚居活动和空间形态　　表 2-1

		采集狩猎（约50万年前—约1万年前）	农业定居（约1万年前—约公元前3000年）	城镇初建（约公元前3000年—约公元前1000年）
聚居规模		几十人的小部落	几百至上千人	千人或更多，城市人口可达上万
聚居活动		觅食、与生存威胁抗争、繁衍	农耕事务、简单的社会活动和迷信活动	出现社会分工，手工业者和商人出现；公共活动更加复杂；文字发展
聚居形态	生活空间形态	临时的宿营地、贮物场	若干单体房屋、小型仓库、院落、围墙等； 外围有农业空间	有一定组织结构的居住空间、生产空间、公共空间的集合，出现更多道路、广场、市场等公共要素
	精神空间形态	洞穴、石冢	墓地、神祠	更加正式的教堂、寺庙、礼仪场所等

2.2 两种城镇空间营建途径

当城镇出现后，有的越长越大并成为伟大的城市；而有的却始终维持着自给自足的小型聚落，周而复始，缓慢前行。直至今天，世界上已出现了成千上万个城市，小城镇和农村更是不计其数，它们像满天繁星一样不断出现、生长，并伴随着多样聚居形态的呈现和人类文明的发展。考虑到在之后的历史进程中，各地城镇发展的复杂性，本节将不再以时间作为线索进行叙述，而是分别从“途径”的角度论述两种主要的城镇建设方式。

城镇形态的分化受到一定时期内生产水平、生活方式和社会特点等因素构成的“合力”影响，并预先表现在不同的营建途径上（图2-11、图2-12）。城镇的营建途径可简化为“自下而上”和“自上而下”两种典型的类型：即主要受到自然的力（生产、经济、地域条件等）的影响，以及主要受到人为的力（政治、经济、宗教等）的影响而发生的建设方式[①]。这两种途径的特点可以从发生背景、影响因素、建设活动、形态结果四个方面去分析。

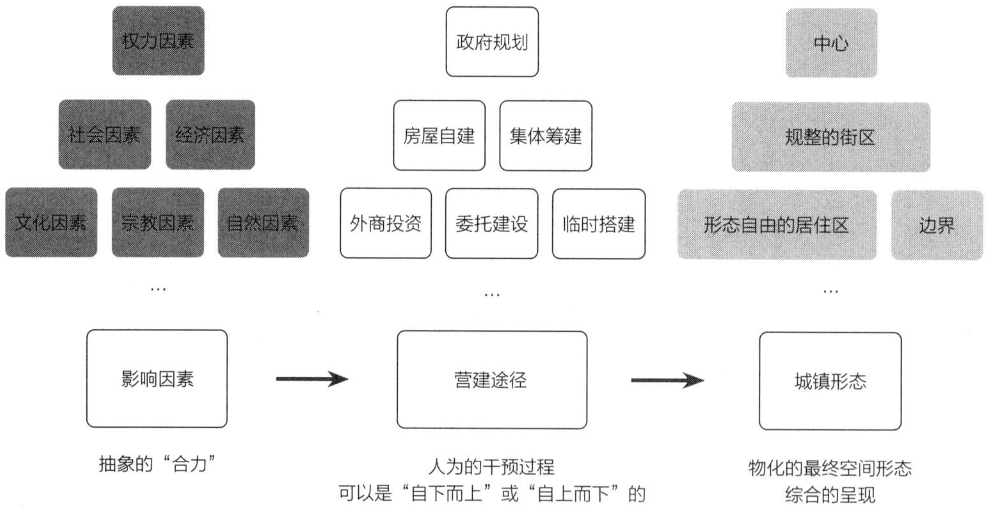

图2-11 影响因素、营建途径、城镇形态之间的关系

① 王建国．现代城市设计理论和方法［M］．第2版．南京：东南大学出版社，2001.

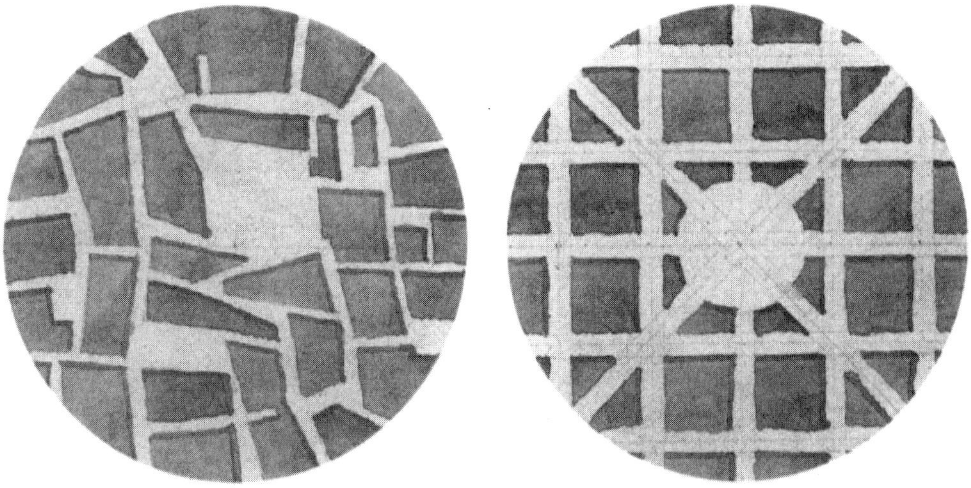

图2-12 两种典型途径影响下的形态

2.2.1 “自下而上”的营建途径

1. 发生背景

“自下而上”的途径多发生在“礼俗社会”之中，即一种“没有具体目标，只是因为在一起生长而发生的社会”[①]。从聚居形式上看，此种途径多发生于农村、小城镇或小城市中。

这种城镇建设方式从早期的定居途径（第二阶段）中缓慢发展而来，是人类聚居本能性的选择。聚在一起的群体多通过自治实现社会生活的合理运转，较少受到外来力量的控制。人与人之间的生活方式、行为习惯和思想认知极为相似，他们的资源分配和社会地位虽然没有绝对的平等，但也没有很大的差异。群体中领导者的权力和能力有限，其所做的决定不能过分偏移于集体的认同。每个个体基本可以决定与其相关的单元环境的形成，整体环境随单元建设状况而变化，没有明确的预设目标。城镇在自然经济模式下生长，对外界依赖较小，构成内向、封闭、自足的自我供给和循环运转模式。其中的生活富于地方性，即人们的“活动范围有地域上的限制，区域间接触少，生活隔离，各自保持着孤立的社会圈子”[②]。

① 费孝通．乡土中国（修订本）[M]．上海：上海人民出版社，2013.

② 同上。

2. 影响因素

“自下而上”的影响因素也被称为“自然的力”或“客观的力”①。它是由一组产生于同一地点的影响因素组成“合力”，一般不会由单个因素孤立地发挥作用，而是表现为“多因子共同作用”②。“自然的力”一部分通过“自然世界”的特征显现③，即在前文被称为“背景因素”的自然因素。它通过提供地形基底、可用资源，以及调节人们产生相适应的建设活动，使得聚居形态反映出自然本底的特征；另一部分“自然的力”由若干个体组成的群体活动特点显现④，表现其“自然”的生物性和社会性。

以下两种影响因素在“自下而上”城市设计途径中的作用值得重视：

其一是经济因素。经济是少数可以让城镇“自然长大”的影响因素之一，很多情况下，具有一定规模的“自下而上”城镇附带着突出的经济功能。其他重要的与个体日常相关的“自下而上”因素如生活、生产、信仰等，仅可以维持聚落中基本的空间构成和形态肌理，不具有产生更多的“聚集”作用。但有了经济的影响，城镇就变成了具有吸引力的场所，具备了内在的生长动力，与只能提供基本生活的乡村产生明显区别。其他诱发“聚集”的因素，比如宗教、文化、教育等，离开“自上而下”的支持则难以成立，因为靠普通居民的力量是无法支撑正常的运转⑤。但经济可以单纯地依靠自身效应让人们聚在一起、产生交流、自我管理、建立规则。经济活动让每个参与其中的人都有机会直接获利，并激发个体才能和支持思想碰撞，这是大众参与度极高的公共活动，它进一步决定了城镇的生命力和活力。

其二是文化因素⑥。文化因素是一种具有复合意义的作用力，它涵盖了一个群体中共性的生产、生活、技术、社会等方面的特点，并附加上时间维度的累加效应，反映在一个群体长期形成的价值观及习惯上。文化因素决定了城镇内部的人与建成空间之间的匹配，并赋予城镇所容纳的一切逻辑关系，其内外浑然一体。文化因素自身具有抽象性，需要通过若干其他因素的揭露和比较来还原与呈现，它还关联于聚居形态的形成。

---

① 王建国．现代城市设计理论和方法［M］．第2版．南京：东南大学出版社，2001.
② 同上。
③ A.E.J. 莫里斯．城市形态史——工业革命以前［M］．成一农，等译．北京：商务印书馆，2011.
④ 同上。
⑤ 伊德翁·舍贝里．前工业城市：过去与现在［M］．高乾，冯昕，译．北京：社会科学文献出版社，2013.
⑥ 这里主要指地方文化、风土文化。

3. 建设活动

“自下而上”的建设是通过若干单元建设活动的累加实现的，其发生特点和方式可概括为**底层作用**、**循环作用**和**叠加作用**几个方面。

底层作用是指由若干影响因素组成的作用力，它直接作用于单元个体，并干扰到其建设意愿的形成。这些个体包括了大量普通的居民，也包括了各种各样的建筑师、工匠、开发商、金融家，他们在“自下而上”的聚落中找到了表现的空间。而个体建设意愿的形成，不仅来自于其主观的需求和偏好，更受到客观大环境中的现实条件和社会观念的左右。

循环作用发生在由个体实现的单元建设活动中。每个单元建设活动可被视为一个微循环：首先，由抽象的建设意愿指导建设行为的产生；其次，建设行为经过种种现实制约的过滤转化成具象的建成环境；再次，建成环境进入居住者的生活中进行使用反馈；最后，经过时间检验形成新的建设意愿——修补、改造或重新建设。这一单元建设活动的循环过程周而复始地发生于聚居环境的每个部分：这包括每个住屋的建成、院落的整理、精神场所的装饰等（图2-13）。

从更加宏观的层面来看，整体聚居形态是内部若干单元建成环境的叠加与总和，而局部的建成环境又在每个单元的建设循环过程中不断被更新、修正。单元建设活动在同期间将会相互影响，即在建造中邻居间相互学习、相互帮助，如遇到冲突就需要协商解决。单元建设循环的起始点——建设意愿的生成受制于群体中一致的作用力，而这个作用力进一步随着聚居形态的发展和内部社会组成的变化而改变（图2-14）。

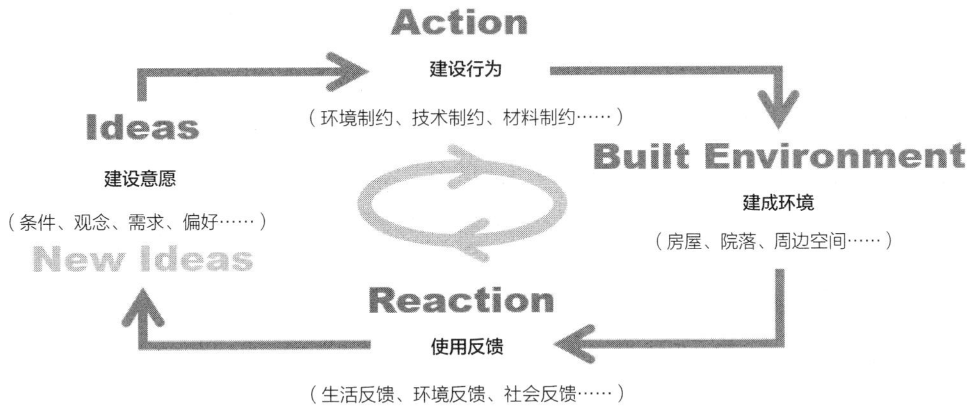

图2-13 单元循环建设活动

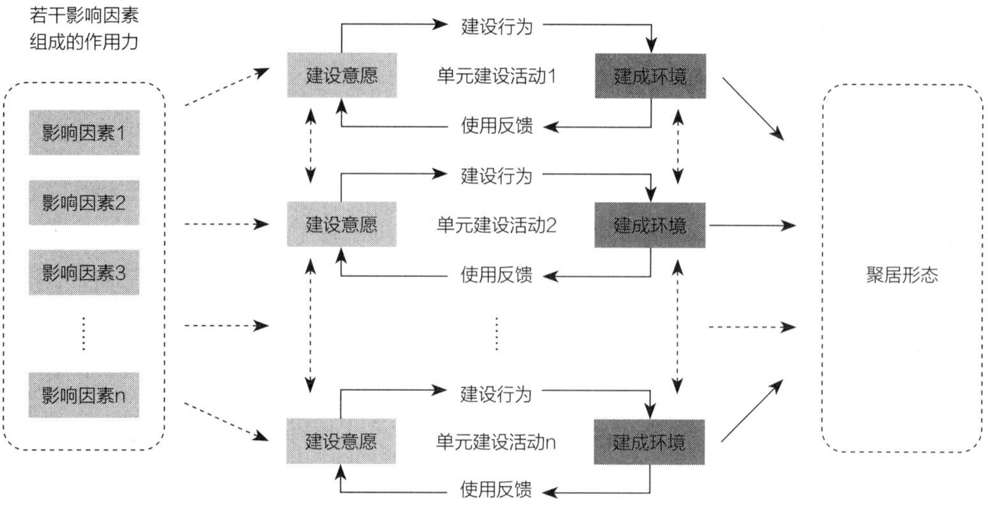

图2-14　叠加建设中的影响因素、建设活动和聚居形态

4．形态结果

通过“自下而上”的途径形成的城镇形态并不是“随一个平面图而迸发出伟大文化的，而是通过一个合生过程（Process of Accretion）”①。由于没有预先的规划干涉，其形态一般是“不规则的、非几何性的、‘有机’的，它们表现为任意弯曲的街道和随意形状的开放空间”②。

“自下而上”的形态首先给人的印象是“自然、凌乱”。在这种城镇中房屋往往排列随意，几何秩序感薄弱，各部分边界模糊，缺乏视觉焦点，并难以让人抓住形态规律。其中一部分“凌乱”来源于地形的作用，流动的曲线和琐碎的分割本身就是“自然世界”的特征，人们为了适应环境顺势而为。然而，平坦地形上的“乱象”也极为常见，原因来自于内部社会的频繁互动。在个人占有单元土地的前提下，各个主体在建设中自由发挥的空间较大，一般只受相邻环境和社会契约的影响，而非严格统一的规则制约，从而使整体环境形态缺乏条理性和精确性。与此同时，时间的作用加剧了这种“凌乱”。由于房屋的拆除和更新也是随机的，久而久之就形成了多年代、多风格的建筑并存的状态，呈现出“修修补补的渐进主义”（Disjointed Incrementalism）③。

---

① 王建国．现代城市设计理论和方法［M］．第2版．南京：东南大学出版社，2001.

② 斯皮罗·科斯托夫．城市的形成——历史进程中的城市模式和城市意义［M］．单皓，译．北京：中国建筑工业出版社，2005.

③ 同①。

从另一个角度看，“自下而上”的形态是“乱中有序”的。斯皮罗·科斯托夫曾讲到，不存在绝对的“未经规划的”城镇，“即使在最扭曲的街巷和最不经意的公共空间的背后都存在着某种形式的秩序”[①]。在一段时期内，城镇中总是有某种引力，使某项追求成为当地人共同的选择，比如逐水而居或紧挨交通干线建房，那种引力便是同期对建设活动影响最大的因素。那些整体形态上的“触角”就是某种“秩序”形成的见证，而一旦社会发生变迁，旧的“秩序”被打破，在新的主导作用力影响下便会形成另一个“方向”。随着时间流逝，一个群体中约定俗成的惯例逐渐增多，变成环境更替建设中稳定不变的那部分内容，成为一个城镇的“特色”，而这一过程往往要花费上几百年，甚至更久的时间（图2-15～图2-18）。

（a）欧洲城镇布拉南（Blaenaau Festniog）

（b）欧洲城镇巴茅斯（Barmouth）

（c）欧洲城镇巴拉（Bala）

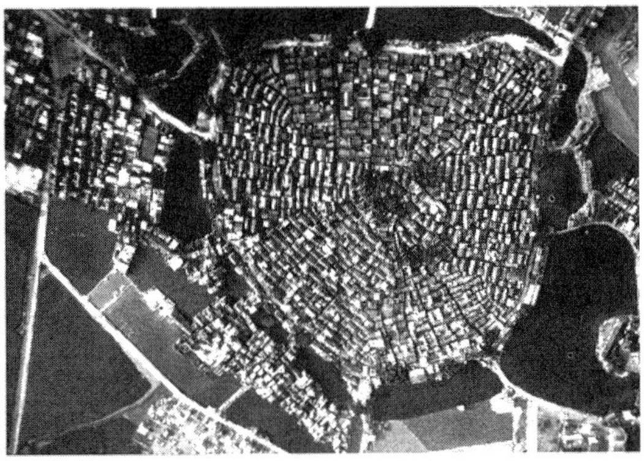

（d）广东蚬岗村

图2-15　各种“自下而上”的聚落形态

① 斯皮罗·科斯托夫．城市的形成——历史进程中的城市模式和城市意义［M］．单皓，译．北京：中国建筑工业出版社，2005.

（e）陕西党家村

（f）江苏丁蜀镇

图2-15　各种“自下而上”的聚落形态（续）

图2-16　陕西柏社村
人们通过挖“地坑”来居住，而地面上的公共建设薄弱，与加泰土丘的许多方面相似。

（a）

（b）

图2-17　欧洲“自下而上”的城镇
（a）、（b）布拉格（Prague）

（c）

图2-17 欧洲“自下而上”的城镇（续）
（c）藤比（Tenby）

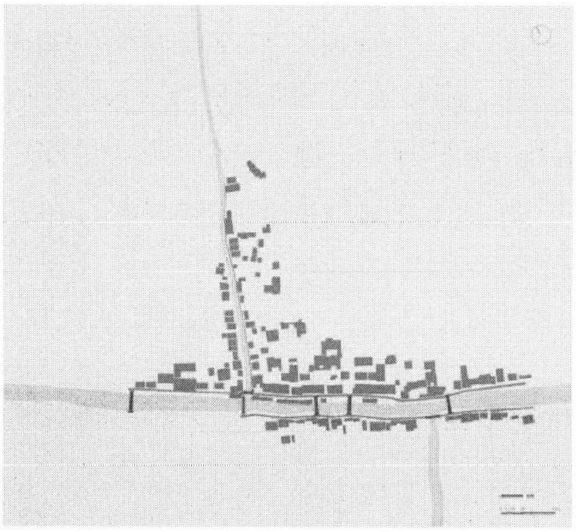

（a）初步形成，依水而居

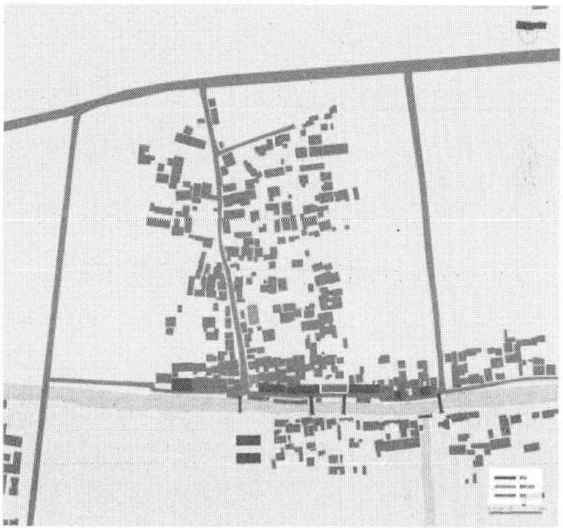

（b）填河修路，沿河出现服务设施

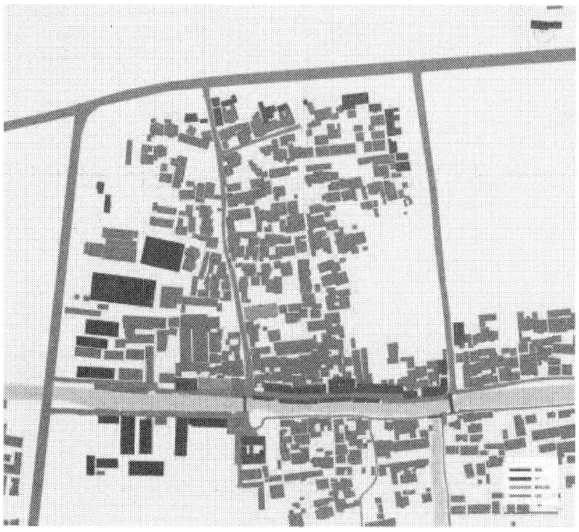

（c）沿河翻新，轻工业依水运发展

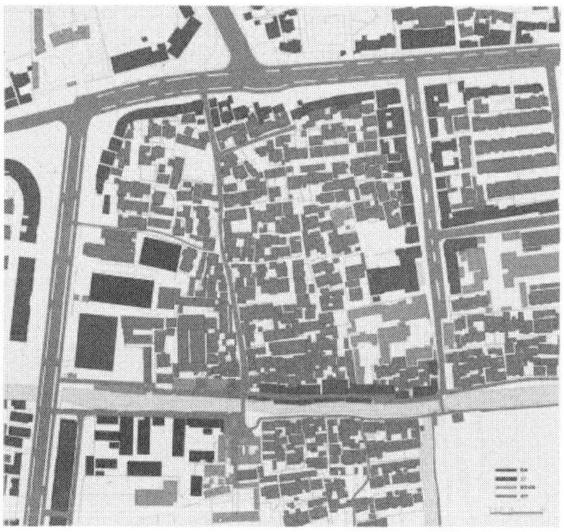

（d）商业随公路转移，沿河衰败

图2-18 苏州藏书演变图

2.2.2 “自上而下”的营建途径

1. 发生背景

“自上而下”的途径多发生在“法礼社会”之中，即是一种“为了要完成一件任务而结合的社会”[①]。从聚居形式上看，该种途径多发生于城市，尤其是都城和大城市中。

这种途径出现得相对较晚（第三阶段之后），当权力集中到一定程度时才会生发这种城镇发展方式。其中的“某件任务”一般是少数人想要完成的任务，这种人通常拥有远高于一般人的权力，如国王、主教或影响力极大的贵族等。在这种社会中往往存在着明显的阶级划分，普通的工匠和商人地位低下，受管制于统治阶级并为其劳动，“受机械生活的束缚和压迫”[②]。为了完成预想的“任务”，统治阶级通常要使用正式的“控制”手段，如政治、法律、宗教信仰等途径来调用大量劳动力[③]，并且这一过程的驱动具有明确的目标和完整的计划。由于这种城镇中大部分人的工作服务于某一阶层的意志和特殊任务的实现，基础性的生产工作不足，需要依赖外界其他城镇和乡村的不断供给。

2. 影响因素

“自上而下”的影响因素常被看作是“人为的力”[④]，其中的“人为”主要指凭借“人的主观意识而为”，并一般来自于少数人的倾向。不同于“自下而上”的影响因素大多是以“合力”的形式发挥作用的。在“自上而下”的途径中，往往在一定时期内某一种因素作用非常强烈，甚至导致其他因素被忽略不计。历史中，“自上而下”的城镇主要包括政治（行政和军事）、经济、宗教和教育四种功能，虽然经济因素决定了城镇的繁荣程度，但往往政治（权力）与宗教具有压倒性的势力[⑤]。

---

① 费孝通．乡土中国（修订本）[M]．上海：上海人民出版社，2013.

② 徐远．人·地·城 [M]．北京：北京大学出版社，2016.

③ 王建国．现代城市设计理论和方法 [M]．第2版．南京：东南大学出版社，2001.

④ 同上。

⑤ 伊德翁·舍贝里．前工业城市：过去与现在 [M]．高乾，冯昕，译．北京：社会科学文献出版社，2013.

政治因素应被视为最典型的“自上而下”的影响因素，由某一地区的高层领导阶级甚至个人直接决定，并采用“压制性”的执行方式来实现建设。各个政治领地的中央政权所在地，一般是不可随意建造的，它彰显着政府的权威形象，需按照“理想”模式仔细规划，周边其他建设则要臣服于这个规则。军事因素可被视为政治因素中的一种，战争年代由于防御之需常调用大量人力修建高大坚固的城防设施，整体布局要便于守城，而上层精英居住的位置总是最难被攻破的。

比起政治因素的作用总是外在压迫性的，宗教因素往往更具备“吸引力”，让人们自然的接受，甚至作为最高领导者的国王在进行决策时也要倾听神灵的旨意。教堂和神庙在建造时所耗费的人力和财力往往不亚于城堡和城防工事，营建这种空间全凭想象，其想象力来自于对那个“虚构世界”中的“规则”的遵守。建成后的神圣空间需悉心守护，那是一个城镇中所有臣民都向往的地方，常聚集了大量人流。因此，大型集市也常常坐落于最重要的宗教建筑附近①。

除此以外，宏观的经济因素也能影响“自上而下”的公共建设，但比起政治和宗教因素，它更多受到客观条件的制约，其“理想性”稍低。

3. 建设活动

“自上而下”的营建途径通过任务驱动来完成，多表现为短期、大规模、一次性的建设活动。其活动特点可概括为：**上层作用、单向作用与统一作用**。

上层作用是指建设任务产生的源头多来自于上层领导的意愿，其影响因素通过作用于上层建设指令的形成来发生作用。由于这种意愿的产生只与少数人甚至是个人有关，可选择性地决定各影响因素的作用程度，它涉及主观判断的内容较多。在这种情况下，其余大多数人的意愿常常被忽略不计，或者经过统一筛选被部分纳入考虑，个性化的需求往往被过滤（图2-19）。

一般情况下，大规模的建设会被拆分成若干任务，特别是在被细化的建设活动中，任务的执行一般是单向的，不存在明显的反馈和修正环节。其中各项建设行为的发生完全是为了执行建设指令，并被动地使建成空间尽可能接近任务设置时的预

---

① 伊德翁·舍贝里. 前工业城市：过去与现在［M］. 高乾，冯昕，译. 北京：社会科学文献出版社，2013.

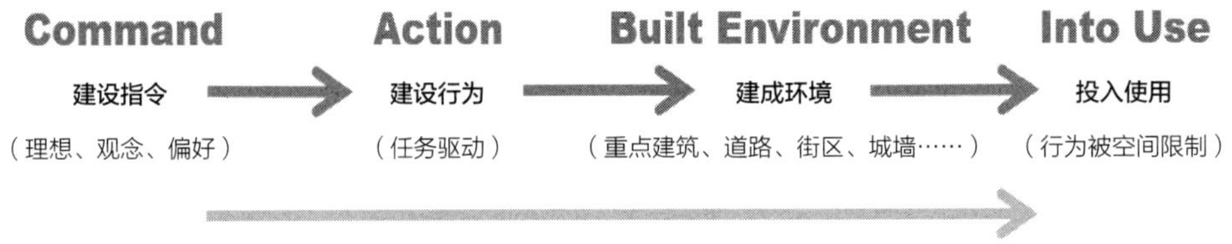

图2-19　单向建设活动

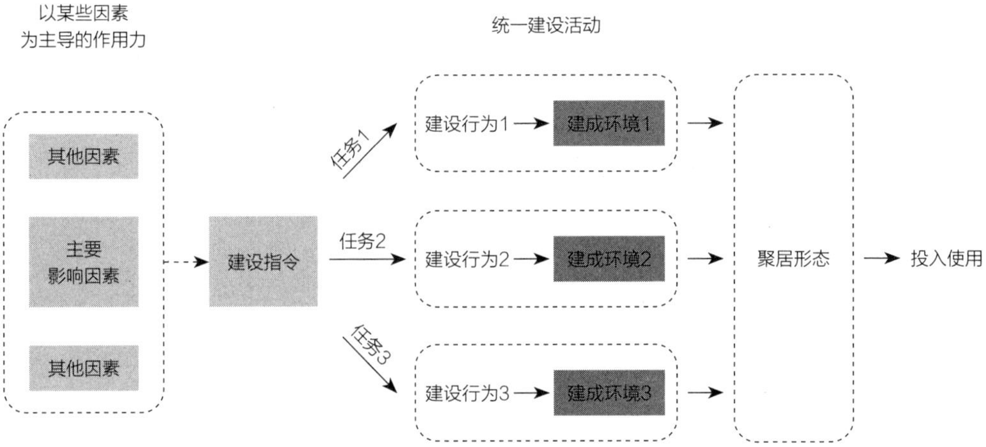

图2-20　统一建设中的影响因素、建设活动和聚居形态

期。这种建设活动可被视为一种政治活动，其中包含着大量人员调配，以及物资和技术支撑，这决定了必须依靠理性的管理才能得以顺利进行。在环境建成之后，大多情况下居民只能被动接受空间的安排，虽然大量日常行为的作用也能改变建成环境，但通常要经过很长时间才能显示出来（图2-20）。

如此，统一建设塑造了整个城镇的聚居形态。城镇中大部分建设活动受控于主要因素影响下的建设指令，而不同的建设任务又互动甚微。控制建设下形成的聚居形态是对统治阶级理想生活的“终极境界”（End State）的呈现[①]，是把明确意象变为现实的过程。然而这种控制在过去一般不会精确到每个细节，在控制范围的“缝隙”之间也存在自发性的建设，但总体被纳入某一管理框架之下。

① 王建国．现代城市设计理论和方法［M］．第2版．南京：东南大学出版社，2001.

4. 形态结果

一些“自上而下”的城镇是短时间内一次性建成的，被赋予了理想的图形，其表现出的规整而理性的秩序，与“自下而上”形态中的“乱”形成鲜明的对比。西方的巴洛克城市、殖民地城市和军事城镇便是这样一种带有“理想”图形特征的城镇，表现为中心性的布局、笔直的街道和规整的街区，甚至总平面被布置成均衡的几何图案。在中国古代的城市设计思想中，建城（尤其是都城）相当于计划建设一座庞大的“建筑物”，被赋予标准化的城市形制，反映了那个时代的统一发展思想①。

然而，在前工业社会的大多数城镇中，即使“自上而下”的影响因素占据主导作用，其作用范围也是有限的。这是因为当时的建造技术还不足以支撑批量性的建设，虽然一些公共建设和贵族府邸可被精确控制，但绝大多数居住房屋的营造依旧由普通工匠和百姓执行。这种建造一般只会在某些方面有规则的约束，如层高、位置、朝向、用材的颜色等，仍留下不少自由发挥的空间，而人工“误差”所带来的随机性也始终无法避免。李允鉌在《华夏意匠：中国古典建筑设计原理分析》中讲道：“无论何时制定或提出的理想城市设计方案，包括19世纪至近代，它们都不可能得到完全的实现，不过这种‘意念’对城市设计就常常深具影响力。”②

“自上而下”在城镇形态中的典型体现是：追求高大、统一方向和划清界限。城镇中的公共建筑、宗教建筑、城防设施往往被刻意修建得很高大，这是因为它们代表了统治者威严的形象，必须与普通民宅在体量上拉开差距，并抬高其位置、并在周围布置足够的空间，以突显其重要性。城防设施的体量则是由其功能决定的，高大坚固的城墙让敌人难以攻破，并提供有利的防守“地形”。而统治者对重点区域③以外空间的控制，主要靠“统一方向”来实现，这包括塑造街道轴线、规定街区布局及建筑朝向等。其“方向”多朝着权力中心，而规划中常用的“棋盘格”也是其中的一种形式。此外，不同的阶级领域、功能地块之间也要划清界限，以便于管理。古时候，内外之城的划分除了防御敌人之外，更多地起到了限制内部子民活动的作用（图2-21～图2-25）。

---

① 李允鉌. 华夏意匠：中国古典建筑设计原理分析［M］. 天津：天津大学出版社，2014.

② 同上。

③ 指公共建筑、宗教建筑、贵族府邸、城防设施等以外的区域，由大量普通建筑构成。

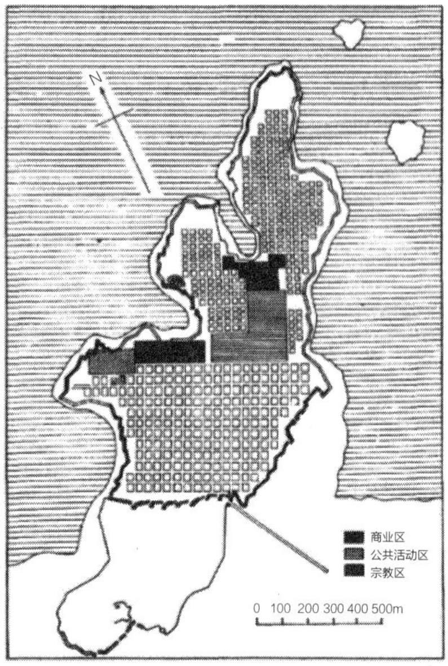

图2-21　米利都城

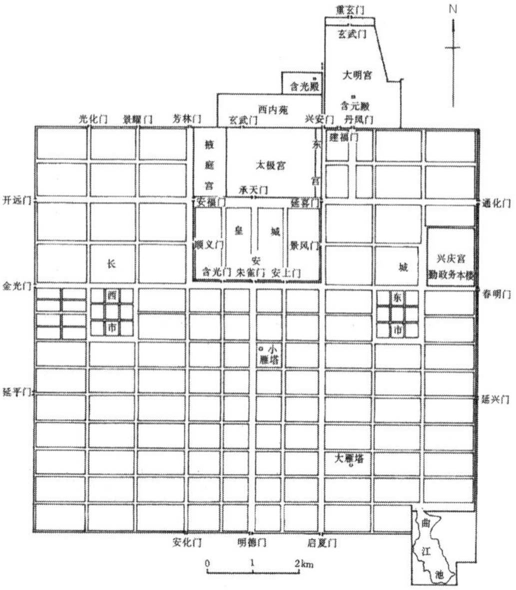

图2-22　唐长安平面图

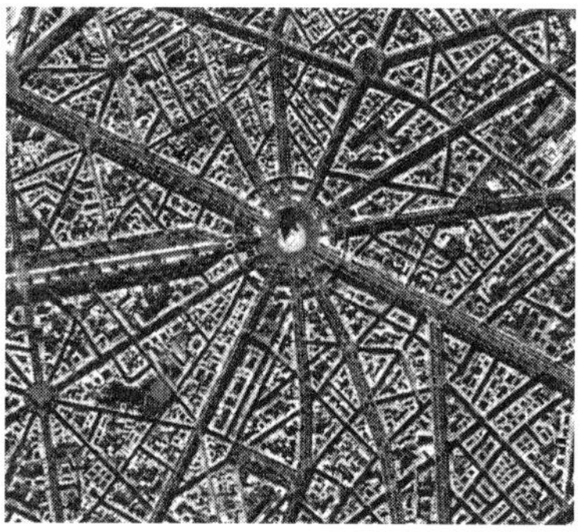

图2-23　巴黎的星形广场和放射道路

图2-24　巴塞罗那的网格街区

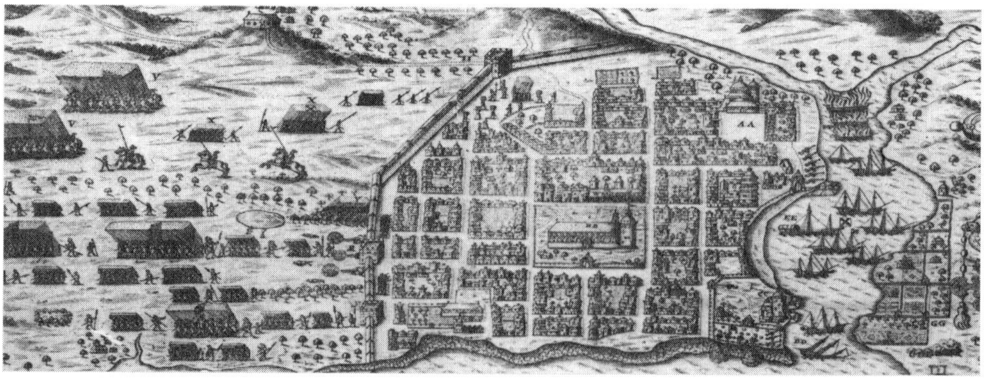

图2-25　1586年的港口城市圣多明各

2.3 两种营建途径的关系

2.3.1 两种途径与规模的关系

选择“自下而上”还是“自上而下”的营建途径涉及内部人员的自主意愿，从表面上看它们的出现无规律可循，但其作用特点决定了这两种途径与城镇规模有一定的匹配关系。一般在没有人为刻意的、整体性的干预之下，城镇可被视为“自下而上”发展起来的，它发生在前工业社会的大多数城镇的生长进程中，而且这些城镇规模都很小。但放到大城市中，这种途径就不一定奏效了，毕竟当群体中的人口越多时，就越需要秩序的建立。

1. 历史上的大城市

历史上真正的大城市屈指可数：拥有20万~30万人口的古巴比伦城、30万人口的希腊、80万~130万人口的罗马，以及140万人口的北宋汴梁（开封）和250万人口的南宋临安（杭州）①。在大城市的发展及运转中，“自上而下”是一种主要的推动力量，统治者的观念、意识和期望深深影响着城镇的规划师和建设者，使之得以被完整表达。这些城市一开始就被设计成专门的行政中心、军事基地或贸易中心，并建立在城市文化和多种形式的组织基础之上②。重要的城市需要较大规模的防御工事，其工程浩大、费用繁重，无法仅凭借人民负担，还需凭借政治的力量“自上而下”的规划组织③。而拥有众多人口的城市也要靠组织运转良好的基础设施来维持。当罗马的人口超过100万时，能够为这些人口提供充足的物资就成为当时“经济生活、政府管理和物流后勤方面的最大成就”④，依靠大量港口、水道和货仓以支撑城市内部的运行。从官方流传下来的不少大城市的历史地图表明，其边界和

① 徐远．人·地·城［M］．北京：北京大学出版社，2016.

② 杰里米·布莱克．大都会——手绘地图中的城市记忆与梦想［M］．曹申堃，译．太原：山西人民出版社，2016.

③ 费孝通．乡土中国（修订本）［M］．上海：上海人民出版社，2013.

④ 同②。

中心被明显地放大、强调，而大量普通的房屋街巷却被绘图者忽略不计，足见城墙和基础设施在当时的重要性（图2-26～图2-28）。

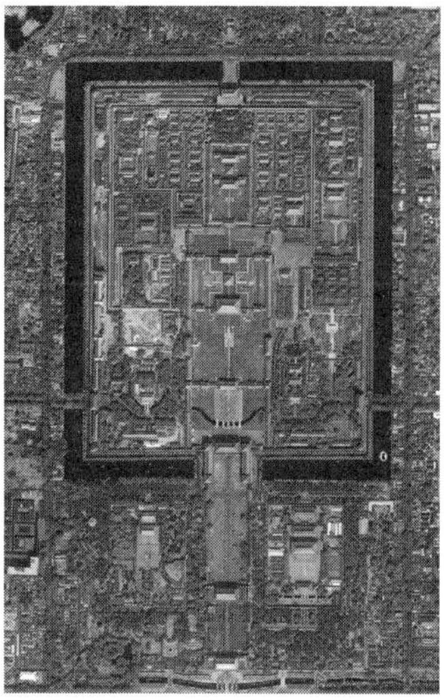

图2-26　北京故宫

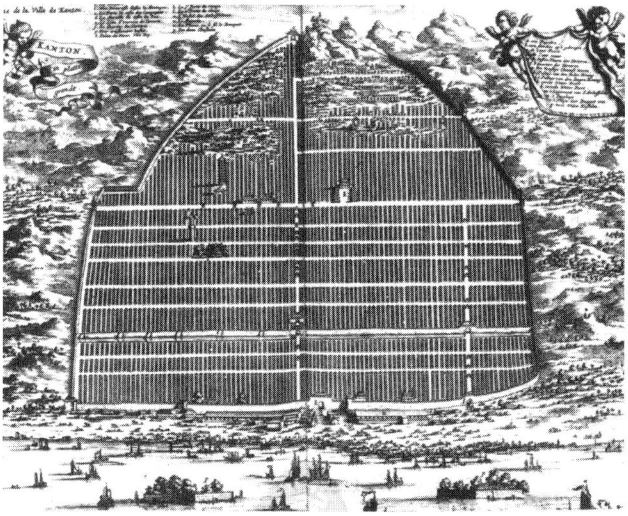

图2-27　西方人眼中的广州（1668年）

图2-28　罗马模型

“自上而下”的管理方式压抑和限制了其内部居民的生活。在正式的城市经济及公共活动中，市民的身份被反复地核查，行动范围被清晰地界定，甚至出入城门的时间也被严格限制。虽然城市生活让居民不得不忍受“失去充分选择的自由”①，但那些巨型建设下所暗藏的机遇还是令人神往的，无论何时何地，城市总像一块巨大的“磁铁”一样不断吸引更多居民。事实上，即便在稍小的城镇中，地方统治者刻意建立起来的城墙也很具有吸引力，在其附近非常容易形成小的经济聚集中心，并成为城镇生长的“引擎”。不可否认，“自上而下”的途径与城镇不断的生长、“变大”有着紧密而直接的关系。

2. 工业革命之后的现代城市

18世纪末开始，西方世界的工业化导致从事农业生产活动的人数减少，农村人口快速向城市聚集，使城市人口与用地规模集聚、膨胀。这一现象首先冲击了英国，然后冲击了法国，波及整个欧洲乃至全世界。城市膨胀到了它的临界点，原本的城市结构和传统常规的“自下而上”的城镇发展方式难以驾驭如此严峻的挑战。到19世纪初，缺乏整体组织规划的“大型”城市中的工业劳动和生活已经痛苦不堪，基础设施也难以支撑，居住条件拥挤、肮脏，由此带来的社会动乱和安全问题层出不穷（图2-29）。

图2-29　19世纪初的伦敦景象

① 约翰·里德. 城市［M］. 郝笑丛，译. 北京：清华大学出版社，2010.

图2-30　改造后的巴黎

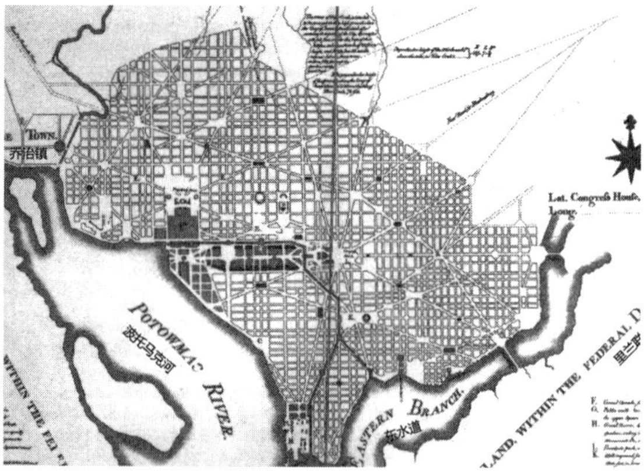

图2-31　华盛顿规划

显然“自下而上”的发展模式与城市规模之“大”是难以匹配的，以总体的、可见形体的环境来影响城市中的社会、经济和文化活动逐渐成为先锋性的城镇发展新理念。埃比尼泽·霍华德（Ebenezer Howard）、卡米诺·西特（Camillo Sitte）、勒柯布西耶（Le Corbusier）、弗兰克·劳埃德·赖特（Frank Lloyd Wright）等贡献了一批具有深刻影响力的、理想性的城市规划理论和工具。19世纪奥斯曼巴黎改建、美国的格网城市规划和“城市美化运动”等则是对“自上而下”理性主义规划思想的重要实践。实践证明，只有合理依靠“自上而下”的方式才能让大城市合理、高效地运转，而这种城镇营建途径也逐渐成为之后现代城市的惯用发展方式（图2-30、图2-31）。

根据历史经验，“自下而上”的途径在城镇规模较小时行之有效，但只要城镇规模超过一定程度，就难以支撑政治、经济的发展需要和内部大量居民生活的正常运转。因此，规模越大的城镇，其生长过程中所包含的“自上而下”的因素就越多，也越需要“自上而下”途径的支持和运作。相比于几千年前的城镇初建，“自上而下”的营建途径也已经历了若干次革新，相关的知识和技术正在不断地发生着飞跃式的进展，而“自下而上”途径的变化则要微弱得多。

2.3.2　两种途径间的交织现象

“自下而上”和“自上而下”在城镇生长中往往是交织出现的，A.E.J.莫里斯曾讲道“这是一种‘历史性的特点’”，即“附加于有机生长部分之外，经规划

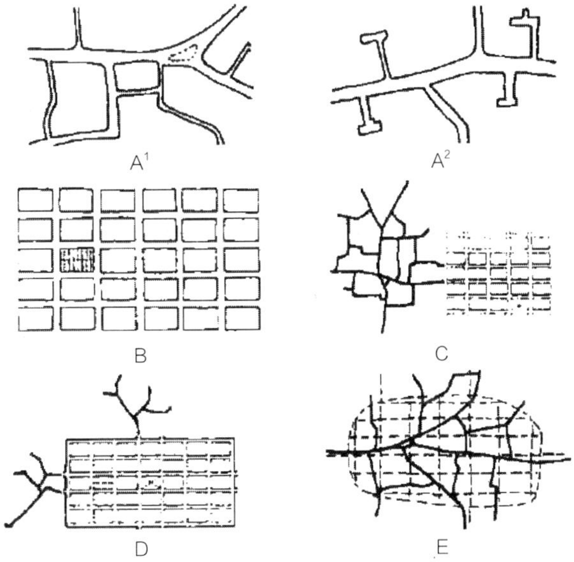

图2-32 A.E.J.莫里斯描述的有机生长的（“自下而上”）和规划的（“自上而下”）城镇形态

A1、A2：有机生长的城镇形态；B：规划的棋盘格；C：在有机生长的城镇基础上进行棋盘格扩建；D：棋盘格规划的城镇周边出现有机扩展；E：在欧洲，中世纪有机生长的模式叠加于废弃的罗马棋盘格布局之上

扩展或重建的部分”，以及“有机生长改变了起源于规划的城镇形态”都很常见①（图2-32）。斯皮罗·科斯托夫也认为城市的形成中普遍存在两种途径的“共存和转换”，即“绝大多数传统城市及几乎所有具有大都市尺度的城市，都是由预先设计的部分和随机发展成的部分相互拼接、相互重叠而形成的”②。

1.“自下而上”中的“自上而下”

在以“自下而上”为主要途径生长起来的城镇中，“自上而下”的影响一般以要素化的形式出现。一般城镇中稍具规模的公共建设无法单纯依靠“自下而上”的力量建设起来，比如教堂、公共街道、广场等需要组织者的有序管理和计划，并借助更加专业的建筑师和工程师的力量，这其中难免会受到一些人意识的主导。那些缺乏组织的乡村生长到一定程度便会陷入瓶颈，若公共环境总是没有有序的、积极的维护和建设，居民的反面破坏性行为则会增加。而在通常情况下，城镇肩负一定的公共和中心职能，比如作为周边更小的村镇商业中心或某种物资的生产中心，无法完全排斥具有“特殊意图”的建设途径（图2-33）。

---

① A. E. J. 莫里斯．城市形态史——工业革命以前［M］．成一农，等译．北京：商务印书馆，2011.

② 斯皮罗·科斯托夫．城市的形成——历史进程中的城市模式和城市意义［M］．单皓，译．北京：中国建筑工业出版社，2005.

图2-33 “自下而上”城镇中的公共要素

2. “自上而下”中的“自下而上”

无论“自上而下”的力量在城镇中何等强势，“自下而上”的意识形态都是客观存在的，因为人始终是城镇内在构成的主体。“自下而上”的生活也从不静止，只是反映在不同城镇空间形态中的程度不同。在工业化带来的标准生产出现以前，即使进行统一规划，单元建成环境之间也无法绝对“复制”，个体在严格遵守建设规范之外仍有一定“表达自我”的“误差”空间。

“自下而上”的个体差异主要受以下两种因素的作用：其一是场地环境的影响，这包括建设基地的位置、大小、地形条件等，要求房屋建设在标准模式中依据场地做出一定适应性变形；其二是内部个体需求的不同和建造中的人工“误差”。例如，建筑拥有者会根据家庭构成特点和作息习惯来调整功能布局，还有天然建筑材料本身的微差带来的个体建筑表面“质感”的差异，以及工匠在施工过程中的“自由发挥”等（图2-34）。

3. 通过两种途径交替生长的城镇

从一个城镇长期的生长进程来看，“自下而上”或“自上而下”总是作为一段时期的主导发展途径，并在时代的变迁中交替出现。

一些早期城镇是在两种途径的共同作用下产生的，典型的苏美尔城市乌尔城即是“自下而上”与“自上而下”统一并存的例子，也被一些学者称为“圣界”与“凡界”的结合之体①。城市由形态规整的“圣界”（temenos）、外围形态自由的住宅区

① 卓旻. 西方城市发展史［M］. 北京：中国建筑工业出版社，2014.

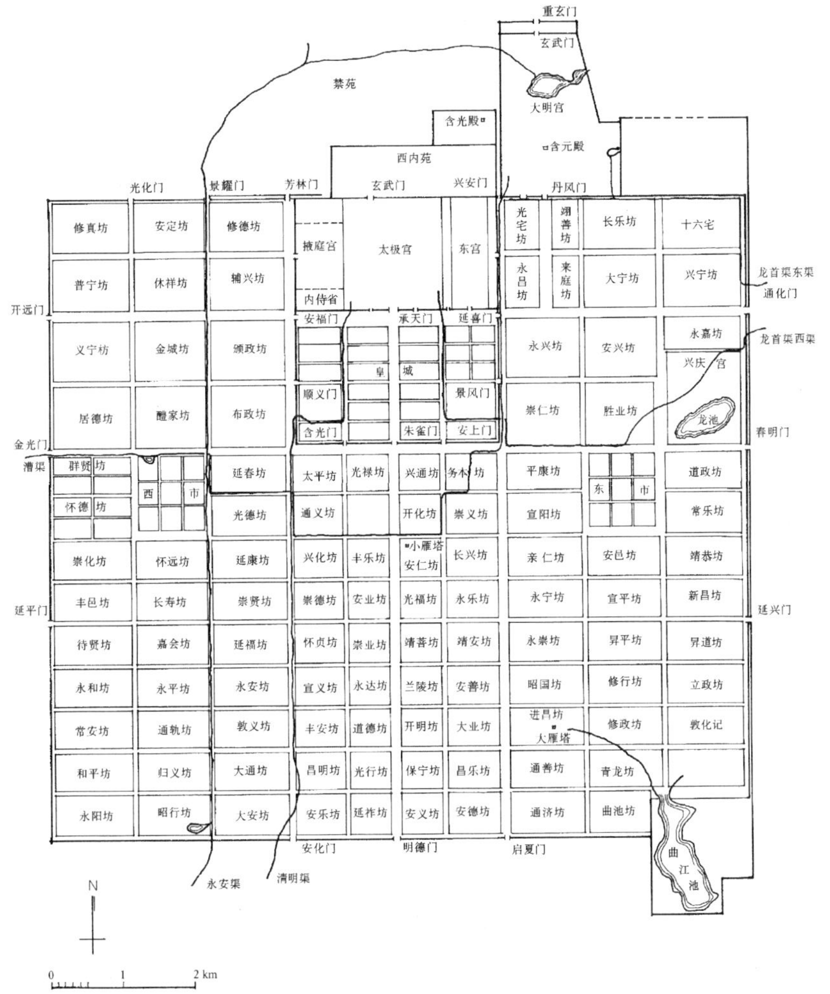

图2-34 长安城“坊”平面图

当时的居住单元“坊”虽被规定了形式，但个体之间不尽相同。

以及港口三部分构成。据考古推测，由中等人家组成的居住区是乌尔城内最古老的部分，它们起始于农业聚落或紧邻圣地的城镇住宅，住宅规模大小不一，依据场地空间条件和主人的意愿而变化。到第三王朝时期，作为统治者权力中心的防卫性城墙被修筑起来，受原居住区和地形的影响被建造成不规则的椭圆形。而位于西北部的“圣界”则被规划为规整的矩形空间，主要用于保护僧侣和贵族成员，一般市民不可进入。“圣界”的出现比居住区晚了1000多年，居住区原始的自由形态在之后的城市规划中被保留下来，该区域被更晚形成的街道穿过，街道方向受控于“圣界”的朝向（图2-35）。

这种交织现象在现存城市中也十分明显。德国首都柏林的形成起源于12世纪末施普雷河（Spree River）畔的两座集镇——柏林（Berlin）和科林（Colin），因

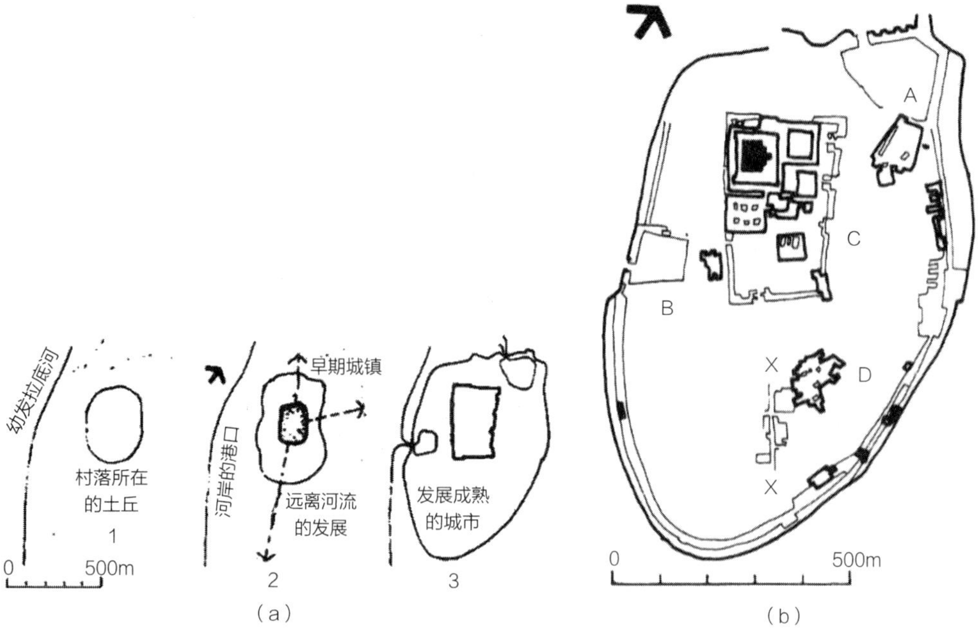

图2-35 乌尔城平面

(a)乌尔城的生长过程;(b)A—港口;B—港口;C—圣界;D—居住区,左侧为稍晚形成的朝向“圣界”的街道

地理区位和经济贸易得到发展。中世纪时期,勃兰登堡亲王将柏林建设成一座中世纪城镇要塞,进而被设立为普鲁士都城,大量宏伟的普鲁士典型风格建筑、广场和星型城防设施被建设起来,城市中的主要家族在其中发挥了重要的“自上而下”的作用。第一次世界大战前,柏林在工业化影响下迅速扩张,无数私人别墅和出租营在城市外围出现,迫使政府不得不采取一定专业控制和梳理手段。在之后的战争和政治格局的动荡中,柏林被不断摧毁、分据,城市各部分的发展被拉开差距。其中,西德在重建中因经济的有效刺激,“自下而上”的建设活跃起来,成为建筑师的舞台(图2-36)。

中国也有不少起源于村落或集镇,后期发展成为城市的案例。唐山虽然是近代工矿城市,早在开平煤矿开办前,仅是桥头屯这个自然的小村落,当地人以营农为生。随着资源的发掘,以煤矿为主导的生产活动蓬勃发展,带动了整个区域的自发生长。中华人民共和国成立前的大部分时期,唐山在没有进行整体规划的情况下,根据生产与生活的需要,经历了道路系统由无序的村内巷道、胡同发展为多条水泥道路交错,居民生活设施随工厂增多、人口增加而逐渐健全,城市组成由单一工矿区转向多样化空间的全过程(图2-37)。

（a）1237年

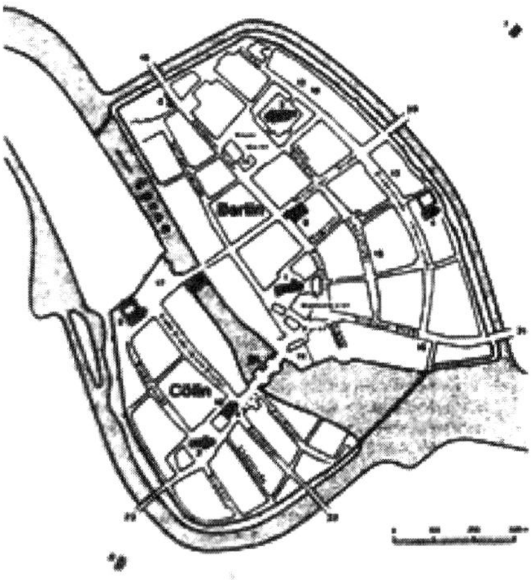

（b）1400年

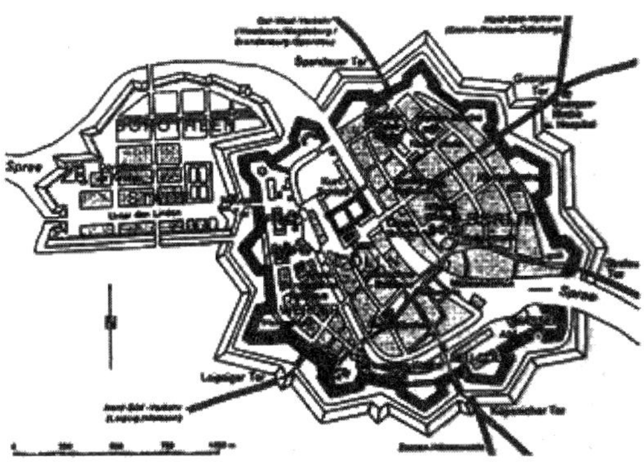

（c）1688年

（d）1802年

图2-36　柏林的生长

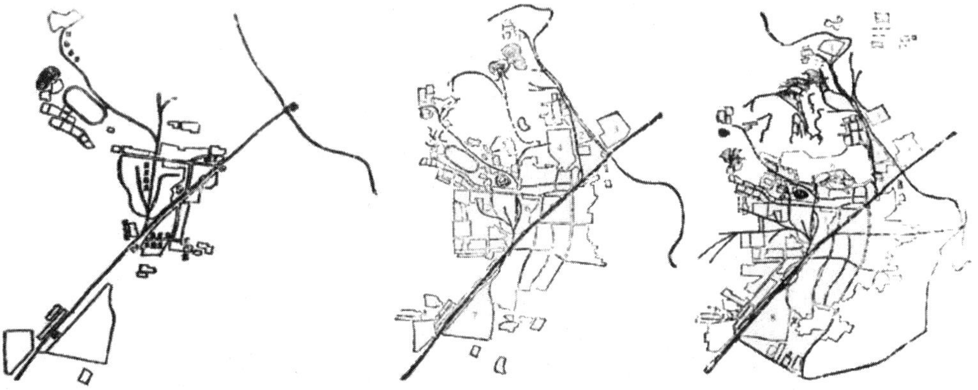

图2-37　中华人民共和国成立前唐山城市发展演进图

景德镇也是一个最初发展于村落，通过“自下而上”方式发展起来的城市。根据考古证明，宋代以前大部分村落和瓷窑散落分布在南河及其支流旁。直至南宋至元前期，瓷窑由农村向镇市集中，出现独立手工业作坊，社会分工开始出现。随着生产进步和周围农村人口的大量集聚，周围小市集的功能被逐渐地取代，于是景德镇逐渐地发展成为一个完整的城市（图2-38）。

在中国澳门的发展中，“自上而下”的影响则表现为殖民建设。宋元时期，澳门是南海郡番禺县的一个渔村，早期聚居形态为“逐水草而居”的无组织散居状态。自从葡萄牙人登上澳门，最初只是在岸边搭筑茅屋，进而入市贸易并上岸暂居。在城市经济自由发展之余，澳门逐渐成为商人汇聚交流、洽谈生意的场所，聚居区渐具规模，并在外围出现了最早的街道，由各个船舶码头、卸货栈台等各沿岸水口向内部延伸而成。随着进入澳门华人人数的增加，葡萄牙人开始修建城墙以管理，而对葡萄牙人精神生活极为重要的教堂是最早修建起来的公共建筑，进而成为日后城市发展建设的中心。在这一过程中，由于外来殖民控制，澳门并没有沿着当地“自下而上”的自然和文化轨迹发展，却被建设成外来文化“意念”中的形象。有趣的是，这种发展途径并没有受到某种统一规划的控制，而是在若干葡萄牙人和华人长期的冲突和妥协之中形成的结果。在新城区建设之前，澳门颇有欧洲中世纪城镇的意味，葡萄牙人将他们传统的城镇发展方式“搬”到了新的领地之上，或许对于他们来说，这种发展也是一种“自下而上”吧（图2-39）。

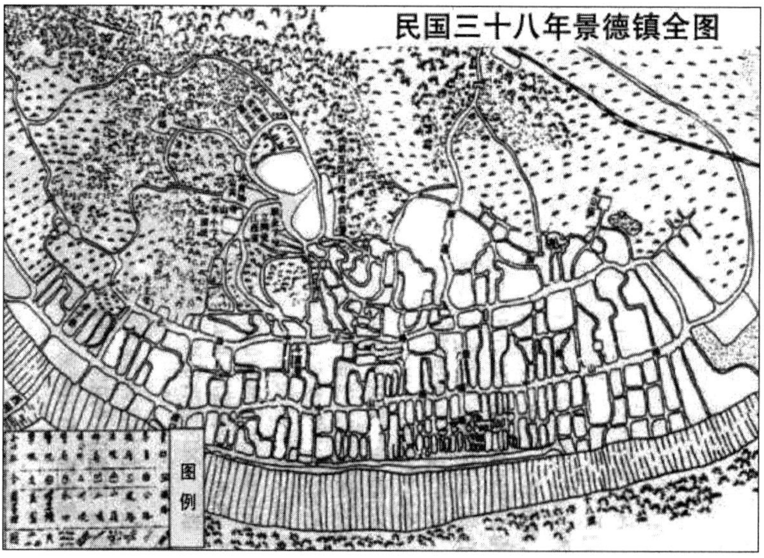

图2-38　民国时期景德镇总平面

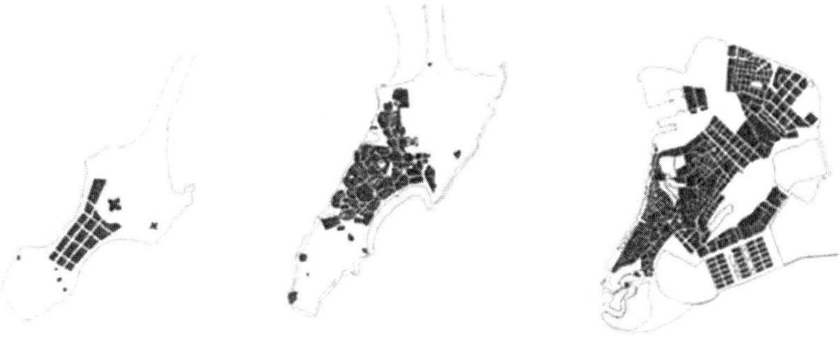

（a）1764年　（b）1797年　（c）现在

图2-39　澳门半岛的演变

2.3.3　两种途径历史脉络梳理

至此，可以将两种途径的历史脉络进行整体梳理，它们在中国和欧洲城镇发展中的作用可由图2-40概括呈现。

其中，“自下而上”的途径主要表现在：

1. 1万年前伴随农业定居出现的初级聚居形式——村庄，其形式一直延续至今，仍是各地人类聚居版图中的重要组成部分。

2. 小城镇及小城市的形成始于公元前3000年左右，其中中国在宋代里坊制废除后迎来了小城镇的兴盛，而欧洲在古罗马解体后建立了大量中世纪城镇。

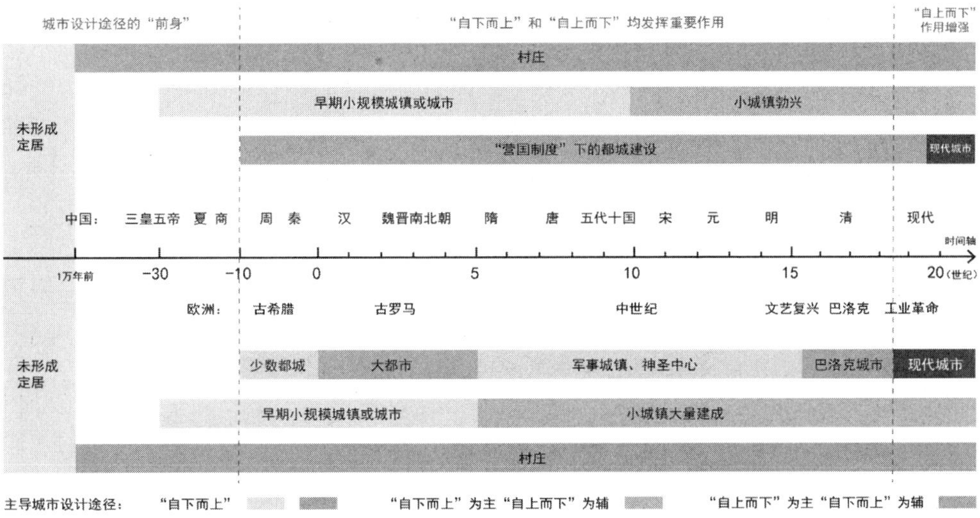

图2-40　两种途径在历史中的表现

“自上而下”的途径主要表现在：

1. 中国的“营国制度”影响下的历代都城建设。

2. 欧洲古罗马时期之前的少数都城建设；古罗马时期的都城和防御城镇的建设；中世纪军事城镇和神圣中心的形成；巴洛克城市的改造。

3. 工业革命之后的现代城市建设。

实际上，在工业化广泛影响城市建设之前，“自下而上”和“自上而下”两种力量对城镇建设的推动作用是“势均力敌”的——城镇形态总是夹杂着规律中的意外，或混乱中的秩序。而且大部分情况下两种途径“各司其职”——“自下而上”作用于个体单元，出现了“无序的聚集”；而“自上而下”作用于整体结构，促进着“有序的增长”。或许在这两种途径作用下产生的“无序”和“有序”都不尽完美，但都有各自“表演”的“舞台”，是它们的共同作用让城镇生活变得多维而立体。假如没有工业革命的出现，“自上而下”可能永远不会变得像今天如此“强势”，以至于原本活跃于城镇各个角落中的“自下而上”失去了“生存”的空间。而当“自下而上”的力量过于被压制，那些仅仅通过“自上而下”无法解决的问题和弊端则将不断被揭示出来。

正是在这种历史转折中，今天“自下而上”与“自上而下”之间的冲突和讨论演变得异常激烈，正如东南大学王建国院士在《现代城市设计理论和方法》一书中所说：

“近现代的历史变革——工业革命与城市发展历史性碰撞的形势，决定了‘自上而下’城市设计的控制主题；而日益偏离人情感世界的高技术化的世界新形势，又决定了‘自下而上’城市设计中历史文化和人性再现的主题。”①

在过去100年左右的时间里，大多城市设计师与规划师默认了其本职工作是帮助城镇建立秩序，或者进一步说，是建立城镇物质空间几何意义上的“有序”。但回顾历史就可以发现，虽然“有序”一直是人们在城镇建设中追求的目标，但并不是人类聚居的唯一状态，更不能代表最佳状态。而在那些看起来生机勃勃的城镇中，不管“自下而上”与“自上而下”、“无序”与“有序”之间哪一方占了上风，它们之间的关系一定是和谐且合理的。我们今天有必要重新从客观、公正的角度审

① 王建国. 现代城市设计理论和方法［M］. 第2版. 南京：东南大学出版社，2001.

视这两种途径的作用，思考如何让城市设计以更加符合历史规律的方式介入今后的城镇发展历程，做到更加科学、合理、有效地引导城镇形态的发展。

2.4 本章小结

基于以上分析，本章可得到以下结论：

1. 今天的城镇多样形态可以从早期人类聚居形态的发展脉络中找到雏形。早期聚居形态的演进呈现了从“局部的片段”到“无序的聚集”，再到“有序的增长”的过程，对应到之后城镇中出现的各类建设上均能找到一定的继承关系。而这一过程是在若干因素的影响下产生的，这些因素在之后城镇的发展中，可根据其影响建设活动的出发点和角度，分为“自下而上”的影响因素和“自上而下”的影响因素。

2. 城镇的营建途径主要包括“自下而上”和“自上而下”两种类型，其中“自下而上”的途径是从早期聚居的第二阶段——“无序的聚集”中继承而来的，其作用下的看似“单纯”“均质”的形态，背后可能受到多种因素的共同作用，实现过程中包含了大量单元建设活动的不断循环、反馈和叠加。“自上而下”途径是从第三阶段——“有序的增长”中继承而来的，其看似“复杂”的形态，而背后的影响因素却可能很单一，实现过程也是粗放单向的。

3. 既然“自下而上”与“自上而下”总是交织出现的，那么研究“自下而上”的问题时就不能忽视“自上而下”的影响。经过两种途径作用范围、条件和方式的对比，可以确定：选择小城镇作为研究“自下而上”营建途径的客体有足够的理由。因为小城镇作为一种规模较小、又有一定复杂程度的聚落类型，其生长途径表现了“以‘自下而上’为主、‘自上而下’为辅”的特点。研究小城镇，既可以充分发掘“自下而上”营建途径的特点，又可以探究其与“自上而下”途径之间的关系。

4. 纵观历史城镇的发展都是在两种营建途径的交替和协作下成长，并在“无序”与“有序”的状态间摇摆，这可以说是一种城镇生长的常态。城镇规划设计的目标和价值观值得重新审视：我们不应仅重视创造“有序”，还应该合理引导这两种途径的综合作用。

3

“自下而上”的影响因素

在研究城镇空间形态的过程中，通过分析研究各影响因素的作用范围、作用路径、作用效果，来剖析其与空间形态之间的互动关系，是解读城镇内在生长机制的常用方法。

“自下而上”影响因素在传统小城镇聚落生长演化中具有重要作用，这类影响因素往往是解读小城镇形态独特性形成原因的“密码”。由于“自下而上”影响因素类型的多样和作用方式的复杂，有必要在正式进入具体案例解读之前，对影响因素的类型和作用特点进行系统地梳理。

根据各影响因素对城镇形态作用的复杂程度，可以将“自下而上”的影响因素归纳为以下4种类型：基本条件、行为方式、经济因素和风土文化。

其中，基本条件是人类建设并形成聚居环境所必须满足的前提，包括作为背景的自然环境、创造居所所需的建造技术和定居所需的安全条件；行为方式是从人自身生理和生活需求考虑，并通过日常生活来影响城市环境的因素，包括出行方式、起居生活和公共活动；经济因素是维持城市持续发展的必不可少的动力，影响城市空间的经济因素主要有经济生产、交易活动两类；风土文化是在时间累积中形成的地域特征，表现在风土人情和城市物质空间上，其主要的影响因素表现为风俗习惯和精神信仰。

以下将具体研究各因素对城镇空间形态的影响方式。

3.1 基本条件

城镇的存在必须满足以下两点：第一，可以形成具有一定聚居规模的物质环境；第二，这一物质环境可以长期维持。城镇的形成、建立以及稳定维持的基本条件是自然环境、建造技术和安全。

3.1.1 自然环境

城镇的形成离不开自然环境，反过来讲，自然环境是影响城镇整体形态特征的一个重要方面。从宏观层面上观察，一座城镇的形态特征和地域特征往往会与自然环境紧密相关。因此，我们可以依据选址环境的特点对城镇进行分类，如平原城市、山地城市、港口城市等。而在这些城镇中，以“自下而上”为主要发展途径的城镇受到自然环境的影响会更明显一些，正如约翰·里德在《城市》中提到：“环境的优势引发最初的城市建立。”

自然环境对城镇形态的影响有直接的影响，也有间接的影响。直接的影响主要指地理形态对城镇形态的影响，如平原上的城镇往往形态比较均质，山地上建起的城镇形态会与山坡朝向和山体走势发生一定关系，沿河发展而来的城镇与河道走向密切相关等（图3-1）。而间接的影响是通过无形的气候作用于有形的物质环境，这种影响深入到房屋形式、院落形态以及建筑之间甚至片区之间的关系，如寒冷气候地区的城市建筑设计比较注重抗寒性能，其墙体厚实，开窗较少。同时，建筑的紧密排布有助于挡风和保暖，避免了寒冷气流对微环境的直接影响（图3-2）。相反，在炎热地区城市建筑的通风散热性能会受到更多重视，房屋的开敞度以及遮阳性能在设计中被更多地考虑（图3-3）。

然而，自然环境对城镇形态并没有决定性的影响，其原因在于：一是城镇的选址不具有最优选，它不能保证现在发展出城镇的地区具有最适合建立城镇的自然环境，城镇对自然环境的选择具有一定的随机性；二是相似的自然环境可以发展出形态差异显著的城镇，这说明除了自然环境以外，还有其他对城镇形态有影响力的因素。

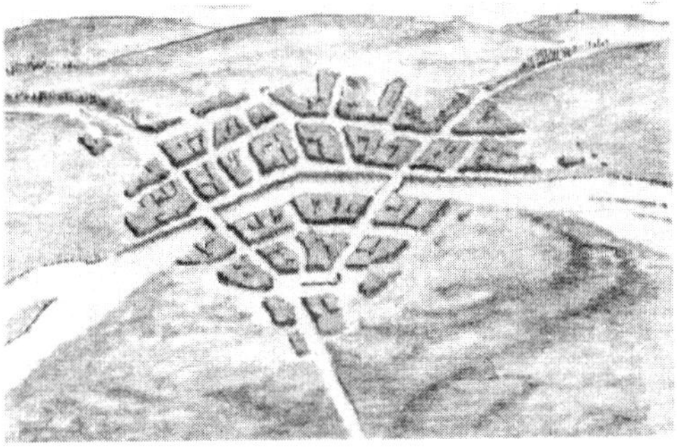

（a）河流上的聚落　　（b）自然的港口

（c）防御性的位置　　（d）线状的脊地

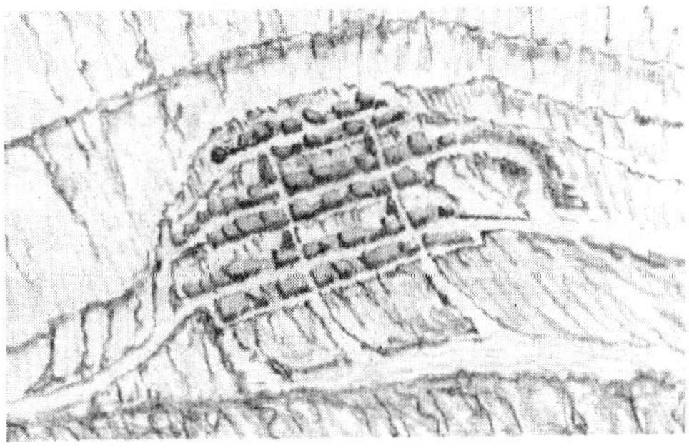

（e）山顶城镇　　（f）坡地

图3-1　自然地形对城镇形态的影响

环境不能决定城镇区位，但对城镇区位有限制作用①。不妨将自然环境对城镇的影响理解为一种限制力，这种限制力一方面表现为一种生存阻碍，需要人类采取相应的策略去适应环境；另一方面如果一个地区的限制力相对较小，会成为它的自然环境优势，提供形成城镇的更多机会。城镇即是一个地区“环境限制”加人类

① 伊德翁·舍贝里．前工业城市：过去与现在［M］．高乾，冯昕，译．北京：社会科学文献出版社，2013.

图3-2　寒冷地区的房子
山西平遥段村的民居，基于保温的考虑，其墙体厚实，开窗较少。

图3-3　炎热地区的房子
江苏镇江华山村的民居，形式通透，通风散热较好。

"适应策略"的最终物质形态结果。

当然，城镇自然环境的建立，它必然需要具备一些基本条件：

1. 可提供人类生存所需的资源，即充足的水资源以及可以维持日常活动的能量来源。

2. 能使居民避免各种灾难的影响，其中包括严重的自然灾害以及敌人的入侵。

3. 在物质空间上可以持续提供满足群体生活和发展的条件，即在环境上满足便利而舒适的生活要求，并可以提供在经济和空间上发展的可能。

在这里，资源与适宜的空间是一个城镇区位发展的环境优势，而可能出现的灾难和空间限制又是城镇发展的阻碍。对于不同地域来说，资源、灾难与空间潜力都是不一样的。

中国华北的一些地区，其气候干燥，缺水严重，风沙明显，阳光不充足，地形地貌又以山地为主，而平地较少。因此，水源是城镇形成必须依托的一个条件，沿河地区便具有了建立城镇的环境优势。为了抵御冬季的寒风，城镇选址多在山坳背风处，同时把聚落建于山谷，这样可以更好地满足居民的生活。而为了在冬季获取更多的阳光，居民又更倾向于把自己的住屋建设在山坡南边向阳的地方。

相反，在中国岭南地区，水源充沛，城镇选址便不把靠水当作一项优势，而是要使环境尽量满足防洪要求。因此，地势略微高起的场地会获得建立城镇的更多可能性。对于水系密集的地区，选择一块足够大的空地来满足群族的扩张需要也是一

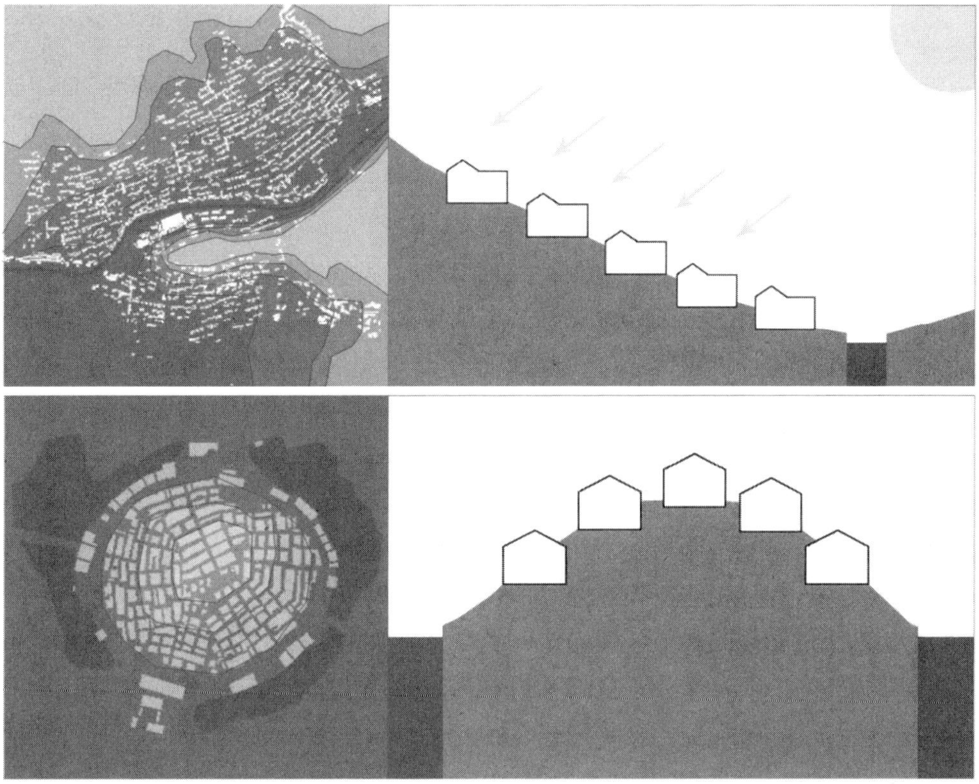

图3-4 不同地区环境与建筑的关系
上图：山东峪门村——聚落向水而建，住屋建于南坡以取得良好光照
下图：广东黎槎村——聚落避水而建，住屋建于丘地上以防洪

项选址条件，城镇的边界往往直接受到空地大小的限制，从而确定城镇的形态和规模（图3-4）。

现在，随着人类生存经验的积累和应对灾害能力的提高，人类对自然环境的改造能力和适应性逐渐加强，因此受到环境的限制也越来越小，自然环境对城镇形态的干预力度也没有以前那么大了。

3.1.2 建造技术

技术是人类为了满足自身的需求和愿望，并遵循自然规律，在长期利用和改造自然的过程中积累起来的知识、经验、技巧和手段。人类的技术包含许多类型，它涉及多个领域，诸如建造房屋所需的建造技术，发展劳动生产、产生经济效益的生产技术，创造新技艺、产生新发明的科学技术等。它们无一不对人类的进步和城镇的发展起到了至关重要的作用。这里单独将建造技术重点讨论，是因为建造技术伴随着人类庇护所的出现而出现。而正因为人类可以创造庇护所，并产生建造活动和城镇建设。因此，将建造技术这一因素看作人类生存、定居并建立城镇的基本需求之一。

建造技术对城镇最直观的贡献在于：它塑造了人眼视角的城市。对于生活在城镇中的人来说，对城镇的感受来源于视觉中的材料与建筑形式，以及身体感受到的空间组织和环境互动。城镇作为建筑物的集合，其风貌和氛围很大程度上受到材料与建造技术的影响。

然而，建造技术对于一座城镇的意义远不止于此。与建造技术相关的材料同一个地区的资源相关，而建造工艺和建造中采用的结构方式同这个地区居民的审美和文化相关。因此，建造技术往往可以反映出一座城镇的地域特点。对于不同的城镇来说，建造技术的差异很大程度上决定了它们风貌的不同。例如，中国西北地区城镇以夯土墙为主的建筑较多，人们以黄色调为主，建筑形式敦实封闭，呈现出浑厚的城镇风貌。而徽州地区，建筑以粉墙黛瓦为主，其形式相对灵巧，构件细节精美，城镇风格清新秀丽（图3-5）。

在前工业社会中，建筑师的角色还没有被严格地分化出来，大部分房屋由居民自发地建造的。建造活动本身是一项社会习俗。建造技术通过家族中的长辈传承给晚辈，同时居民之间也相互学习，再依据自身喜好和生活需求建立自己的住所。合作建房的习俗不仅有助于完成复杂的建筑任务，还具有一定的社会意义[①]。日本的合掌造民居就是一个典型的例子，由于该地区房屋屋顶坡度陡、用料大，无法仅靠一个家庭的几个人完成建造活动。因此，当任何一个家庭需要建造房屋时，村子里的其他居民都会来帮忙，无形中加强了这一社会的凝聚力与和睦程度（图3-6）。

作为“建筑师”的城镇居民具有更大的创造力。他们对场地、形式、结构、材料的认识建立于环境供给的客观条件和生存需求之上。越是在条件简陋而极端的情况下，就越会出现解决实际问题的巧妙办法。例如，在土地局促的地方会“长”出

① 阿摩斯·拉普卜特. 建成环境的意义——非语言表达方法［M］. 黄兰谷，等译. 北京：中国建筑工业出版社，1992.

图3-5 不同地区的风貌
(a)、(b)、(c)：山西平遥，夯土墙为主的建筑群；(d)、(e)、(f)：安徽宏村，粉墙黛瓦的建筑群

形式与朝向奇怪的房子，或者在材料短缺的情况下会出现材料混合利用与再利用的现象。正是这些颠覆我们正常审美的建造方式丰富了建成环境的多样性，使“自下而上”建成的环境格外富有生机（图3-7）。

（a）日本合掌造民居形式，
陡峭的大屋顶上铺设有1m厚的茅草

（b）每户人家的房屋搭建和屋顶翻修，
都需要全村人的同心协力才能完成

图3-6　日本合掌造民居

（a）广东蚬冈村村民把废弃的牌坊横梁用作坐具

（b）山东峪门村村民把废弃的磨盘用作台阶

图3-7　材料的再利用

建造技术与人类的智慧相关，从建造技术的发展过程可以看出城镇演变的历史。江苏镇江华山村保留下来的一些古民居多产生于清代和民国，其用料等级不高，材料小巧而简陋，这与当地资源不够丰富以及动荡的社会背景有关。但是它们屋面坡缓，出檐较大，在建造技术上充分沿袭了古人的做法。由此可以推断，华山村历史悠久，并经历了漫长而复杂的社会变迁。其建造技术的发展同社会形式的发展紧密地联系在一起，并融入人类文明之中（图3-8）。

（a）柱子有收分

（b）房屋屋面较缓，出檐较大（明清以前的做法）

（c）用小料支撑巨大的屋顶重量，檐口下部用竹竿加固，屋面采用冷摊以减少重量

图3-8　华山村建造技术中的古制

3.1.3　安全

人类对安全的需求出于一种本能。约翰·里德在《城市》中阐述道：“城市的产生由于农业和战争。当农业成为可靠的生活来源时，人们就开始定居，而且也必然会有一些人比其他人先富裕。成功的农夫聚在一起，建造防御性的带篱笆围墙的房屋，以保护他们不受潜在的外人攻击。”对于个体来说，对房屋实行一些防御性的措施以保护人身与财产免受外人侵犯，并更容易形成安全感。人只有在安全感得到满足的前提下才能在一个地方形成长期稳定的居住和生活（图3-9）。

而对于一个城镇来说，安全需求使得居民群体及他们所处的物质环境免受外来侵害。实现安全的方式是多种多样的：一是通过天然地形实现；二是通过建筑布局形式实现；三是通过有形的防御设施实现。

许多城镇在选址上会考虑安全防御性，如隆起的山岗、环绕的河流，它们都对城镇起到一定的保护作用。徐州自古以来就是兵家必争之地，其城市的发展伴随着战争。戏马台位于徐州户部山最高处，项羽在此称霸。关于戏马台的建筑特点，北宋文学家苏轼曾有这样一段宏论：“城三面阻水，楼堞之下以汴泗为池，独其南可通车马，而戏马台在焉，其高十仞，广

图3-9　篱笆小屋
人对家的印象总是带有篱笆围墙的。

（a）户部山格局　　（b）项羽戏马阅兵场景

图3-10　徐州户部山戏马台

袤百步。若用武之世，屯千人其上，聚垒木炮石凡战守之具，以与城相表里，而积三年粮于城中，虽用十万人不易取也"[①]。可见，地形对筑台建城非常重要，山岗是该区域最佳的保护屏障（图3-10）。

除地形之外，建筑间的排列组合方式也成为城市安全的进一步屏障。这种智慧在人类早期的聚落中就已明显存在。加泰土丘是最早形成的聚落之一，被称为一个城镇的原型。这里的房屋一个挨着一个紧密排列着，要进入建筑内部只能通过房屋顶端的洞。从外围看，整个聚落的边缘就是一堵密实的高墙，外人攻入是十分困难的。类似的现象也发现在中国的聚落中。广东高要黎槎村整体呈八卦形态，建筑呈环状叠套布置。其最外围的建筑紧挨着修筑，入户大门全部向内，外侧相对封闭，只开少量高窗，而进入这个建筑群体只能通过特定的几处门楼。在这里，外圈建筑形成了像围墙一样的屏障，起到了明显的防御作用（图3-11）。

与此同时，人类还为防御发明了专门的构筑物——城墙。城墙即是一座城镇的边界，它将城内与城外区分开来。在使用冷兵器作战的时代，城墙提供了有利的作战地势和防守屏障。不仅仅是城镇外围有围墙，城里许多重要建筑也用围墙围合起来。就像北京的皇城，在内城之中有围墙围合，而在皇城之中的宫殿又有围墙围护[②]。今天我们看到的故宫就是这一现象最明确的解释。在古代，越是重要建筑和区域，围墙就越是修建得坚固而密实（图3-12）。

---

① http://baike.baidu.com/link?url=x913L6s6FEx2U1Sb1VU0fe3S9DZHyS8aXGLC8oq4WLpN4yl02BwO9MUxQx9W1eXOC_dzMpaMukzh7obH23d9Pa

② 约翰·里德. 城市［M］. 郝笑丛，译. 北京：清华大学出版社，2010.

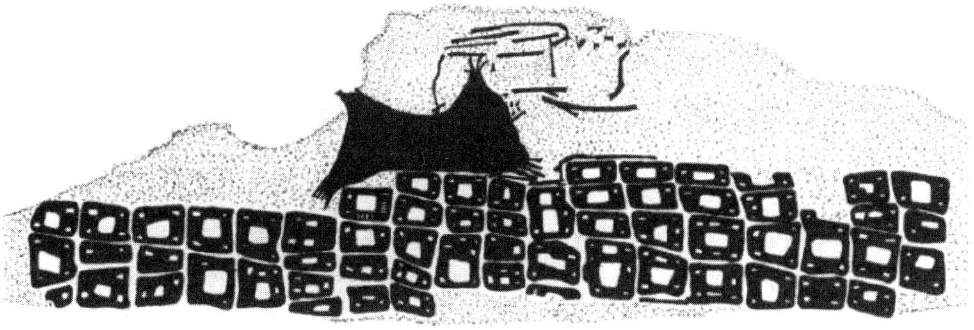

（a）加泰土丘

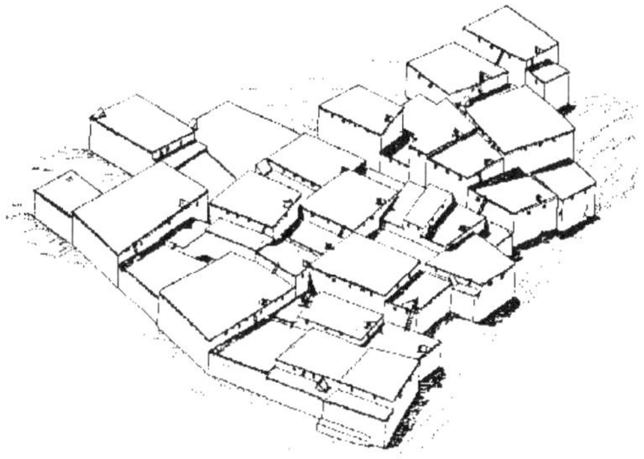

（b）加泰土丘

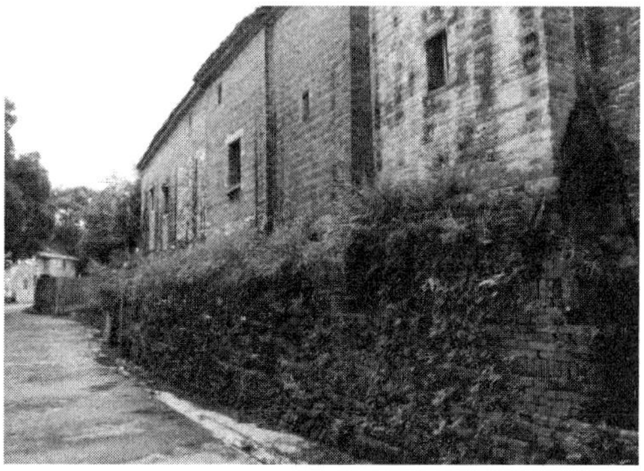

（c）黎槎村

图3-11　通过建筑组合形成的安全屏障

（a）北京故宫的围墙

（b）南京的古城墙

图3-12　城墙

现代兵器出现之后，人类的防御手段发生了明显的变化。枪支、炮弹、导弹等现代武器的攻击力已大大突破城墙的防御能力，城墙的防御功能也因此逐渐削弱直至丧失。同时，随着现代城镇边界不断向外蔓延，城墙不再作为一座城镇的边界，而是成为旧城边界的记忆，并作为一项特殊的人类文化遗产存在于今天的城镇空间中。

3.2 行为方式

城镇是为人类生存和生活而建立的。在自发的城镇建设过程中，人们总是根据自己的日常行为需要构建与自身相关的空间。通过若干个体的建设活动和多年的累积叠合，逐渐发展构建了城镇。人的行为方式与城镇空间存在一定的因果关系：人根据行为需求塑造空间，反过来空间同样也会影响人的行为方式。在“自下而上”产生的城镇中，人的身体成了物质空间最合理的度量。

3.2.1 出行方式

在人们日常生活的“衣、食、住、行”中，“行”是与城镇外部空间互动最紧密的一个方面。在前工业社会，人出行以步行和牲畜代步为主，这种与身体直接相关的出行方式直接影响了交通道路的形成。举个最简单的例子，就像在覆植地面上被人踩出的“道路”，这是通行需求直接导致的。

当然，与道路形成相关的因素是复杂而综合的，除人的行为需求之外，还包括地形限制、基础设施要求等。由于人的出行方式与道路形成的关系最为直接，这部分内容将单独进行研究。

人的行动特点有：（1）速度慢；（2）有身体疲劳度的限制；（3）路径随意性强；（4）容易通过路面障碍。前两项限制了城市尺度，后两项决定了如此产生的道路形态与道路规划的不同。

广东高要黎槎村的案例，可以充分地说明“自下而上”的道路形态特点。

黎槎村建于四周环水的孤岛上，它的道路系统可分为外环道路和山岗区域的内

图3-13 黎槎村道路

部巷道（图3-13）。其中外环道路为5m宽的水泥道路，可供车行和人行，共有4个路口与村外相接。内部道路只供人行，在适应山岗地形的同时，也连接着各个住宅，其路况多变。内部道路是典型的通过“自下而上”的方式生长出来的。相比于道路组成的交通系统，不妨把内部道路组成的交通体系理解为室内以外的人可以通过的空间，因为从村庄内部交通空间的组成来看，并不是所有空间都具有道路的形式，而且非道路形式的通过性空间占有相当的比例。

黎槎村的道路空间可以分为以下三种形式：

1. 檐下空间，如门楼下的走道、部分侧房打开可自由通过的祖堂等。与在一般城市中看到的檐下空间不同，黎槎村檐下空间的宽度与其他道路相当，甚至标识性和路面状况明显优于其他道路，因此，它具有强烈地引导人穿过的导向作用，并成为交通系统中不可缺少的一部分。

2. 开放空间，如门楼前后的空地、公共建筑前的小广场、山顶的广场等。这些区域可容纳人的一些特殊行为，如结合祖堂的祭拜行为、结合井台的取水行为等。由于空间尺度小（3~8m^2比较常见），这些开放空间难以和道路区分开，平时多做通行使用，可以融入道路系统。

3. 道路、路面形式多样。有作为主巷的道路（沿山岗向上的方向），有作为横巷的承担主要入户功能的道路（顺沿等高线方向），也有作为缝隙的道路。不同形式的道路相互组合，使村庄内部产生了复杂的交通组织类型（图3-14）。

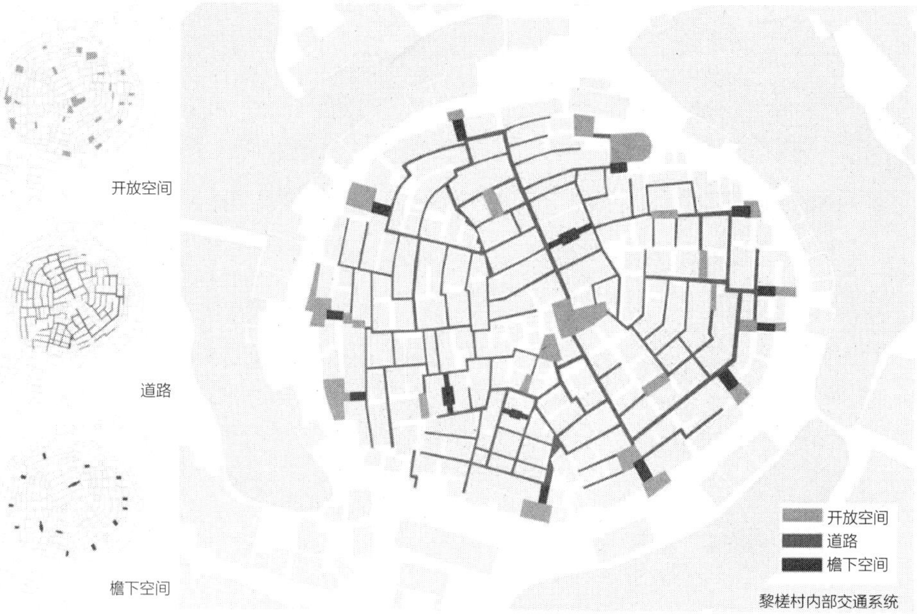

图3-14　黎槎村内部交通系统

从使用的实际情况看，道路在局部依然可以辨析出具有不同特点的形式类型（图3-15、图3-16）。

鱼骨型：沿建筑山墙面有明显的主巷，垂直于主巷有连通建筑入口的支路。大部分鱼骨型道路沿村落半径方向出现，有少数比较长的主巷起于外围门楼，止于山顶。

横巷型：在这种道路形式中，建筑正、背面的道路明显比山墙方向的道路宽，使横巷成为这一区域的主要道路。这种类型道路两侧的建筑沿等高线方向比较长，有的横巷两侧都有建筑入口。

自由型：这种类型的道路无法明确辨认出空间逻辑，或者只能称之为除建筑物之外的剩余空间。它们没有规律的路网结构，或者道路本身的形状不规则，出现三角形、梯形等形态的空间。

黎槎村大多数道路的路面空间比较狭窄，而且路面铺设具有一定的复杂度，路面材料、排水沟、植物等元素之间的关系也是复杂的。路面组成部分包括：靠近建筑处的地面，一般用碎石或水泥铺设；排水沟根据实际情况沿建筑外墙设置或设在道路中央；供人行走的路面部分多以大块石头为主要铺设材料。其中铺设人行路面的石材尺寸，其宽度在300～400mm，长度在1000～1300mm，这个尺寸竖过来

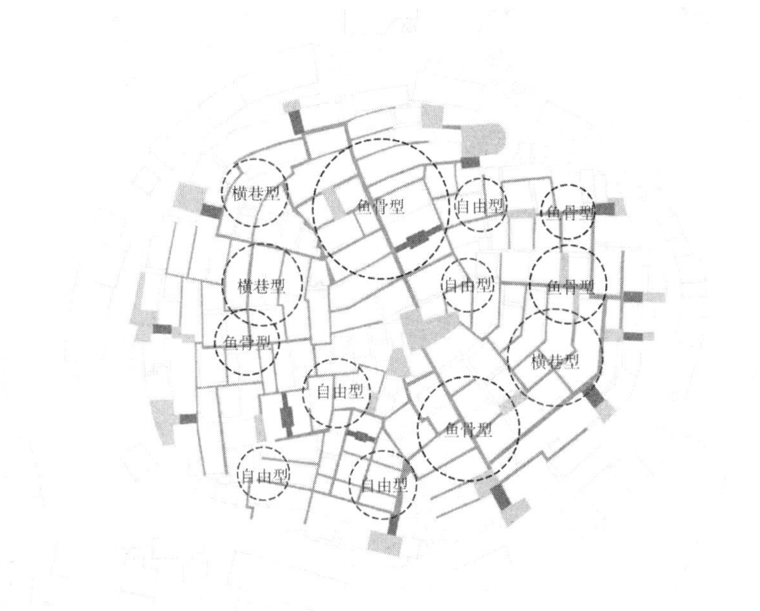

图3-15 黎槎村交通系统的局部形式

是一人通过的较适宜的道路宽度，而横过来人在行走时脚也可以放下。这部分路面的铺设情况与人的行为路线直接相关（避开排水沟，并对建筑入口进行暗示）。在这里，看到人的习惯性行为转化成材料铺设的方法，并反映在物质空间上。道路的宽度并非由建筑间的空间大小决定，而是以一人通行作为尺度空间的考量进行铺设。在任何位置，即使是主巷，笔直的道路也很少出现，有些地方甚至发生宽窄骤变或出现奇怪的形状，这与人们行走的灵活度有一定关系（图3-17）。

道路的重要程度与路面宽度的关系不大，而是与路面修建的精细程度有关。有些道路的宽度只够一人通行，但路面石材的铺设却很讲究，与排水沟的交接也比较精细；而有些宽敞的空间，其可供人走的路面却相当狭窄，而且杂草丛生，根本无法通行（图3-18）。

“自下而上”地从这样的道路形式中发展而来的城镇会有一些非常有趣的特点：我们无法从这一聚落的总平面上获取准确的道路系统信息，它们被掩藏在众多屋顶之下，真实情况远比一张总图复杂得多。和“自上而下”形成的城市中的规划路网完全不同的是，这些道路的形成受到许多因素的牵制，诸如房子盖到哪里，道路就铺设到哪里。道路的位置要让位于建筑与植物，甚至让位于排水沟。正因为人的行动自如，所以道路变成了聚落中最自由的组成部分之一。

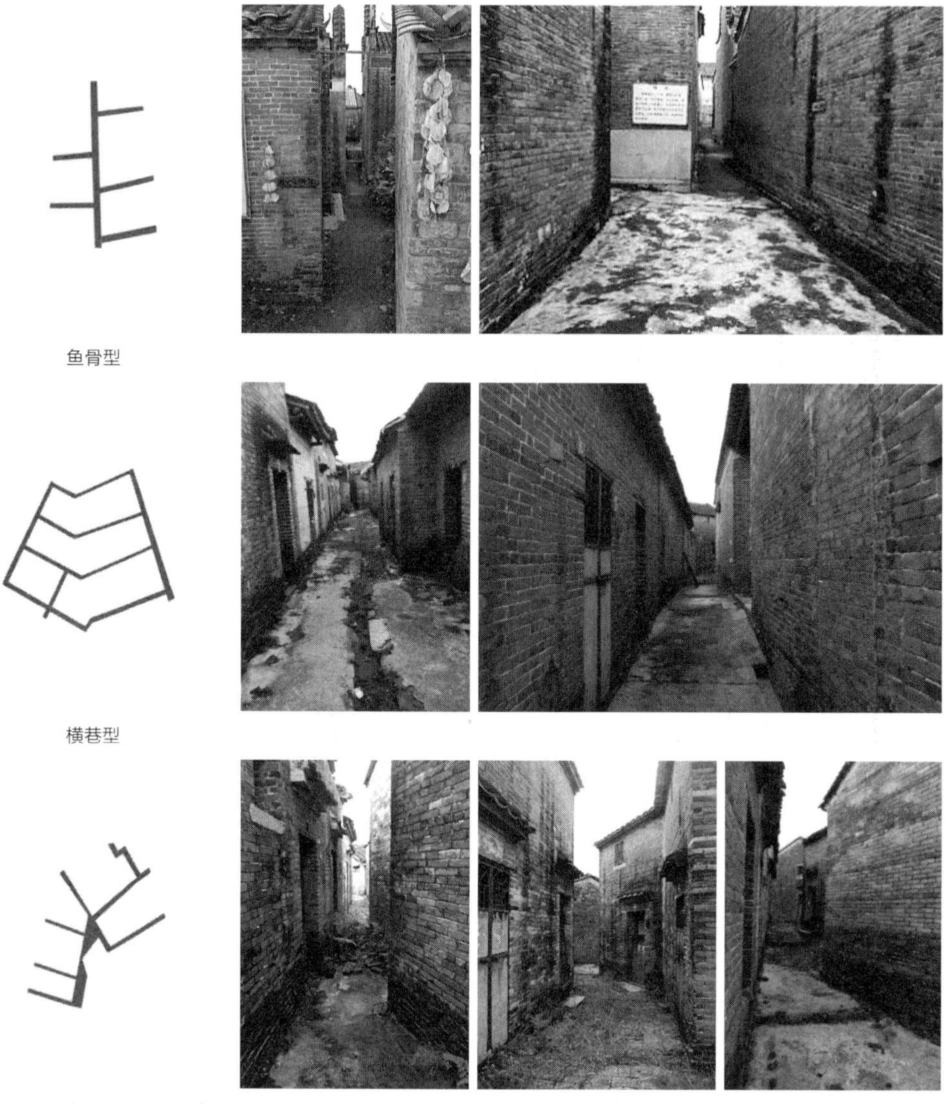

图3-16　道路结构类型

随着交通工具的发展，自行车逐渐介入人们的生活。使用自行车相对步行而言，只是提高了速度并降低了人的疲劳度，它依然是需要凭借身体才能完成的日常行为，对路况也没有太多特殊要求。因此，可以把自行车的使用归属于“自下而上”的现象。

对于黎槎村来说，自行车的使用对村落的交通产生了一定影响：虽然目前自行车主要在外围道路上活动，但依然可以辨认出自行车进入村庄内部的痕迹，最明显

（a）斜放的石头与人的路径有关　（b）排水沟占据路面中心　（c）石材方向对建筑入口的暗示

图3-17　复杂的路面铺设

（a）重要道路（狭窄的路面铺设得很精细）　（b）非重要道路（空间宽敞，但可行走路面很窄）

图3-18　道路的重要性

图3-19　遂愿里台阶的自行车道

的是在许多入村台阶上出现了自行车道，而自行车道的修建要晚于台阶的形成。例如，遂愿里平台的台阶，由于自行车转弯半径的要求与现有台阶的条件不相符，形成车道与台阶的扭转错位。考虑到个人左右手习惯的不同，于是车道修建在台阶中央位置（图3-19）。

然而，“自下而上”形成的道路也有一些不可忽视的缺陷。窄小蜿蜒、未经精细的铺砌、排水性能差、在雨雪天里容易溅起泥巴——这些都是过去道路的特点。而在交通量增加的今天，频繁的交通堵塞将给人们的出行造成不便[①]。

对比之下，在工业化之后产生的交通工具如汽车、火车、地铁等的影响下，道路形式发生了很大变化。由于汽车对路宽、直线程度、平整程度、停放区域等都有比较大的尺度要求，导致规划道路必须是大尺度且形态平直的。同时，驾车也并非是每个人都可以驾驭的一项技能，这让道路与生活的融合度大大降低了。

① 伊德翁·舍贝里. 前工业城市：过去与现在［M］. 高乾，冯昕，译. 北京：社会科学文献出版社，2013.

3.2.2 起居生活

起居生活包括人在生理需求上所需的穿衣、饮食、睡眠、排泄、清洁等内容。这些与个体直接相关的起居活动，有的发生在个体居所中，有的直接被容纳到室外环境中去。城镇环境能否满足起居活动所需的场所和设施，这是建立城镇生活的基础之一。

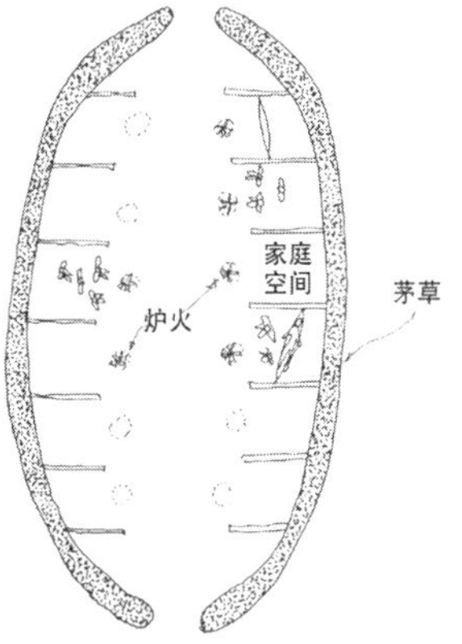

图3-20　澳洲土著人传统露营地

在前工业社会，城市的环境和设施都处于比较原始的状态。以家庭为单位的个体空间相对简单，只满足睡眠等一部分起居活动，而其他生活内容会在公共空间中完成。如澳洲土著人的传统露营地，每个家庭通过一日数遍的清扫划定各自的空间，而家庭空间与公共空间则通过一堵挡风墙和各家空间边缘的炉火来划分限定（图3-20）。

在此，我们不妨对自己最熟悉的日常起居生活和场所做一分析研究（以中国为背景）（图3-21，表3-1）。

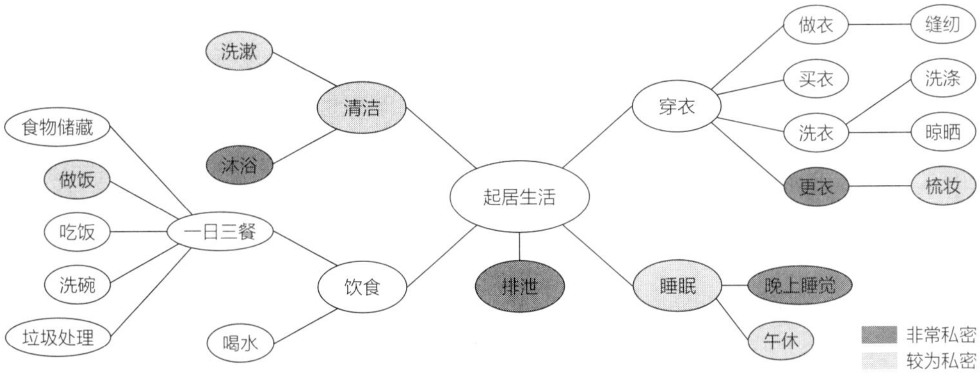

图3-21　起居生活内容及私密程度

起居活动及所需场所一览表　　表3-1

活动类型	起居活动	场所与设施
饮食类	喝水	任意场所
	吃饭	餐厅、院子
	烹饪	厨房等有灶台的地方

续表

活动类型	起居活动	场所与设施
饮食类	买菜	市场
	种菜	院子、菜地
	洗碗	清洗池、河塘
	食物储藏	储藏间、冰箱
	垃圾处理	垃圾站、作为化肥循环
排泄类	排泄	自家或公共厕所
睡眠类	晚上睡觉	卧室
	午休	卧室、院子、公共场所的树下等空间
清洁类	洗漱	清洗池、河塘
	沐浴	自家或公共浴室、河塘
穿衣类	更衣	更衣间、卧室
	梳妆	梳妆间、卧室
	洗涤	清洁池、河塘
	晾晒	阳台、院子、广场等
	做衣服、缝纫	做衣间、起居室
	买衣服	市场

有些活动如睡觉、沐浴、更衣等对空间私密度的要求非常高，有些则对活动场所的要求非常随意，并不是所有的私密性要求高的活动都会在家庭空间中发生。由此产生了一些特殊的场所，如公共厕所、公共浴室等需要容纳一些特定的起居活动。为了使尽量多的居民生活方便，即步行可以轻易到达，这些与日常起居活动有关的公共场所和设施在布置上会考虑供给能力与实际需要的匹配，即环境容量与实际居民的数量相适应（图3-22）。

通过起居生活的内容和场所分析，可以看出用水和排水对城镇的重要性：

1. 水的来源。人的饮食、清洁、洗涤等多项起居活动与水直接相关，可见“逐水而居”是与人类的生存要求相关的。许多城市围绕水域发展，不仅因为这些河流和池塘是居民生活用水的重要来源，水岸还为多项日常活动提供了场所，包括洗碗、沐浴、洗漱、洗涤等。在居民与水域的日常互动中，许多地区的沿河处形成了一些专门的亲水空间，如亲水河道或水埠头。而为了保证所有居民可以方便地用水，这些地区的民居一般顺应水域坐落，而不会将住屋建造在离水域很远的地方（图3-23）。

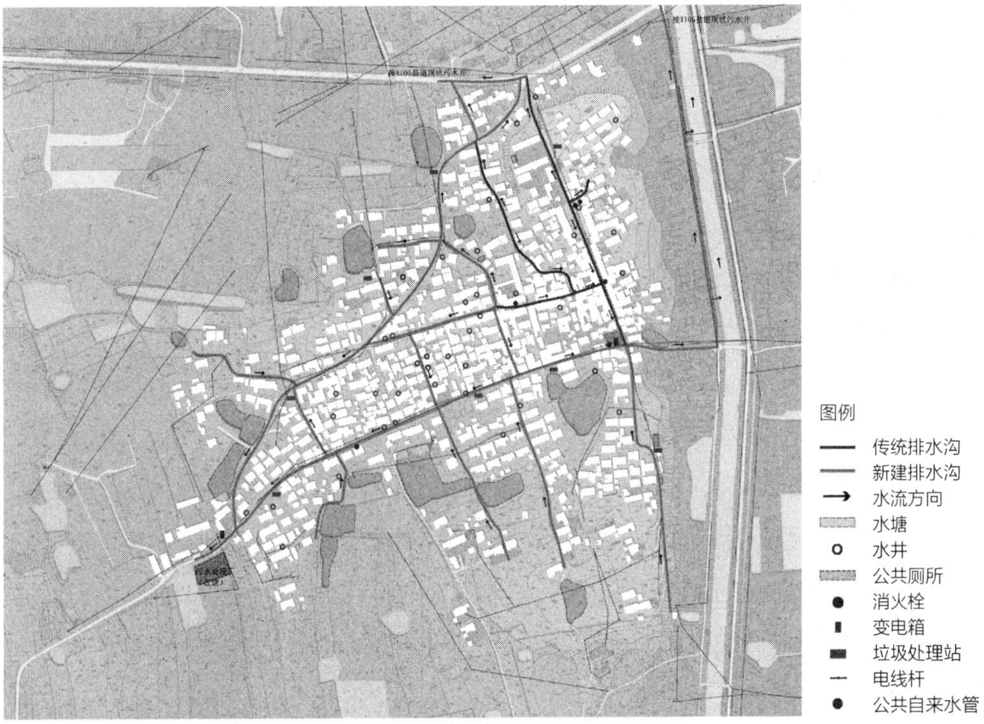

图3-22　华山村设施现状

水井、垃圾处理站、公共厕所等的布置表现出一定的均质性，与居民的生活需求和设施的供给能力有关。

（a）华山　　（b）藏书　　（c）木渎

图3-23　日常生活的亲水空间

除了天然形成的河塘是居民用水的重要来源，水井也在前工业社会的供水上发挥了重要的作用。在一些聚落中，水井不仅是居民日常生活中每日接触到的生活设施，它还标志着重要的空间节点，并提供了公共交流的场所（图3-24）。

2. 排水排污能力。前工业社会没有很多化工垃圾的影响，大部分有机垃圾可以在自家的生产循环中被利用，因此垃圾处理并不是很困难。而排水问题及相应的解决方案在很早的城镇案例中就产生了，排水系统的优劣与城市环境的舒适度直接相关。

（a）木井

（b）遂德井

（c）周家井

图3-24　黎槎村的水井

人们根据实际需求创造了多种多样的排水沟形式。排水沟不仅仅作为一项必需的设施而存在，也在建成环境中与道路、建筑相互结合成为一体。这在岗地上建起的聚落中反映得更加明显，因为它们往往对排水有更高的要求。在江苏镇江华山村的龙脊街上，主路面、建筑入口、排水沟等交替出现，形成多种形式并呈现整齐美观的室外路面空间（图3-25）。

排水沟的形态走势既和道路相互联系，又相互谦让。大多数情况下，它们顺应坡向得以有效汇集雨水，同时顺沿道路并紧贴建筑外墙。在黎槎村山岗上的道路空间中，有些位置的排水沟所占的室外空间比例很大，和人行路面基本相当，并且路面的铺设“让位”于排水沟。

排水沟的尺寸与该地区雨水量的大小直接相关。黎槎村（广东）排水沟的尺寸相比于华山村（江苏）就要大一些。而对黎槎村来说，山脚处的排水沟尺寸又要明显地大于山顶处。

随着现代生活的发展，在家用电器越来越多的情况下，与供水和排水同样对人的起居生活有重要影响的还有供电。电路本身对城镇空间的影响并不明显，但是明显的变化是人们的夜间活动随公共照明的成熟而大大增加，让城镇空间在夜间有了

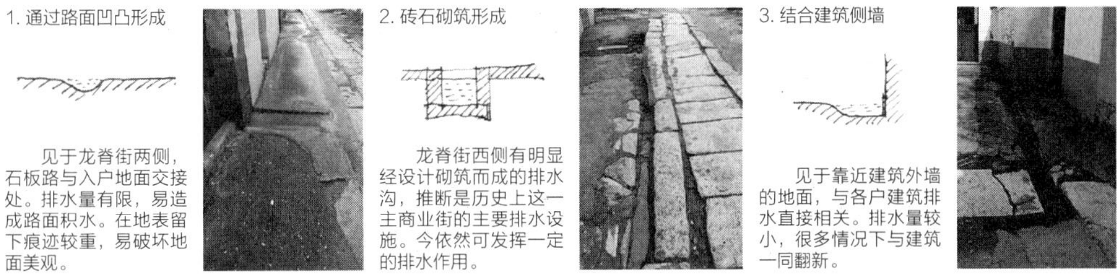
1. 通过路面凹凸形成
见于龙脊街两侧，石板路与入户地面交接处。排水量有限，易造成路面积水。在地表留下痕迹较重，易破坏地面美观。
2. 砖石砌筑形成
龙脊街西侧有明显经设计砌筑而成的排水沟，推断是历史上这一主商业街的主要排水设施。今依然可发挥一定的排水作用。
3. 结合建筑侧墙
见于靠近建筑外墙的地面，与各户建筑排水直接相关。排水量较小，很多情况下与建筑一同翻新。

图3-25　华山村的排水沟形式

不同的用途。总体而言，城镇的夜生活是工业化影响下的产物[①]。

水井、河埠头、公共厕所等与日常起居生活相联系的公共空间与公共设施，在城镇中呈现出一种均匀混合的形态。起居生活公共化越多，这种混合就越是明显。在现在的城镇中，人们的生活方式与生活场景发生了很大变化。人们日常起居的生活范围在逐渐缩小，目前几乎都是在自家房间中完成了。因为人们不再需要水井、河埠头、公共厕所，相应的公共空间也越来越少，室外环境变得越来越单调。人与人日常生活的碰面机会大大降低了，住得近的人未必都认识或熟悉，这也加剧了整个社会的陌生感。

3.2.3　公共活动

一旦聚集起来的人和建筑群体形成聚落，必将出现一些公共空间去支撑一定的公共活动。公共活动包括：事务管理、交易和供给、群体性的休闲娱乐、公共服务等。相应的空间——管理办公处、集市、供销社、医疗室、学校、休闲广场等往往最早出现在一个聚落最重要的位置。公共活动多样化的需求决定了城镇公共环境的丰富程度。相比于其他功能的空间，公共空间具有最多样的形式、丰富的元素和多层次的形态。

这里以广东高要黎槎村和蚬岗村的案例来对“自下而上”产生的公共活动场所加以描述。

按用途分，黎槎村的公共空间共有三种类型：

① 伊德翁·舍贝里. 前工业城市：过去与现在［M］. 高乾，冯昕，译. 北京：社会科学文献出版社，2013.

1. 与设施相关的空间——井台。井的尺寸多为内径550mm、外径770mm，井周围的地面用石材铺设出矩形的区域，为附属于井台的操作空间。这部分空间边长三步半左右，即是以2100mm为边长的矩形，面积约$4m^2$。

2. 与特殊活动（祭祀）相关的空间——祖堂、酒堂的室外。这部分空间的界定比较模糊，村落外围的酒堂室外空间与其他滨水休闲区域混淆在一起，而在村落内部它们与道路系统联系在一起。祭祀活动实际需要的空间不大，小的$1\sim2m^2$，大的不过$4\sim5m^2$，最重要的是有插香的位置。祭祀空间的重要程度与祭台形式的复杂程度有关。而附属于祭拜的其他活动，如集会、交流与休闲活动空间可以重叠使用。

3. 与休闲活动相关的空间——滨水空间。这一类空间形式最丰富，形态完整的休闲活动空间主要布置在景观较好的位置。这些空间有一些共性的特点——滨水，这与村落的地形有关。八卦村的岗地地形决定了滨水空间相对开敞，它有大树标识，当地树木以榕树为主，体量也比较大。同时，树下还可以形成较舒适的遮阴空间。其周围有公共建筑，这使得休闲活动与公共活动相互联系在一起。各种出入口在空间上也有一定关系，或是连接外界的出口，或是通往民居内部的门楼，特别是在人流量大的地方更易形成休闲活动空间（图3-26）。

现实生活中，能给人形成完整印象的公共空间往往是相互关联着的一个个公共

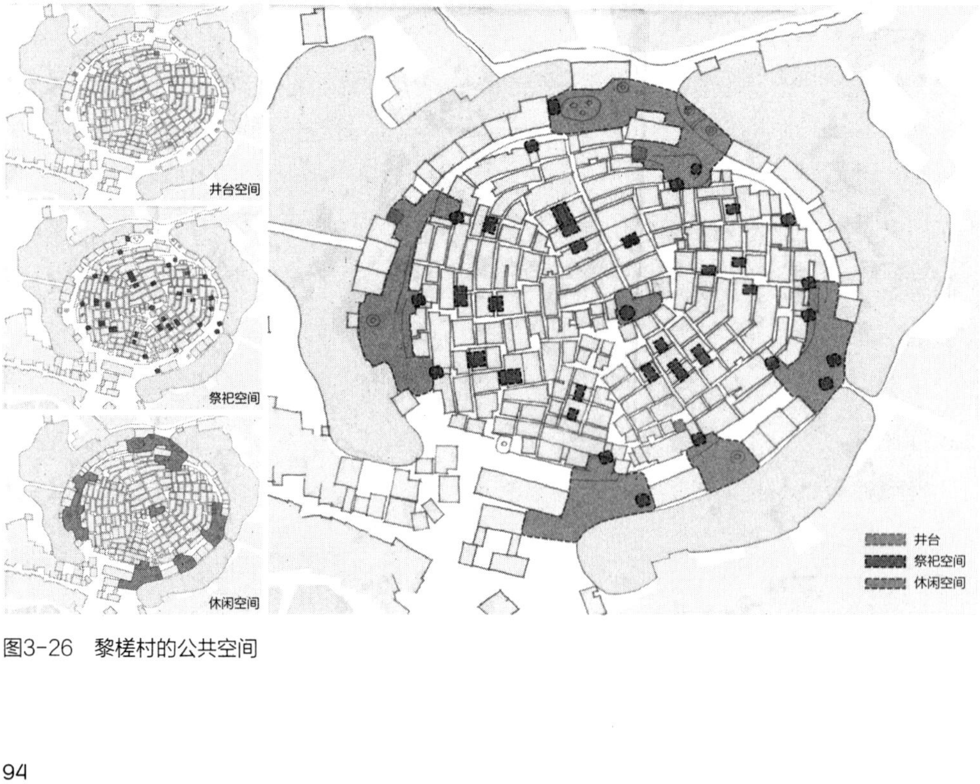

图3-26　黎槎村的公共空间

活动节点。黎槎村和蚬岗村的公共空间节点主要集中在外环道路临水的位置，这说明居民公共活动空间的选址与环境的舒适度、景观丰富度密切相关。黎槎村外围临水共有5个公共活动节点，蚬岗村外围有11个公共活动节点。

笔者对其中几个典型的公共活动节点进行了步测。

第一个节点为黎槎村的“四合一”空间节点。经过步测，可知这一公共节点总尺寸为：长28步（约18m），宽16步（约9.6m）。之所以称此节点为“四合一”公共节点，是因为在这个不大的空间中可以找到4个空间层次：一是3.5m×6m的略高起的祭拜空间；二是2.5m×5m的树下棋牌空间；三是6m×6m的有屋顶庇护的电视观影空间；四是余下的包含各种坐具和体育活动设施的休闲活动空间。其每一个空间都小到与人的身体尺度发生直接的关系（图3-27）。

第二个节点是遂愿里—北村口节点，它包括的空间有：遂愿里平台，用于祭祀活动；酒堂门口的室外空间，其中包含了遂德井和祭拜空间；滨水的树下休闲空间。这几处空间尺度都相对较大，它们各自独立，不但具有特殊的用途，而且具有同一空间领域感，在视觉上的相互关联性也很强（图3-28）。

第三个村口节点包含了不同尺寸的长条形石凳，可以满足不同坐法。石头的不同间距决定了单排或者面对面的坐法，而长一些的石头可以让人躺在上面。围在大树周边的圈形石凳让人有背靠大树的感觉，也是深受当地人欢迎的一种坐具（图3-29）。

经过观察和体验，可以发现这些公共空间的三大特点：

1. 层次丰富：“四合一”节点通过一个完整场地中的小尺度空间划分实现了多层次的活动，特别是遂愿里通过空间的高差来划分层次。

2. 使用灵活：很多空间没有明确规定用途，它可能用作走道、广场、聚集空间等，甚至还可以当作门。居民们不断发挥聪明才智，让这些空间发生各种有趣的用法。

3. 坐具的重要性：作为休闲功能的公共空间其最重要的组成部分就是坐具，也可以说，任何让人坐下来的空间都可以变成公共休闲空间。坐得舒不舒服是这个空间有没有活力的一个重要原因。

相比于“自下而上”的聚落公共场所，它们中有许多与居民生活高度融合，而现代城市中的公共空间则显得格外地匮乏。现在城市中的许多住宅小区，虽然也考虑一定的室外环境设计，但景观设计师们往往只考虑其景观的标志性和视觉的美观性，而这些并不一定能为城市居民的日常生活所利用。

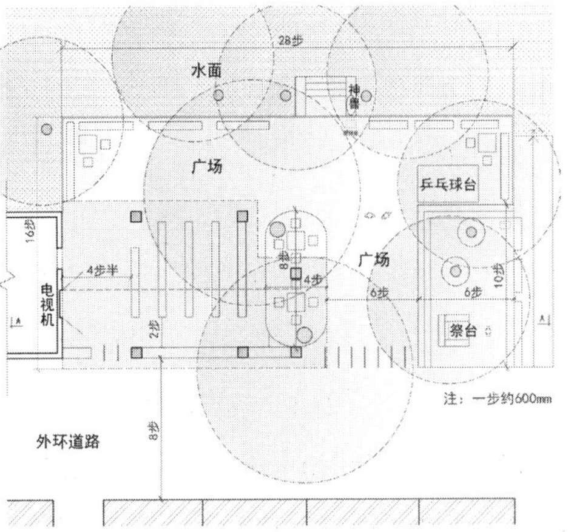

（a）步测平面图

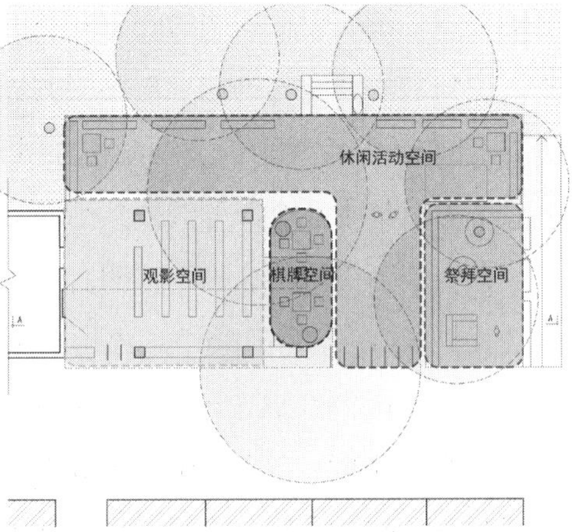

（b）节点的4个空间层次

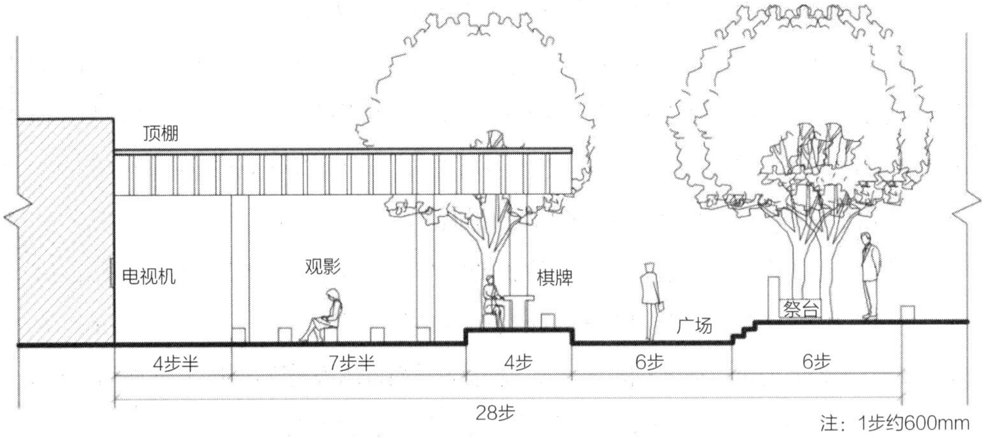

（c）步测剖面图

（d）休闲活动空间

（e）观影空间

（f）祭拜空间

（g）棋牌空间

图3-27　蚬岗村“四合一”公共节点

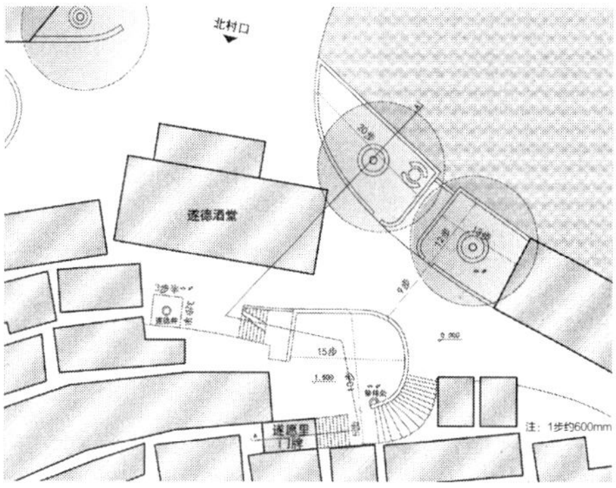

（a）步测平面图

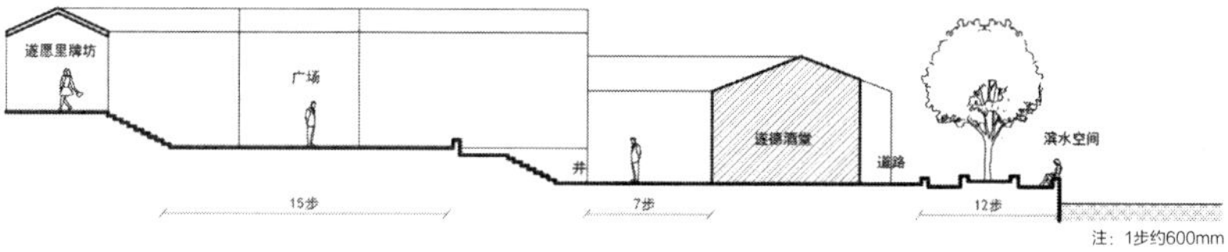

（b）步测剖面图

图3-28　黎槎村遂愿里—北村口公共节点

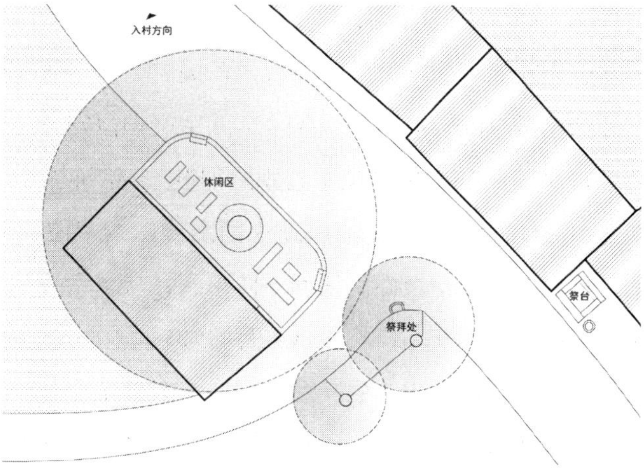

（a）平面图

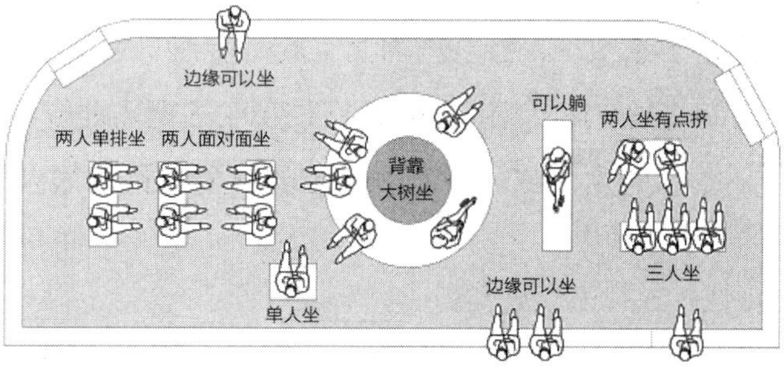

（b）坐具布置

图3-29　蚬岗村村口节点

3.3 经济

经济是城镇持续保持发展的动力，它产生于人民的劳动改变和创造世界的过程中。经济活动形式一直以来就多种多样，从宏观的计划经济到民间的自由经济。经济对城镇的影响持续而渐进，而参与经济的主体一般是人民群众。在前工业社会中，经济活动的一个明显的特征是非标准化，特别是有两种与经济密不可分的空间——生产空间与交易活动空间。

3.3.1 经济生产

前工业社会的生产过程主要依靠人力。前工业时代的人力生产活动有以下几方面的特征：一是生产规模小；二是生产过程慢；三是产品和手艺的差异性大。

在前工业社会中，经济生产活动空间与社会活动空间是高度重合的，以自给自足为主要的生存发展模式。一个地区的生产成果多提供给本地居民使用，而此时居民对日常产品的需求本身也比较低，可以在当地的生产中得到满足。一般来说，生产单位的规模普遍很小，反映出生产技术的原始程度①。这种极小的规模使生产活动的家庭化形成了可能，事实上，以家庭或小范围群体为单位从事生产活动的方式，在前工业时代具有一定的普及性。任何一件东西，从皇家战车到一件珠宝、一扇门或是一双靴子，都可以在一家作坊里从零开始做起②。

从一些民居的形式中可以看出，生产活动已融入家庭生活。一些与农业、手工业相关的生产工作可以在家庭中完成。以农耕为主的家庭会把田地里成熟的粮食带回家中进行简单的处理和加工。以小手工业为主的家庭会把住屋里的一些空间作为作坊使用，并进行手工生产，甚至与售卖空间衔接在一起（图3-30）。许多情况下，从事生产的房间与具有储存用途的房间在住屋中占据的地位与起居房间同样重要。同时，住屋所包含的生产空间形式与当地的环境条件有很大关系。比如在山

① 伊德翁·舍贝里．前工业城市：过去与现在［M］．高乾，冯昕，译．北京：社会科学文献出版社，2013.

② 约翰·里德．城市［M］．郝笑丛，译．北京：清华大学出版社，2010.

东峪门村，当地阳光不够充足，居住房屋的向阳面一般采用平顶的形式，使居民可以在屋顶晾晒粮食。而在广东黎槎村，晾晒粮食的空间布置在酒堂外的空地上，因为这里阳光充足，具有良好的晾晒条件，而屋顶则建造出一定坡度，在雨天发挥排水作用（图3-31）。

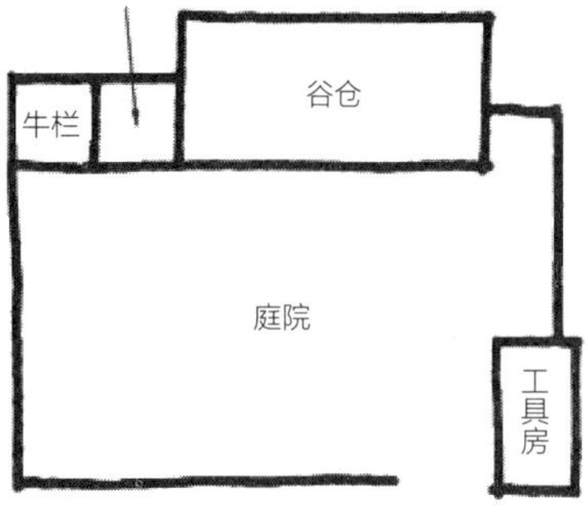

图3-30 典型的法国农庄平面示意图

手工生产过程慢、效率低，这与自给自足的社会居民本身对商品的需求不大有关。甚至一些对个人技术要求比较低的活动往往具有一种休闲随意的性质，也可以当成一种“消磨时光的事”。在广东黎槎村北村口，依仗着舒适的滨水环境，人们自发形成了一个小的编织活动聚集点。这个聚焦点空间比较开敞，榕树也很多，树下有很多坐具，在此处活动的舒适度很高。同时，它处于村口位置，来来往往的居民和游客很多。来此编织的都是上了年纪的妇人，在树下一边编织、一边聊天，如果有路过的居民和游客对她们的编织品感兴趣，那她们就将编织品直接卖掉。这项活动对当地人来说不是为了追求生产成果，而是作为一种带有消遣性质的特殊生活（图3-32）。

很多民间手艺产生于个体和家庭。手艺的学习往往通过家族中的长辈向晚辈传递。这些手艺来源于个体，使不同地区相似的生产内容在形式上也可能会发生很大不同。如“泥叫叫”是一种传统的汉族手工艺品，它是一种可以吹的哨子，有各种漂亮的造型，适宜儿童玩耍。它是西安鱼化寨的特产，当地的“泥叫叫”色彩缤纷、生动活泼。同样在江苏镇江华山村也有“泥叫叫”作为传承手艺品，

（a）峪门村的屋顶晾晒空间

（b）黎槎村的室外生产空地

图3-31 与房屋结合的生产空间

图3-32　休闲式的生产

图3-33　不同地区的“泥叫叫”

但不一样的是当地的“泥叫叫”是黑色的，背后还有一个为纪念治水英雄张大帝毒发身亡的传说。如果说在工业生产的情况下，它们之间的不同可能只是颜色与款式的不同，但在这种手艺的传承过程中，它们却代表着不同地区的文化（图3-33）。

当然前工业社会中也有一些大型“产业”的存在，如一些大型工程，有些工程甚至保存至今。与现在相比，这些工程所耗用的劳动力要多得多，这在前工业社会不会是一种经常性发生的、普遍的现象。

生产的来源与一个地区的资源有关。“就地取材”不仅表现在建设的活动中，而且它对生产活动内容的影响也是十分直接的。在现代机器生产的作用下，一些原有的经济载体与生产方式发生了变化。如台湾的油桐，原本作为一种油漆原料，也是这一地区的经济来源，它往往被提供给家具生产厂和造纸厂。随着工业油漆生产得越来越多，油桐在油漆生产过程中将逐渐地被取代，甚至被逐渐地淘汰。目前，油桐的角色已经完全发生了变化：它已作为一种文化象征，配合以相关文化产业的发展，如旅游、油桐节等。随着生产内容的改变，劳动者的职业需求也在发生转变。与原始生产相关的职业正在逐渐消失，同时也伴随着手艺的消失和文化的消失。

3.3.2 交易活动

作为个体的农民不可能完全自给自足，他们之间互通有无的交易活动是取缔不了的[①]。在前工业社会，商品的流通更为直接（图3-34）。消费品流通的空间范围往往就是一个聚落单元，或是有限数量的聚落单元的集合。

与交易活动相适应的是几种不同类型的交易形式：流动摊贩、非正式摊位、商店。

流动摊贩是最早产生的交易形式。当早期社会中的劳动生产发生剩余时，一部分人便脱离了农业生产活动，他们还在聚落间循环售卖其他类型的物品，这便有了早期的流动商贩。流动售卖的形式一直保留至今，而且现在依然很受欢迎。究其原因就在于流动售卖形式的灵活和极低的成本：不需要特定售卖空间的购买或是租赁，只需要一个扁担或是推车，装上货品便可以交易了。同时，流动的方式还可以让卖主随意安排售卖的时间和地点，其自由灵活性非常大。除了日常流动之外，在集市上这种形式的售卖也占有相当的比重。许多售卖者会在集市上找寻一块自己觉得舒服的空间停留下来，开始自己的买卖活动：一棵树下、一面墙前、一个路口，或者只是一个商铺间的空隙。大多情况下，售卖的地盘都是以先来后到的形式占据的，久而久之这个位置就会变成某个商人的固定地盘（图3-35）。

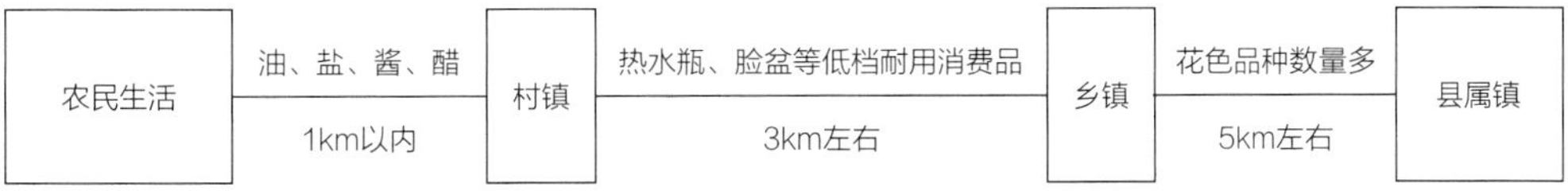

图3-34 农民购买不同生活用品的范围

① 费孝通．小城镇四记［M］．北京：新华出版社，1985.

非正式摊位是通过一些简易装置限定的交易空间，包括具有售卖功能的凉棚、石台、木板、铁皮亭等。这些简易的空间适合农产品和小商品的经营，同时也容纳修理、打铁、理发等服务。这些摊位常出现在集市或日常性的市场中，事实上大规模的摊位往往标识了集市的位置：连续的凉棚或成片的石台。然而除了集市之外，这些空间的利用率并不高，过多的交易垃圾和简陋的卫生条件都使这些空间没法做其他用途。

（a）藏书的流动摊位

（b）峪门村的集市

（c）藏书老供销社前（据村民回忆这里以前是集市）

图3-35　传统聚落中的交易空间

商店在前工业时代算比较高级的交易空间。供销社是一种特殊经营形式的商品供应部门，往往出现在城市中比较重要的位置。提供日常用品的商店随着居住区的需要而分布，一般住户多的地方相应商店也会多。商店在不断增设聚集的过程中形成了商业街。商业街在许多城市和聚落中处于重要的区位，并被赋予了多种形式。有时售卖空间与生活空间联系在一起，与街道相邻的民居多采取前店后宅的形式，这样可以形成平面上对空间的合理运用（图3-36）。

集市是很早就有的、周期性的商品交易流通市场。“集”字是指杂、众、聚、会（《康熙字典》）。基层集市的参与者同时也是农村里的生产者，他们在集市中做原始性的物品交换。在以步行肩挑为主的年代里，人们一天之内的往返赶集一般都不超过25华里，所以才有“五十里集市”之说[①]。

① 费孝通．小城镇四记［M］．北京：新华出版社，1985.

（a）藏书商业街　　（b）华山商业街

图3-36　古老的商业街

伊德翁·舍贝里在《前工业城市：过去与现在》一书中描述到：“从某种意义上讲，一个典型的集市场所是前工业城市经济结构现状的写照：店铺门前或货摊旁熙熙攘攘，货物摆放在地上，几乎就在行人脚边，成群的顾客、小贩四处转悠，动物随处可见，一片喧嚣，混乱不堪。不论是商业团体还是当地政府都很少进行正规的、有目的性的经济规划。至少从工业城市体系观点来看，可以说基本不存在任何经济活动的‘合理规划’。”[①]

以广东高要蚬岗村的集市为例。该区域唯一的农贸集市服务于3个行政村。集市位于西南村口，沿路径呈带状布置。在该集市中，3种交易形式都可以见到。东部靠近民居的位置是几个商店，以卖日用品和餐馆为主。路被是简易的交易摊位，支撑着一排塑料顶凉棚，棚下摆放着桌子，用以卖鱼。棚后有鱼塘，塘与棚之间是杀鱼的场所。由此，在这里形成了养鱼—杀鱼—卖鱼完整的交易过程。路南多为流动摊贩的聚集处，摊位的摆放非常随意，在靠近大树的位置摊位就比较多些（图3-37、图3-38）。

通常，商品的价格会依据某一时段普遍交易的价格而浮动。在实际交易过程中，只要买方与卖方在价格上达成一致就可以。对商品的丈量标准往往因人而异：比如有一种度量单位是从人体中指到肘部的长度，另一种度量单位是一个人双臂侧向伸直的长度[②]。这种非标准化加剧了“自下而上”经济活动的混乱程度。

① 伊德翁·舍贝里．前工业城市：过去与现在［M］．高乾，冯昕，译．北京：社会科学文献出版社，2013.

② 同上。

图3-37　蚬岗村集市

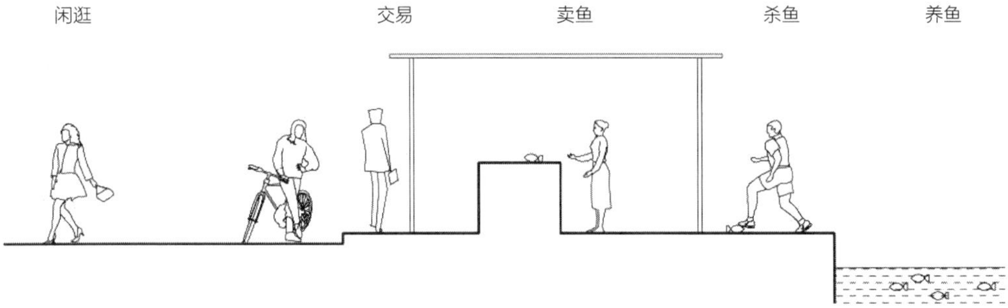

图3-38　交易摊位

3.4　风土文化

文化是人类在社会历史发展过程中所创造的物质财富和精神财富的总和，是人通过行为与意识在时间累积中形成的。它表现为一种群体特征和共同的认识，并反映到与之相匹配的物质环境中。因此，不同于前文所述的影响因素，一座城市在时间轴上的存在越是纵深，其文化的痕迹就越会明显。文化的本质属性就是非强制性的影响力①，它"自下而上"地在城市发展中发挥着作用。狭义的文化指意识形态所创造的精神财富，这包括宗教、信仰、风俗习惯、道德情操、学术思想、文学艺术、科学技术、各种制度等。在前工业社会中，与普通居民日常生活直接相关的风

① 张俊伟．极简管理：中国式管理操作系统［M］．北京：机械工业出版社，2013.

俗习惯和信仰对城市的影响比较显著。而宗教、艺术等文化内容则需要在更大的范围内研究，在此不做讨论。

3.4.1 风俗习惯

风俗习惯可以通过城市居民的价值观反映在人们日常生活的习惯与行事方式中，并且与环境空间相互匹配。价值观往往通过理想、意象、图式、意义等来表达，它们反过来又形成了特定的规范、准则、期望、规则等，并在环境评价中发挥着重要的作用。这些因素与价值观一起，促成了生活方式①（图3-39）。由此可见，人的意识、行事方式与环境之间总是互动的，它们相互影射、互相影响彼此的形式与内容。在自给自足的社会中，因其较小的规模而使得社会活动的形式更易于约定俗成，也就是说，其成员很少能够找到不同的活动形式②。共同意识与行事方式被容纳在城市环境之中，促成一些特色空间的形成。城市中许多最重要的空间就是为文化风俗活动服务的。

最常规的风俗包括婚丧嫁娶、祭拜活动、特殊仪式等，这些习俗会因地域的不同而有所区别。它们不同于一般的日常活动，具有一些典型的特征。

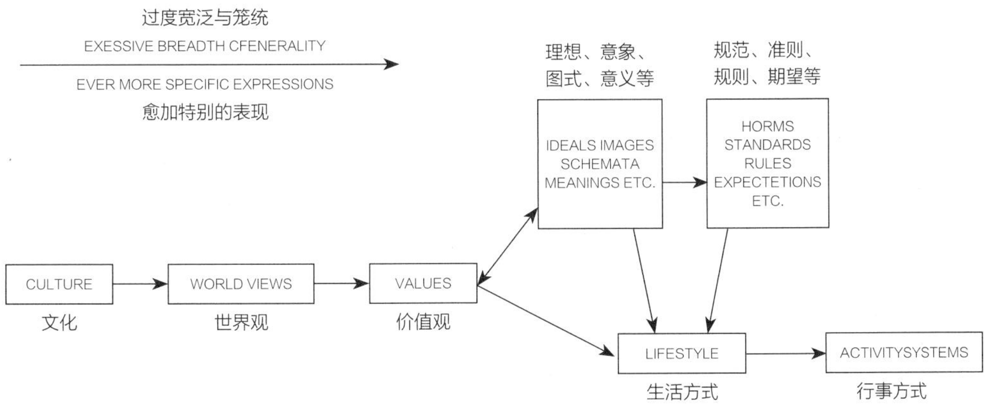

图3-39 文化与生活方式

① 阿摩斯·拉普卜特. 文化特性与建筑设计［M］. 常青，等译. 北京：中国建筑工业出版社，2004.
② 伊德翁·舍贝里. 前工业城市：过去与现在［M］. 高乾，冯昕，译. 北京：社会科学文献出版社，2013.

首先，风俗活动是与时间密切相关的，人会根据特殊的要求来择日择时安排活动。这种时间的选择甚至是一种极为严格的强制性规定，是所有人必须遵守的活动规则。如婚礼的举行必须选定良辰吉日，大多数新人迎娶的时间都是经过严格筛选的。有些地区的筛选要求更加讲究，如山东峪门就规定下半年不能结婚，必须选上半年的日期，而且婚礼必须在早上举行，新娘越早过门越好，有时天不亮就举行仪式了。庙会的举行时间一般是特殊的几个时间点，一年一循环。江苏镇江华山庙会于每年正月十五、二月初八、三月十五、七月十七、十月十五举行。其中正月与十月是大庙会，会吸引周围若干村子的人，每次活动从早上一直持续到夜里。丧葬活动的举办则体现了一个长期的时序：头三天举行仪式，“头七”和“五七”有特殊活动，“三年”和“十年”以及每年的清明节、中元节、春节前是例行的祭奠时间。

婚礼和丧葬活动一般是按照社会圈层关系进行的。山东的婚礼规定：女方亲戚不参加仪式，仅作送行；而男方家庭分工明确：父母接受拜礼并给新人喜钱，叔叔、婶婶、舅舅、舅妈是仪式操办的主要人员，弟弟、妹妹等小辈是在仪式中接受祝福的对象，其他亲戚朋友仅作为仪式的参与者（表3-2）。在丧葬前3日活动中，不同身份的人也有不同的活动内容：子女及其配偶要哭丧、泼汤、守灵、火化、迎宾、送殡，子孙及其配偶需要报丧、准备财物和跪谢等，具有血缘关系的亲戚主要在第3天凭吊和送殡，其他亲戚朋友仅需凭吊（表3-3）。

婚礼不同人群活动内容　　表 3-2

男方				女方
父母	叔叔、婶婶 舅舅、舅妈	弟弟、妹妹等小辈	其他亲戚朋友	家人
接受拜礼给钱	仪式性活动的操办	接受祝福	参与仪式 参与宴席	送行，不参加仪式

葬礼不同人群活动内容　　表 3-3

子女	子孙	血缘亲戚	其他亲戚朋友
哭丧、泼汤、守灵、火化、迎宾、送殡	哭丧、泼汤、守灵、报丧、准备财物、跪谢、送殡	凭吊、送殡	凭吊

风俗活动起源于地区传统礼俗，由于仪式的开销巨大，需要亲朋好友的帮助。而在如今，随着人们生活水平的提高，风俗活动中互助的成分减少，并逐渐转变为

传统的社交活动。婚丧除了是一场对活动主体人员具有重要意义的人生仪式之外，也是一项做给他人看的活动。对普通参与活动的人来说，整个婚礼过程为：报到—仪式—餐饮；而葬礼过程则是：报到—祭奠—餐饮。其活动主要内容结构非常相似，都具有很强的社交性。由此，我们不难理解为什么在许多聚落中，与文化风俗活动相关的空间处于如此核心而隆重的位置，这与活动需要容纳大量人群，并且活动本身具有强烈的社交性息息相关（图3-40）。

与风俗相关的空间在社会的转变中也经历了很大的变化。以山东临沂刘店子村为例，丧葬空间始终与村落空间互动和发展。20世纪七八十年代，丧葬空间包围在村庄的外围。20世纪90年代，随着村落扩张，民居不断在外围建设，呈现出丧葬空间与居住空间间隔坐落的景象。到了21世纪，村庄经过重新规划，民居和丧葬空间统一以整齐的形式建设。虽然丧葬空间发生了很大的变化，但它始终是一种灵活的、服从于现实需要的空间组成（图3-41）。

（a）黎槎村酒堂处举办的宴席，需要开敞的室外空间摆席

（b）峪门村婚礼，是一项全村参与的活动，地面和屋顶站满了人

图3-40　社交性的宴席

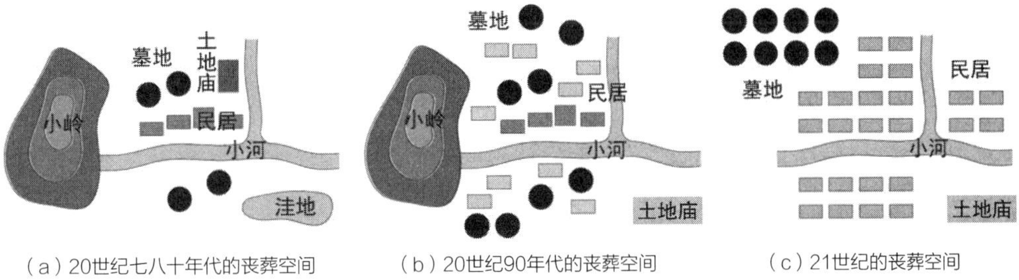

（a）20世纪七八十年代的丧葬空间

（b）20世纪90年代的丧葬空间

（c）21世纪的丧葬空间

图3-41　山东临沂刘店子村丧葬空间的变化

3.4.2 精神信仰

精神信仰对城市空间的影响非常大，这体现于宗教建筑在前工业时代的普及。在缺乏规范的前工业时代，宗教的规范统一却有着强烈的存在感。城市的精神空间与精神象征无处不在、无时不有，信仰影响着城市的格局、建筑的风格与精神空间。

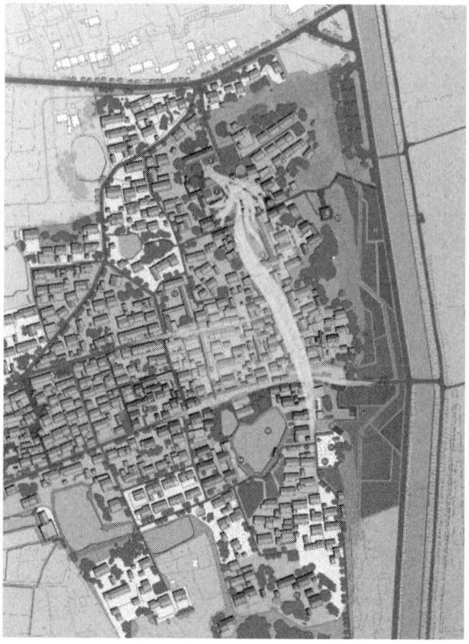

图3-42 华山村龙脊街
街道按照“龙”的意象建设。

对于一些规模较小的城市，精神信仰将影响整个城市格局（图3-42）。这种信仰的引导对城市产生规划的意义，但与“自上而下”不同的是，信仰产生于每个普通居民并达成群体共识，旨在取得良好的风水和心理上的安慰。广东高要黎槎村，俗称“八卦村”，其精密的“八卦”图案除了受地形与生活需要的影响，更是在居民精神信仰的引导下建成的。其建村过程如下：

“南宋嘉定年间（1218—1224）和明永乐年间（1403—1424），有苏姓、蔡姓两族人分别从韶关南雄珠玑巷迁至该村。凤必朝阳，精研儒家文化和周易风水学的苏、蔡两姓村民便选择凤岗的东面和东南面居住，以祈求人、财两旺。在营建房屋时，他们按照八卦形状来做，其房屋、村道分布走向状似八卦图形，整个村庄呈大围屋形状，布局极其精巧玄妙。黎槎村村民的意愿是希望村庄如八卦一样，太极生两仪，两仪生四象，四象生八卦，及后是八八六十四卦，最终生生不息……”①（图3-43）。

在城市规模较小的情况下，这种信仰对整体形态的控制才会有效。它直接对个别建筑的位置、朝向以及道路的走势产生影响，而无法对更宏大的形态进行控制。这就是说，它只能在布局上对城市中的一个区域产生引导意义。

① http://baike.baidu.com/link?url=T66UiUE71ttrQvsvHEYA0dqru6kq0hqUd-SR-EgqIyoYdCAFgaoixUt-PfPn-w6TNekAHqM9qW6nnnR4nkh6JK.

图3-43 黎槎村全景
村落按照“八卦”图案建设，与其精神信仰有关。

精神空间作为城市物质空间中的一种特殊形态，它在城市中具有不同的等级层次：具有统领作用和地标性质的精神空间；提供一小部分群体或一个家族精神纪念活动的建筑和空间；作为装置的局部精神空间。

在一些地区，与精神信仰有关的宗教建筑成了整个地区中最重要的一部分。这种具有统领作用的精神空间不一定都通过建筑来表达，它也有可能是一块特殊的场地，甚至通过某种特殊的植物来表达。在广东八卦村，最重要的精神空间就是围绕几棵神树来实现的，就像黎槎村和蚬岗村。在江苏镇江华山村的村口处，一棵百年银杏树就是当地的神树。传说村中体弱多病的小孩，只要过继给这棵神树，即可保佑孩子健康成长（图3-44）。

聚落的中心往往会修建祠堂或祖庙。前工业社会中的许多家庭，尤其是富裕的家庭都会设置私人神堂，用于供奉护佑家庭的神明或尊崇的圣人[①]。在广东高要的黎槎村和蚬岗村，它表现为祖堂的密集建设；而在江苏镇江的华山村，它表现为

① 伊德翁·舍贝里．前工业城市：过去与现在［M］．高乾，冯昕，译．北京：社会科学文献出版社，2013.

（a）黎槎村的三星榕是当地的“仙树”，村民们把祝愿挂在树上以祈求好运

（b）华山村张王庙前的百年银杏，也是当地神树

图3-44　神树

家族祠堂（图3-45）。

祠堂或祖庙建筑在聚落中处于比较重要的地位，并在整个聚落的建设过程中占据有利位置。以黎槎村的村落布局为例，虽然整体形态为八卦（即圈状向外放射发展）的形式，其建筑群依然有几个非常明显的朝向。这与建造的实际条件相关：人们只能定位几个大概的方向，没法保证所有的建筑产生均匀而精准的扭转。可以看出，在每个相同朝向的建筑片区中，祖堂都是处于相对核心的位置，其外部空间也相对完整。相比之下，不同方向建筑片区的交接处却非常随意，出现了许多形态极不规则的“剩余”空间。由此可见，村落建设发展的先后顺序是：先确定祖堂占据有利的位置，再考虑其他建筑紧贴祖堂向外慢慢扩张修建。由此导致这种建筑的相互挤压与排斥，并使得局部有些凌乱（图3-46）。

和居民生活相关的是随处可见的祭拜空间。这种空间有时小到不能算作一个空间，只是一种功能性的建筑装置。它们本质上是一小块可以插香的地方，常常出现在住户门口或民居大门正对的墙壁上。尺寸大一些的祭拜装置出现在入村的门楼旁，或位于大树下。再正式一些的祭拜空间则包含专门的祭台，它除了可以插香，还有地方摆放祭品。一般情况下，一个祭拜空间仅供一个家庭或个人使用（图3-47）。

庆典活动的定期举办是居民生活中最重要的一部分。华山村大规模的庆典活动每年有4次，不仅带动了全村人民参加，而且还吸引来周围村落的居民。活动内容

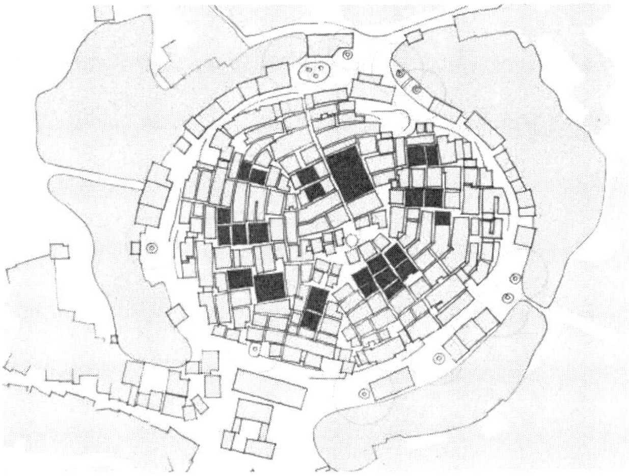

（a）黎槎村的祖堂分布

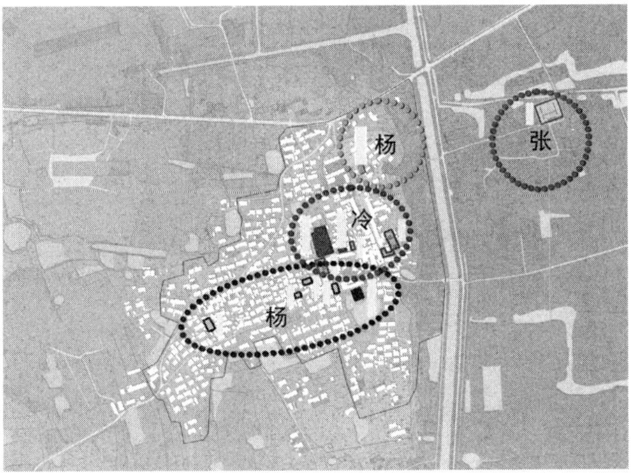

（b）华山村四大家族分布位置及家族祠堂

图3-45 祖庙和祠堂

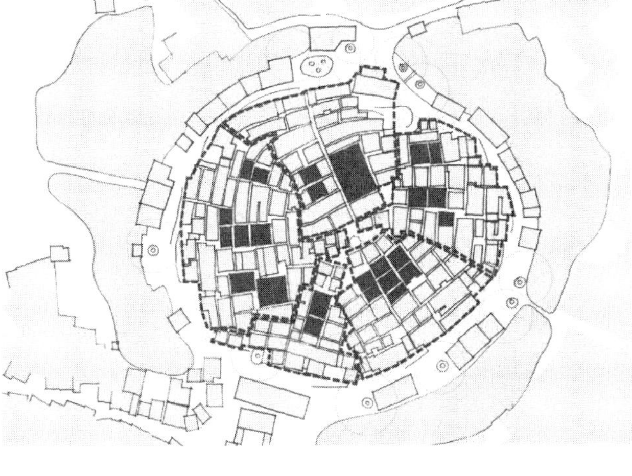

图3-46 黎槎村祖堂的位置
村落中的建筑有5个明显的朝向，在每组统一朝向的建筑群中，祖堂占据核心位置。

（a）黎槎村的祭台

（b）黎槎村遂愿里平台处的祭拜空间

（c）黎槎村门楼处的祭拜空间

（d）黎槎村正对民居入口的祭拜空间

（e）黎槎村民居大门旁的简易祭拜装置

图3-47　祭拜空间

除了相应的祭拜，还有其他文化娱乐活动，诸如舞龙和歌舞，并带动周围经济的发展。

信仰甚至可以反映在个体建筑风格上。在山东峪门村中，有一座材料、细部、风格和周围都不同的民居建筑。据悉，该住户信仰基督教，因此，在房屋建设上引用了相关的形式元素（图3-48）。

城镇产生初期，人的精神信仰比较纯粹，通过信仰建立起来的精神空间比较丰富。而在现代城市中，宗教信仰的影响力明显降低了。随着对这个世界认识深度的增加，科学与规范逐渐取代了信仰而成为人们行事的准绳。在以科学认识为主导的价值观的引领下，社会的共同认识正在逐渐地减弱。

（a）峪门村整体建筑风格

（b）特殊风格的民居（该住户信仰基督教）

（c）民居的细部

图3-48 峪门村的民居

3.5 本章小结

本章从基本条件、人的行为方式、经济、风土文化四个方面分类研究，基于实际聚落案例的调研分析，详尽阐述了共10种“自下而上”的影响因素对城镇形态的作用方式。其主要成果如下：

1. 在城镇形成的基本条件中，自然因素作为城市产生的背景，在限制形态的同时提供了城市发展所需的资源与空间；建造技术对人眼视角的城市风貌具有塑造作用，并且具有一定的文化传承特性和社会意义；安全是出于人类定居的本能需要，并通过地形、建筑布局、防御设施等实现，它反映在城市形态上。

2. 人的行为方式对城镇空间有深刻的影响，其中出行方式决定了道路交通的组成和结构形式，其路面形式非常复杂，并受到其他因素的牵制；起居生活的公共化决定了室外空间的多样性；公共空间形式丰富、使用灵活、实用性强。

3. 经济对城镇的影响：一是经济生产空间与生活空间有很高的融合度，手艺传承的特性加大了不同地区生产活动的差异性；二是交易空间有流动摊贩、非正式摊位、商店三种形式，而集市是前工业经济结构的写照。

4. 风土文化在时间的沉淀中深刻地影响着城镇，其风俗习惯包括婚丧嫁娶、祭拜活动、特殊仪式等，并通过居民的价值观反映在生活习惯和行事方式中，且与环境空间相互匹配；其精神信仰在城市中表现为无处不在的精神空间，在城市格局、个别特殊建筑、局部精神空间上都有所表现。

4

传统小城镇聚落的类型

从前文分析已经得知，在传统小城镇聚落的生长演化进程中，“自下而上”的影响因素对其空间形态特征的建构发挥了十分重要的作用。可以通过解读分析不同小城镇的形态特征，以及不同因素影响下的形成途径来研究“自下而上”的营建机理。鉴于营建途径本身是抽象的，所以应从它的最终成像——城镇空间形态入手，从一系列物质信息的解构中反推、重现这一作用的过程。

本章主要包括以下内容：概括性地论述传统小城镇的一般形态构成及营建特征；从生长途径的角度阐述本书的小城镇分类方式和依据；重点介绍研究案例备选情况，以及后文的案例研究视角和思路。

4.1 传统小城镇聚落的基本营建特征

在城镇形态的演化过程中，某一时间段内人们的空间营建活动是在综合分析和考虑若干影响因素之后产生的选择性空间干预活动。在这一过程中，不同个体发挥着内在的主观能动性，也受到外在客观条件的制约。在空间干预建设中不断地平衡“内—外”因素，并做出具有适应性的选择，这是传统小城镇聚落营建的基本特点。

4.1.1 以环境为导向的空间营建

与“外因”相关的影响因素主要来自于城镇所处的环境。笼统地来看，环境可分为自然环境和人文环境两个方面。其中自然环境是由水土、地域、气候等自然因素形成的环境；人文环境是人类活动不断演变而形成的社会大环境，它是人为因素造成的社会性环境。

“聚落风光可以看作是被社会化后的自然风光”[①]。自然形态是城镇的原初形态，它是自然世界为城镇创造所提供的“画布”，并在之后的营建活动中转化为具体的限定条件。在普通老百姓实施的小城镇建设活动中，自然改造总是太过“奢侈”，人们一般以经济适用为原则，顺应有利的地形条件建造居所，由此形成的人工环境便会刻上自然环境的印记。环境的特征一般会在城镇形态中被无意识地强化，建于山地的城镇往往会通过成列的房屋和道路刻画出地势的走向，而逐水而居的城镇则在房屋沿河布局的过程中进一步营造了流线的美。同时，自然环境也是城镇形态的延伸，城镇在自发生长中形成不规则的边界，并使居住区域与自然区域融为一体。因此，城镇可以借助自然环境的气场塑造更加宏大的场景，并进一步增加了自然环境在城镇形态中所占据的比重。

小城镇的形态亦会与人文环境产生紧密的契合度。小城镇中的居民大多长期固定，在交通闭塞的情况下，本地居民一般出不去，外地人也进不来。久而久之，

① 原广司. 世界聚落的教示100［M］. 于天祎，刘淑梅，译. 北京：中国建筑工业出版社，2003.

人们在一个社群中，就具有极为相似的认知水平和亲密的纽带关系。在城镇建设时，“人们共有的梦想与心情，就是共同幻想”①，后代人不断续写着前代人的共同幻想，从“传说”变为日常认知，这便是一个社群文化的体现。文化中往往传递着先人们宝贵的实践精神。每个时期在城镇形态中出现的大量相同的要素，这就是前人生存经验的续写吧。

4.1.2 以需求为导向的空间营建

与“内因”相关的影响因素主要来自于城镇中主体人的需求。人的需求包括个体需求和群体需求这两个主要方面。其中个体需求又包括基本的生理、生活、生计等方面的需求，它因个体的身份、喜好、审美而变化；群体需求则包括各种人与人之间的交往和公共活动，它反映某一地区人的共同选择。由于城镇环境构建的主体是人，所以，人总是依据各种需求来产生空间营建的动力。

城镇形态中包含着大量的建筑物，它们主要是人工“创造”的部分。当建筑物的数量多到一定程度，而且相互之间具备一定的图式构成关系时便会产生整体形态的效果。学者王昀曾讲道：“聚落中所有房子集合起来所形成的整体关系，远比单一民居更有意义”②。这其中建筑集合形态的组成主体是民居，大量民居之间的排列组合方式塑造了主要的城镇形态肌理。民居的规模和体量一般都不太大，它们经由“自下而上”的方式建造起来，并反映普通个体的选择和偏好。但同一城镇的民居，它们之间的相似度极高：这包括一致的空间格局、结构、材料甚至细节构造等。在民居的建造过程中，人们共享技术、交流学习并互帮互助。

城镇中也不乏归于集体的、重要性稍高的建筑，如教堂、寺庙、塔楼、市政厅、图书馆、学校等。一般与信仰相关的、带些“神性”的建筑都会被赋予特别的外形，并与周边房屋明显区别开，而其他公共建筑的异质性则稍弱。这些重要的建筑是城镇形态中的标志性符号，它们的所在地一般就是一座城镇的中心。

城镇形态中的建筑物与外部空间互为图底关系，即“物”与“空”的对应。

① 原广司．世界聚落的教示100［M］．于天祎，刘淑梅，译．北京：中国建筑工业出版社，2003.
② 王昀．向世界聚落学习［M］．北京：中国建筑工业出版社，2011.

外部空间可理解为建筑物之间的空间，但它有别于自然地形，是由人工改造之后形成的场地。典型的外部空间既包括功能性的道路、广场、停车场等，也包括与自然环境相结合的亲水步道、码头、港湾等。在小城镇中，人们大量的日常活动发生在室外，人的行为对外部空间形态的影响较大。很多外部空间最初不是有意识地形成的，它们随着建筑物的产生而产生，并通过人们的重复活动被赋予固定的形式。因此，这些空间的形态，如场地的布局、景观的装饰、室外家具的陈设等总是与人体尺度和行为习惯密切契合，并被当地居民赋予特殊的场所意义。

4.2 传统小城镇聚落的3种常见类型

应该如何选择重点研究的案例样本呢？针对本研究的主题，案例选择的基本要求是：该城镇的形态生长方式可以代表某种典型的“自下而上”城镇生长与营建途径。

“自下而上”的营建途径是一种“内生”的城镇生长方式，它的作用虽然主要通过城镇内部人员的自主选择来实现，但同时也受到外界环境的影响，并在特殊的时空坐标中与“自上而下”的营建途径互动共生。从某种程度上看，“自上而下”的营建途径在城镇空间中的介入程度决定了“自下而上”生长环境的单纯程度，进而使“自下而上”的营建途径呈现出不同的表情。因此，紧扣不同“途径”本身在城镇生长进程中的作用强弱，就可以将案例的分类问题化繁为简，并搭建出合理的研究框架。

4.2.1 小城镇的分类——自然型、层叠型、设计型

1. 分类的原则

传统小城镇聚落代表了一种以“自下而上”为主的生长途径，但不同案例的生长过程都基本包含了“自下而上”和“自上而下”两种途径的影响，而当两者在城镇整体生长的介入程度不同时，城镇最终就会呈现出不同的形态和特征。因此，研

究不同类型的“自下而上”的营建途径，实际上就是研究“自下而上”营建途径在城镇生长过程中的不同的介入程度及其影响特点。

纵观当今各地的传统小城镇，可以明显看出两种不同的类型：一种是“普通的小城镇”，这是一种完全自发生长的小城镇，主要为了支撑内部居民的生活而存在。一般它的交通较为闭塞，与城市联系较弱，是周边其他村庄的中心，通常包含一个市场，或有一些与自身自然条件相匹配的生产基地；另一种是有“特殊角色的小城镇”，它的“命运”与某一个或几个城市紧密相连，而这个城市赋予了它特殊的职能——如某种资源的供给基地、交通枢纽和专项交易市场等。因此，在它的发展过程中，“上级城市”的“特殊需求”也是影响其城镇发展的一个重要因素，并与城镇内部自发的生长“交杂”同行，且呈现出一种“自下而上”与“自上而下”相辅相成的生长方式。

历史上常见的“自下而上”的城镇发展都存在“从村庄进化为小城镇，再发展成城市”的由小变大、由简单到复杂的渐进过程。在不同的历史阶段，城镇生长中的“自下而上”和“自上而下”两种营建途径的作用和所占比例也会有所不同。从这个角度来看，也可以区分出两种小城镇：一种是接近于“胚胎期”的小城镇——也就是比村庄等级稍高，“自下而上”的营建途径在其总体生长途径中占据较大比重的小城镇；而另一种是具备一定“成熟度”的小城镇——它还尚未晋级为正式的城市，但已经是一个重镇或小城市。由于其规模和功能的需要，它的生长进程中很可能包含了“自下而上”和“自上而下”两种营建途径的混合。

基于以上分析，小城镇至少可以被区分为两种类型：一是以“自下而上”为主导生长的小城镇；二是“自下而上”与“自上而下”相混合引导生长的小城镇。

此外，还存在一种特殊情形——被有意识“设计”出来的小城镇。在遥远的年代，少数具有军事功能的要塞型小城镇是这类城镇的典型。如今，在我国借由“旧镇改造”或“旧村改造”的名义将城镇历史空间推倒重来的现象也时有发生，改造后的城镇更多依赖了“自上而下”的建设方式，但相比于城市，“自下而上”的营建途径仍然在其中发挥了一定的甚至是重要的作用。从表面上看，这种情况与“自下而上”的营建途径关系最弱，但研究这种情况的价值也显而易见：它突出地体现了在“自上而下”营建途径为主导的情形下，“自下而上”营建途径又是如何介入到城镇形态的塑造之中的。因此，研究“自上而下”控制之下的“自下而上”营建途径，对今后的城镇改造甚至城市改造都具有一定的借鉴意义。

综上所述，笔者认为小城镇可以分为以下3种类型：自然型、层叠型和设计型。下面分别对每种类型进行界定。

2. 自然型小城镇

（1）定义

自然型小城镇是以自然地形条件为形态基础，以满足内部居民的基本日常需求为目标，在外界干预较少的情况下，通过长期内在自发的方式生长而成的小城镇。这种城镇的形态特征与自然地形特征契合度较高，其有机的、不规则的、非几何的图形特征偏多，而且肌理的同质性、连续性也较强。同时，自然要素明显地限制着城镇形态区域的生长。这种小城镇往往区位偏远、环境封闭，与其他城镇联系较弱，其人群构成稳定而单一，生活方式比较固定。“自下而上”的城市设计途径在其生长进程中占据绝对的主导地位，并维持着缓慢而渐进的发展速度。

（2）典型案例

本研究所选取的中外典型的自然型小城镇聚落的基本信息如下：

案例一：中国陕西陈炉古镇

陈炉古镇位于中国陕西中部，地处陕西省铜川市印台区东南方向，拥有1400年历史，是一个原生态城镇聚落。城镇地处土石低山梁塬丘陵地貌中，居山脉南侧、依山（塬）就势而建。建筑以半嵌入山体的窑洞为主，通过砌筑土坯墙体形成，整体呈现出台阶状的排列特点，层层叠叠，表现出浓郁的地域特色。陈炉因“陶炉陈列”得名，曾为陕西乃至西北最重要的制瓷窑场和生产基地，有“东方古陶瓷生产的活化石”和“东方陶瓷古镇”的美誉，是陕西省命名的文化艺术之乡中唯一的陶瓷之乡。当地居民世世代代以制瓷为生，至今城镇中仍有不少人沿袭着传统的生活方式和技艺。此案例表现了一种本来状态的“自下而上”城镇生长演化方式。

案例二：英国威尔士考布里奇（Cowbridge）

考布里奇小镇位于威尔士南部的自治城镇——格拉摩根谷郡（The Vale of Glamorgan）的中部，距离威尔士首府卡迪夫（Cardiff）仅11km。城镇始建于1254年，拥有近800年历史，是当地唯一保存完整的前工业聚落，具有威尔士传统城镇空间的代表性。它整体表现出和自然地形高度契合的城镇形态，其南面是山，北面是湖泊，中部被威尔士历史上最重要的交通路线——古罗马路（Roman

（a）案例一：陈炉古镇

（b）案例二：考布里奇

图4-1 自然型小城镇典型案例

Road）穿过，并连接威尔士南部的两座重要城市——卡迪夫和斯旺西（Swansea），成为往来商人必经的中转站。受到区位和经济的影响，考布里奇的扩张程度大大地超过了周边同等规模的城镇，并自发生长为周边其他村镇的商业中心和交通枢纽。如今，其本来的城镇形态依旧保持完整，并在延续历史脉络的基础上缓慢地向外扩张，呈现出较为纯粹的“自下而上”渐进生长的方式（图4-1）。

3. 层叠型小城镇

（1）定义

层叠型小城镇是生活性与功能性并存，同时具有复合的发展目标，并在内在自发和外在干预的共同影响下生长而成的小城镇。这种城镇形态通常存在几个不同历史阶段的增长痕迹，其多种形态元素叠加组合，这反映了大环境影响下的社会变迁。其地理位置通常较为优越，与其他城镇也有一定联系，一般比自然型小城镇有着更高的行政等级和中心性。因此，在满足其内部居民基本生活的基础上，往往还具备一定的附加功能。从长期的形成过程来看，它的生长途径是不确定的，包含着“自下而上”和“自上而下”两种营建方式，其中“自上而下”的营建途径是阶段性的、局部的，而“自下而上”的营建途径是连续的。

（2）典型案例

本研究所选取的中外典型的层叠型小城镇聚落的基本信息如下：

案例三：中国上海新场古镇

新场古镇位于上海浦东新区中南部，距上海市中心约36km。它具有1300年历史，古称“石笋里”，原为下沙盐场南场，是当时盐民用海水晒盐的场所。南宋时期，新场是两浙盐运司署所在地。随着盐业的不断发展，商人纷纷聚集于此，这使得当地的经济蓬勃发展，并成为原南汇地区的四大镇之一，其繁华程度曾一度超过上海县城。当前，古镇的空间形态表现出“宋之骨架，明之市井，清之世情，民国风度”[①]的历史层叠特征，并在上海城市的扩张中逐渐地被纳入到现代城市范围，其周边环境也已经基本更新。新场古镇的整体城镇空间形态充分显现了多重年代、多种生活方式的更迭和演进。

案例四：比利时达默小镇（Damme）

欧洲有很多历史深厚的城镇，它们在历史文化保护高度重视的社会机制中得以相对完整地保存下来。达默是位于比利时西弗兰德省（West Flender）的一座小型自治市，位于著名的历史文化名城布鲁日（Bruges）东北方向6km处，有900年左右的历史，目前是布鲁日的附属旅游城市。在漫长的岁月中，达默在历史上先后归属于神圣罗马帝国、西班牙帝国、法国等，并经历数次角色的转换：港口、驻军城市和当前的布鲁日附属旅游点。达默在整体形态上表现出多个不同时代典型元素的层叠：有机松散的住区、星形的边界、笔直的运河等，这些差异性元素看似相互矛盾，然而在多重要素的冲撞中，达默实现了历史环境与现代生活的有机衔接，并呈现出崭新的市民生活场景（图4-2）。

4. 设计型小城镇

（1）定义

设计型小城镇是以有意识的城镇建设为基础，以较为确定的规划意向为发展框架，并在此基础上结合内在的发展动力而形成的小城镇。这种城镇在形态结构中一般能看到一些明显的、几何的人工规划要素，如笔直的街道、网格状的街区、明确的中心等，但空间单元的建设延续了一种质朴的方式，多由内部的居民完成，并表现出“有序”形态中的“无序”。在这类城镇中，“自上而下”是引领性的城市设计途径。由于小城镇的领导层权力等级较低，统一建设的技术和资金又有限，因此，很大程度上还需要借助“自下而上”的营建方式去完成城镇建设。

---

① 东南大学建筑设计研究院. 上海新场古镇城市设计［Z］. 2017.

（a）案例三：新场古镇

（b）案例四：达默小镇

图4-2 层叠型小城镇典型案例

（2）典型案例

本研究所选取的中外典型的设计型小城镇聚落的基本信息如下：

案例五：中国山东刘店子

刘店子位于山东省临沂市河东区东北部，是由若干自然村组合而成的小城镇。1998年，该地区抓住了小城镇开发机遇，进行了旧村改造，将1100个老屋全部拆除，并用统一规划的新型村镇取而代之，这是“社会主义新农村”的建设典型。如今，城镇中已几乎看不到原本的“自下而上”营建痕迹，但不同个体的差异仍然显现于单体的建设之中，并通过日常行动轨迹改变着城镇整体空间形态。

案例六：英国威尔士阿博莱伦（Aberaeron）

阿博莱伦是位于威尔士锡尔迪金（Ceredigion）省中部的一座海滨旅游小镇，始建于1807年，目前仅有200多年历史。它由当地领主阿尔班·格温（Rev Alban Thomas Gwynne）继承、规划和投资建设而成，是非常罕见的、从一开始就制定了规划建设框架的小城镇。但这座小城镇之所以能焕发生命力，是其“原生态”与“设计”多方面结合的结果。如今，阿博莱伦是威尔士著名的旅游胜地之一，并斩获了皇家镇级规划大奖（图4-3）。

（a）案例五：刘店子

（b）案例六：阿博莱伦

图4-3　设计型小城镇典型案例

4.2.2　3种类型的关系

1. 3种类型城镇的演化关联

以上3种类型的小城镇从表象上看是形态构成上的差异，实际上具有内在演变进化的关联。

自然型小城镇是人类聚落发展历程中出现最早的小城镇形式，可以肯定地说，公元前3000年出现的早期城镇聚落应该就是这种类型。这种城镇形成之时，人们改造自然的能力尚且有限，主要以适应自然环境为基础策略，因此，城镇形态的有机性来源于自由无序的自然地貌条件。在相当长的历史时期内，小城镇的空间营建以满足基本的生存和生活为目标，城镇建设表现为内部居民的共同理想。除自然和生活是城镇生长的主要内因之外，自由经济贸易的兴盛往往使它们成为周边聚落的中心。今天，在很多偏远的地区或交通条件有限的地区仍保留着很多有机型城镇，它们大多年代久远，与城市的关系也不是特别紧密，并保留着“自下而上”营建的原真性。

层叠型小城镇通常是“有故事”的城镇，它们一般和城市的联系比较强，受到城市辐射（战争、交通、战略部署、大型建设等）的影响，留下了不同时代和历史事件的烙印。此类小城镇往往最初始于自然型小城镇，但在历史的变迁中，经过社会环境和生活方式的变化，原有的城镇建设途径不断被新的城镇建设途径所代替，并出现新的城镇形态要素。在这一过程中，“新要素”的介入将意味着对先前居民生活环境、空间行为和思想认知的冲击和刺激，使得“自下而上”的原生力量被迫适应新的改变，并建立新的平衡。今天，城市近郊的小城镇更容易表现出这种特征，而“空间层叠”“新旧共存”是此类小城镇形态的主要特点。

当前可见的设计型小城镇多在现代城市规划与设计兴起之后出现，目前数量不多，仍是一种“小众”现象。这种类型的城镇一般在两种情况下出现：一种是城镇本身比较年轻，其规划设计手段得以从一开始就介入城镇的发展轨迹；另一种是城镇经历了新的、大范围的规划建设，这种情况也是一种特殊的“层叠型”，只是新建设方式对原貌的改造程度更高。随着当今城镇改造需求的增加和规划技术水平的不断提高，未来很有可能会出现越来越多的设计型小城镇（图4-4）。

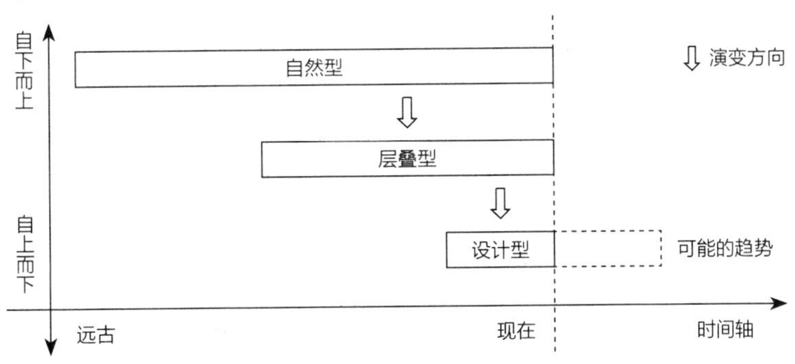

图4-4　3种类型之间的关系

从演化规律上看，小城镇从自然型到层叠型，再到设计型，它们代表了人类聚落发展演化的普遍规律和发展方向，这也再次印证了小城镇从“无序”走向“有序”的发展方向。同时，我们也必须清醒地认识到，设计型小城镇并不是比其他两种小城镇更为完美的城镇类型。事实上，任何一种城镇类型，它都有可能提供合情合理且高质量的城镇生活。

2. 3种类型城镇在中国的现实映射

中国地大物博、历史深厚、聚落类型繁多，3种类型的小城镇都能找到其现实的映射。

中国西部偏远山区由于交通不便、经济水平较低，这使得“自上而下”的发展外力很难介入影响，因此，它们保存了很多自然型小城镇。这些城镇不仅自然地形特殊，而且是少数民族聚集、地域个性强烈的区域，也是中国多元文化的重要组成部分。在漫长的历史进程中，这类城镇已经形成了较为封闭的自然生态系统，其城镇生长和运行方式长期不变，而且生产力水平、就业机会、生活环境均比较落后。与此同时，随着现代生活方式的变化和人们对物质与精神追求的日益提升，这类小城镇不再能够满足新一代居民的需求，并导致了人口流失，继而引发传统工艺的消失、老旧空间的衰败以及城镇活力丧失等。在当下这个时代，自然型小城镇将面临着一系列问题，它们无法通过“自下而上”的营建方式去解决，而需要借助外力的引导和推动。虽然这些问题已经被发现和强调，但怎样制定合理的干预策略，并在今天与过去、现代与原生态之间找到平衡点，这始终是个很大的难题。因此，对此类城镇的深入研究将十分必要。

中国东部相对发达的地区有很多层叠型小城镇。这部分区域以平原为主，交通网络密集，经济水平发达，其时代更迭和社会变迁也比较剧烈。虽然一些大城市在战乱时期遭遇毁灭，但小城镇却往往得到保留，从而在形态上得以保存不同阶段的“印记”，为后人留下珍贵的历史遗产。今天，这种层叠型小城镇常面临着尴尬的境遇，一方面它们容易受到周边城市发展的带动；另一方面它们也会受到城市高速扩张的负面影响，使得历史形态遭到破坏，如被大型交通干线穿过、与城市新区直接相连、周边出现大型建设工程等。

在小城镇的生长进程中，虽然“设计”出现的境遇比较有限，但它却是当今中国城市空间建设的主要模式，也是未来小城镇选择的发展方式。在过去的二三十年时间里，中国乡镇改造在全国各地展开，并沿用了批量化生产的城市住区建设模式，其得到的结果虽然提升了基础设施和生活条件，但乡镇的特色风貌和空间美感却消失不见了，形成了“千镇一面”的现象。可见，“自上而下”的规划设计营建途径如果成为我们今天小城镇空间发展的一种选择的话，那么，它不应简单地生搬硬套大城市的设计方法，而应结合每个案例独有的空间特质与历史文化，这样才能做出具有地域特色的设计。

综上所述，研究以上3种类型的小城镇对解决中国实际的城镇问题具有一定的价值，它们代表了小城镇在现代快速城镇化发展过程中所面临的3种典型问题：一是传统空间与文化的保护问题；二是不同建成环境及生活方式相融合的问题；三是现代城市规划与设计的合理介入问题。通过对以上这些问题的反复探究，以便构建出适宜当代小城镇发展的城市设计途径。

4.2.3 研究视角与案例选择

日本学者藤井明曾提到聚落及城镇的调研有两种视角：一种是“成员的视角”，即要求调研人员长期深入特定的群体，并成为他们当中的一员，且设身处地的体会真实的生活方式。而这种生活方式在社会学研究中是比较常见的；另一种是“过客的视角”，即调研人员在一个较为短期的停留中，从旁观者的角度观察城镇中所发生的现象，并通过若干调研案例的观察，去比较不同城镇的差异①。

设计师在城镇调研中大多运用的是后一种视角，即认为设计师的视角与过客的视角更为接近。设计师具备一种专业素质，他们对形态高度敏感，并高效捕捉其空间背后的信息。学者王昀认为，城镇调研的目的就是通过对各类空间中的“物及人的观察”，去理解其“生活状态”，并以“空间的角度”及“人和人之间的交流”作为出发点②。本书基本认同以上的观点，但考虑既要深入地探索小城镇聚落空间形态形成的过程，同时又要防止走马观花式地调研，这就需要借用一些社会学家“换位思考”的研究方式。当然，研究城市设计问题也不能像社会学研究者一样，只长期盯着某一案例研究，而使得探寻答案的范围被局限，以至遗漏了其他的可能

① 藤井明．聚落探访［M］．宁晶，译．北京：中国建筑工业出版社，2003.
② 王昀．向世界聚落学习［M］．北京：中国建筑工业出版社，2011.

性。因此，要寻找一种普遍存在的规律性，就必须使论据的范围有一定的覆盖面，并尽可能选择不同类型的案例作为证据的支撑。

在城镇案例的调研中，“设计师的视角”就是要把“成员的视角”和“过客的视角”两者相结合。如果将不同的小城镇案例想象成一个个“设计作品”，那么其内部的居民则是完成这些作品的“设计师”，鉴于小城镇居民人数庞大，故比喻作“设计团队”应该更加恰当。这些“设计团队”的设计周期极长，大多数成员负责自己的“一亩三分地”的设计，他们有着较为平均的“设计水平”，总是照搬祖上的经验，并相互“抄袭”。然而，在一些小空间和细节的打造上，他们却有着突出的优势。其团队中的领导层通常是“总平面设计师”，但其工作并不是“绘制总平面”，而是协调各“设计师”的工作，以便组合成一个整体。笔者愿意深入到不同“设计团队”的内部去考察其“工作方式”，不仅要关注他们的“作品”，而且还要学习他们的“设计方法”。通过比较不同“设计团队”的差异，总结他们的经验，并最终形成“如何‘设计’出‘自下而上’小城镇”的系统认识。

通过以上思考，本书将案例调研的基本思路拟定为“6+X”模式。其中“6”是重点研究的6个案例，它涵盖上文提到的3种小城镇类型。考虑到不同文化和地域的差异，每种类型只选取中外城镇案例各一例。这6个“设计团队”是笔者要深入了解的，而对应到形态及其形成途径的研究上，则需要在“环境”与“需求”这两个维度上展开，并综合考虑多种影响因素的作用。其余的“X”是若干不同类型的其他案例，它以解读“作品”为目的，主要基于可见的形态构成。这些案例的选取除了小城镇之外，还参考了部分村庄、小城市和社区，并作为整体研究的支撑。

这6个重点研究案例为：

自然型小城镇——陈炉古镇、考布里奇；

层叠型小城镇——新场古镇、达默小镇；

设计型小城镇——刘店子、阿博莱伦。

其余辅助研究案例：

中国的华阳古镇、丁蜀镇，以及柏社村、党家村、袁家村、蚬岗村、黎槎村、槎塘村、峪门村、华山村、藏书、前石塘、玉宝村；

欧洲的蒙茅斯（Monmouth）、藤比（Tenby）、莱奇沃思（Letchworth）、迪南（Dinant）。

研究案例均经过笔者的踏勘调研，以现场获得的第一手资料作为主要的分析论据（表4-1、表4-2）。

案例列表　　表4-1

类型	序号	聚落名称	地理位置	历史	人口（约）（人）	建成区面积
自然型	1	陈炉古镇	中国陕西	1400年	6000	$1.4km^2$
	2	华阳古镇（古道）	中国陕西	2000年	3000	$0.8km^2$
	3	党家村	中国陕西	1300年	1400	$0.2km^2$
	4	柏社村	中国陕西	1600年	2000	$1.1km^2$
	5	蚬岗村	中国广东	600年	8900	$0.3km^2$
	6	黎槎村	中国广东	700年	1400	$0.03km^2$
	7	前石塘	中国江苏	1000年	300	$0.2km^2$
	8	峪门村	中国山东	600年	1600	$0.45km^2$
	9	华山村	中国江苏	3000年	2000	$0.2km^2$
	10	玉宝村	中国福建	600年	2300	$0.3km^2$
	11	考布里奇	威尔士	800年	4000	$0.5km^2$
	12	藤比	威尔士	800年	4600	$0.9km^2$
	13	迪南	比利时	1000年	3400	$0.9km^2$
层叠型	14	新场古镇	中国上海	1300年	10000	$1.65km^2$
	15	藏书	中国江苏	140年	3000	$0.25km^2$
	16	丁蜀镇	中国江苏	1000年	400	$0.035km^2$
	17	蒙茅斯	威尔士	1000年	10000	$2.1km^2$
	18	达默	比利时	900年	1100	$0.4km^2$
设计型	19	刘店子	中国山东	400年	32000	$2.3km^2$
	20	袁家村	中国陕西	400年	400	$0.5km^2$
	21	槎塘村	中国广东	130年	730	$1.05km^2$
	22	阿博莱伦	威尔士	200年	1400	$0.4km^2$
	23	莱奇沃思	英格兰	100年	30000	$9km^2$

不同类型小城镇案例卫星图　表 4-2

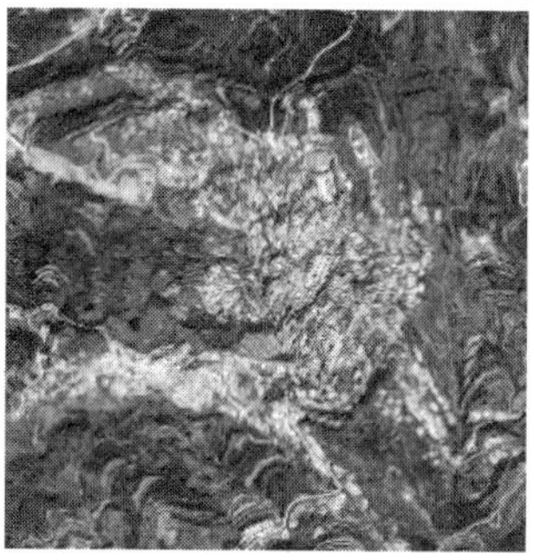		
陈炉古镇	华阳古镇（古道）	党家村

柏社村	蚬岗村	黎槎村

前石塘	峪门村	华山村
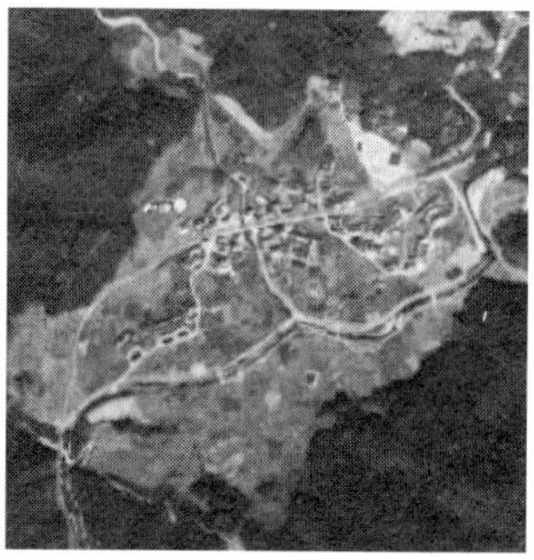		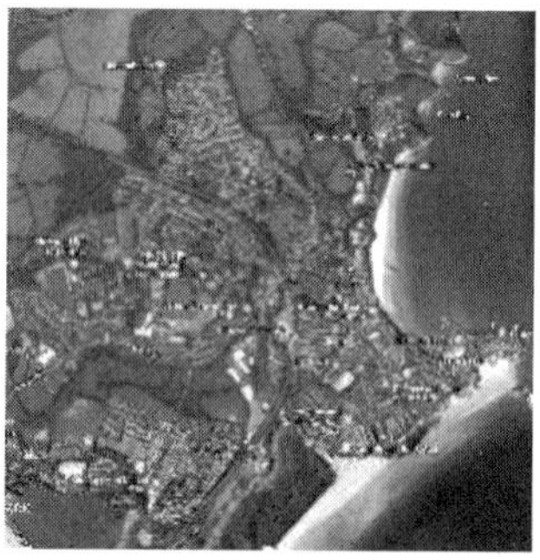
玉宝村	考布里奇	藤比

续表

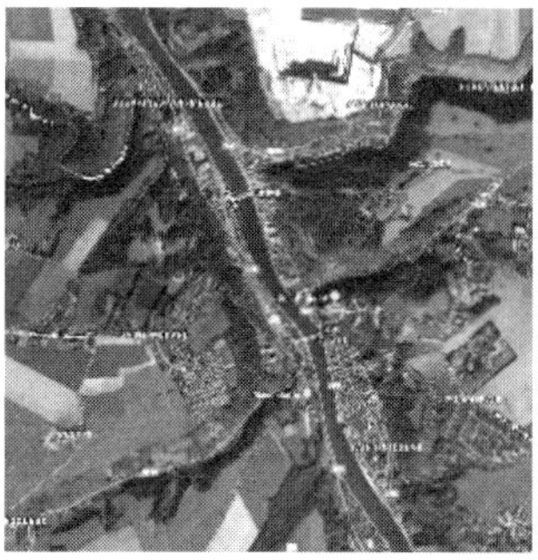	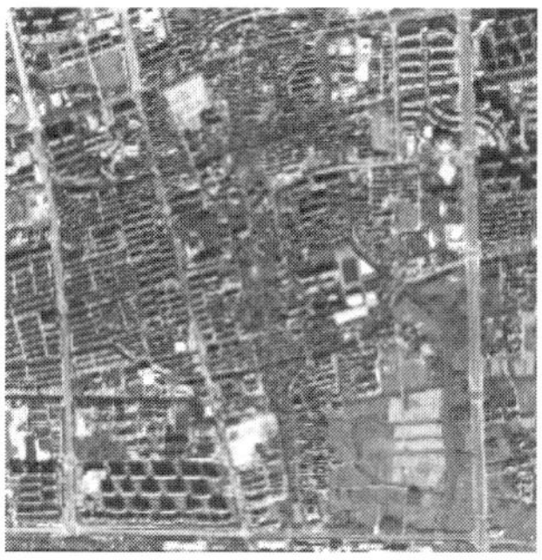	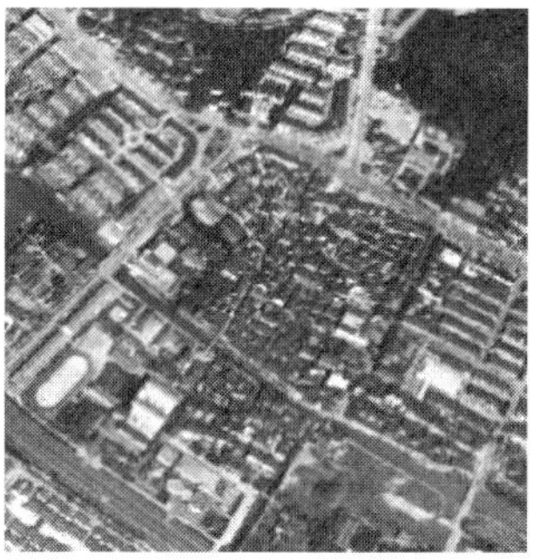
░ 迪南	▒ 新场古镇	▒ 藏书
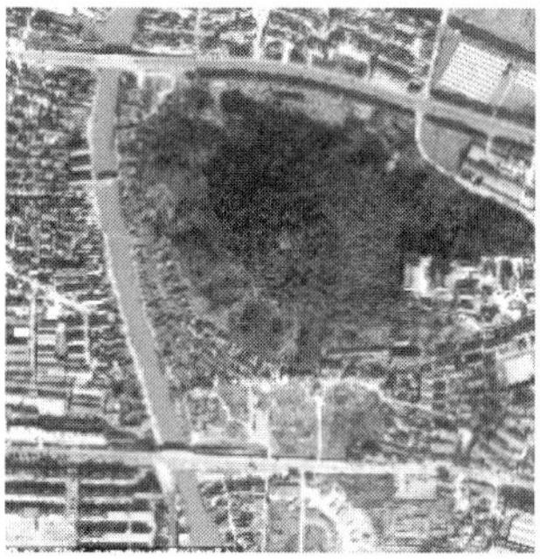	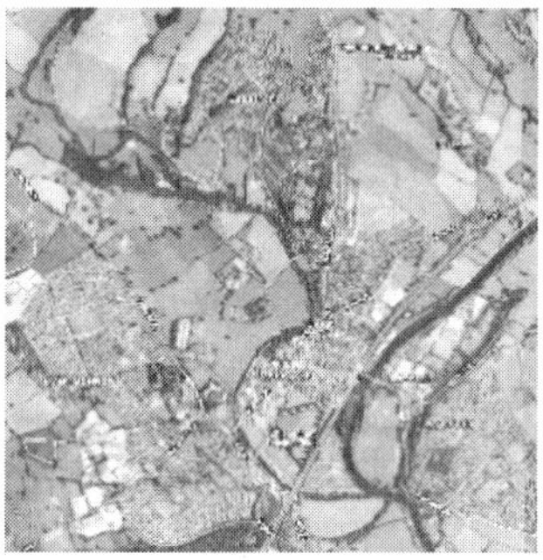	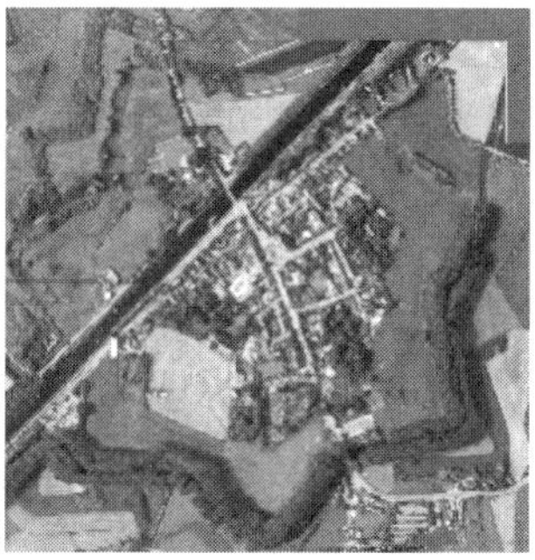
▒ 丁蜀镇	▒ 蒙茅斯	▒ 达默
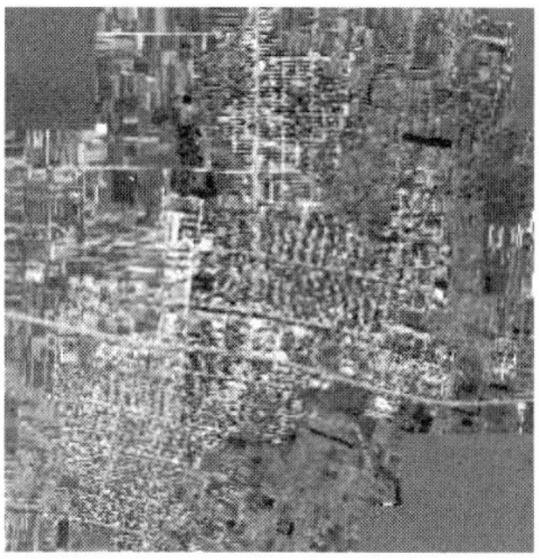	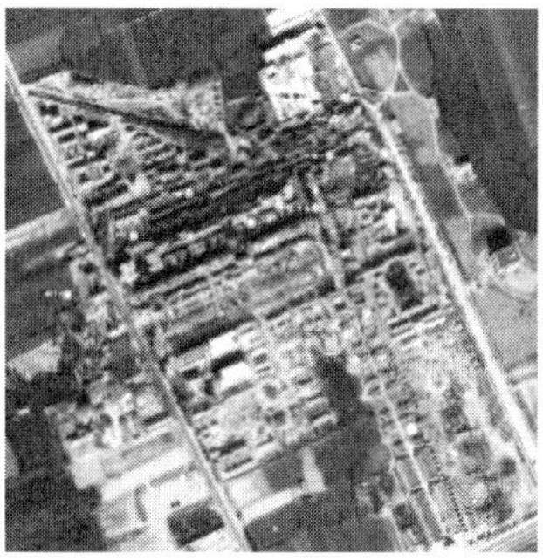	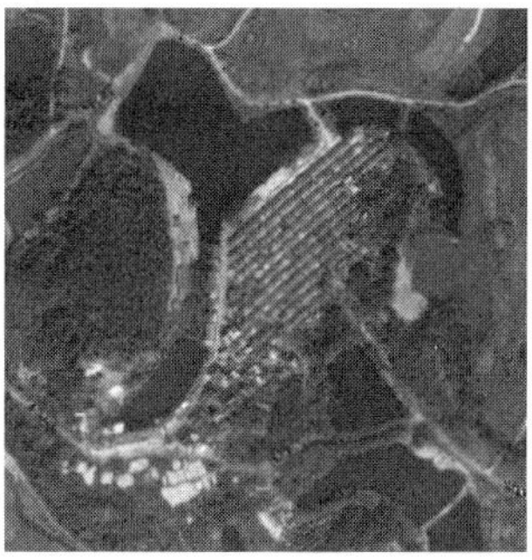
■ 刘店子	■ 袁家村	■ 槎塘村
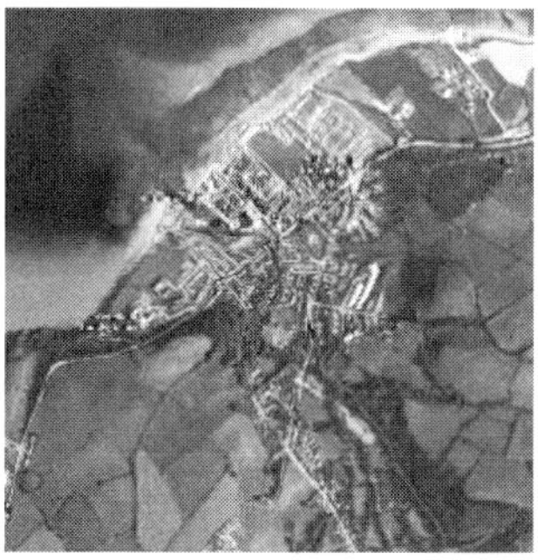	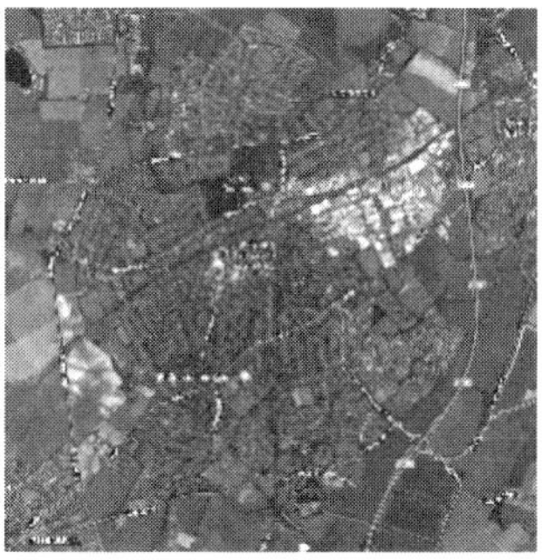	
■ 阿博莱伦	■ 莱奇沃思	

（░ 自然型、▒ 层叠型、■ 设计型）

4.3 本章小结

本章主要的研究结论如下：

1. 小城镇基本营建特征表现为：与外在环境的契合和与内在需求的契合。其中，环境主要包括自然环境和人文环境，它们构成了小城镇形态形成的主要“外因”；而需求主要包括个体需求和群体需求，它们构成了小城镇形态形成的主要“内因”。

2. 本书从生长途径的角度认为，小城镇可以分为自然型、层叠型、设计型三种类型，代表了3种形态以及区位、功能、生长阶段等不同状态，并对应了3种“自下而上”和“自上而下”的营建途径介入方式。

3. 在分类的基础上，建立了“6+X”的案例研究框架。本书提出以“设计师的视角”进行调研案例，将个案的深入调研和多案例比较相结合。本章选取中国的陈炉古镇（自然型）、新场古镇（层叠型）、刘店子（设计型）以及欧洲的考布里奇（自然型）、达默小镇（层叠型）、阿博莱伦（设计型）作为重点研究对象，其他也选取若干作为辅助研究案例。

5

自然型小城镇聚落的空间形态演变与营建

从本章开始，进入典型案例分析部分，将在3个章节的论述中，分别研究前文提出的自然型、层叠型、设计型小城镇的“自下而上”形态特征与营建途径。

本章研究的对象是自然型小城镇。在3种城镇类型中，自然型小城镇存在的时间最长，且与纯粹的“自下而上”小城镇最为接近。自然型小城镇表达了在几乎不受“自上而下”营建因素影响的情况下，“自下而上”的营建途径所塑造城镇空间形态的方式，以及在时间的流逝中表现出的生命力和适应性，这也正是本章希望通过案例分析来揭示的内容。

本章首先以中国陕西陈炉古镇和英国威尔士考布里奇为中欧典型案例，从历史进程和形态构成的角度对其分别进行了基本介绍。其次，我们以环境和需求为两条分析主线，深入探讨自然型小城镇的多重尺度特点，以及空间形成的内在动因。

5.1 自然型小城镇聚落典型案例

5.1.1 中国案例：陈炉古镇

本节选择陈炉古镇为自然型小城镇中国典型案例。

陈炉古镇地处陕西省铜川市印台区东南方向，处于关中平原向陕北黄土高原过渡地带，地形以山地为主，拥有约1400年历史。陈炉因“陶炉陈列”得名，曾为陕西乃至西北最重要的制瓷窑场和生产基地，有“东方古陶瓷生产的活化石”和“东方陶瓷古镇”的美誉，是陕西省命名的文化艺术之乡中唯一的陶瓷之乡。当地常年干旱缺水、温差较大、自然灾害多，农作物不易生长。镇域总面积99.7km^2，镇区面积152hm^2。镇辖18个行政村、2个社区，古镇区居民6000余人（图5-1、图5-2）。

图5-1　陈炉古镇实景

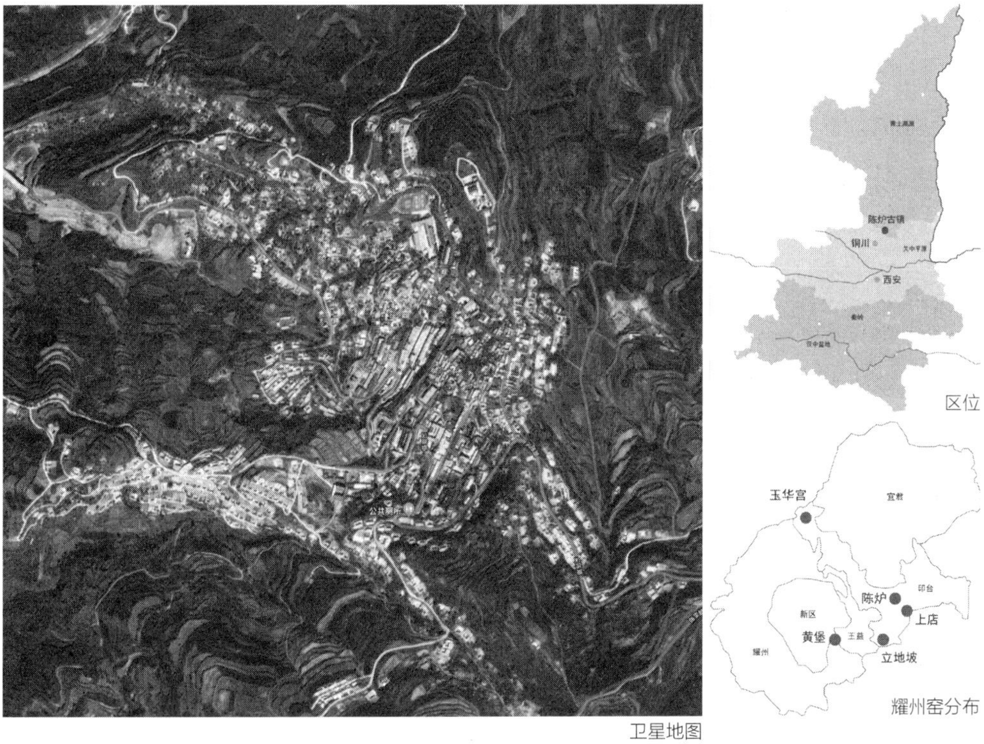

图5-2 陈炉古镇的卫星图和区位

1. 历史进程

陈炉古镇的历史可追溯至北周，但由于鲜有史料，无从考证。现存最早史料为明代《同官县志》，记载中陈炉古镇最早得名于明万历四十六年（公元1618年），历代归古同官县（后为铜川市）管辖[①]。它的历史进程大致可分为四个阶段：

（1）“移陶于此”（明代以前：约7—17世纪）

陈炉古镇的发展历史与陶瓷生产紧密相连，在建镇之前当地仅为一个闭塞的村庄。黄土高原是中国重要的耀州窑产地，宋代已具备一定规模。黄堡镇是当时著名的窑址，由于其毁于北宋末年的金兵征战，之后将瓷业转至陈炉、立地坡、上店三地，后发展为当地的三大窑厂。整个窑区南北长约5km、东西宽约2km，有“十里窑场”之誉。

经1959年陕西考古所考证，陈炉窑烧窑历史可以追溯到唐宋以前。《同官县志·民国志·建置沿革志》记载道：“没考所始，相传黄堡镇陶业废后，居民移陶于

① 铜川市地方志办公室翻印．同官县志［M］．1985.

此。村长五里有奇，居民沿崖以瓷砖洞而居。上、下、左、右，层叠密如蜂房。”[①]

此时，每个家庭都是独立的手工作坊。陶工技艺全能，挖取坩土、制土成泥、器型出炉均需要亲力亲为。由于地形复杂、交通通达性弱，陈炉大部分居民都是土生土长的。窑洞是最主要的居住建筑形式，瓦房多作为储藏和厨房使用。

（2）“炉山不夜”（明清时期：17—19世纪）

自明代起，当地逐渐建立起世代相传的生产习俗和行规制度。随着各家各户技艺特长的不断分化，“四户分工、各司其职”，并且“单向生产、经营独立”。同时，以族社为组织单位，整个镇区形成了“东三社”“西八社”的聚集格局。随着陶瓷产业的兴盛，明代中叶迁入了山西洪洞的大量陶工，之后便留下久居。相传明代陈炉窑场东西绵延五里，昼夜陶炉不息，呈现了“炉山不夜”的奇观。

由于陈炉生产不断扩大，常遭匪患，因此在四周修建起四个堡子，以作为瞭望、防御、阻击工事的设施。在《同官县志·民国志·建置沿革志》的“建有四堡”条下的附录记载：“在南曰南堡，北曰北堡，西曰西堡，西堡之南曰永受堡，均以瓷砖砌就，各约数十亩。除南堡外，各有居民二三家至十余家。其建始皆不可考，惟崔家堡系明崇祯丙子所建，四堡四方相向，各距三、五里，中为陶民所居”[②]。

至清乾隆时期，陈炉窑厂已有居民800户、陶瓷作坊百余家。陶业同期激发了贸易的兴起，使当地逐渐发展成为周边的集会贸易市场，出现了两条中等规模的商业街，而当前均已消失。据记载，陈炉有“东、西二街，东曰上街，西曰坡子。居民七百余户，为本县之首镇焉。陶瓷煤业均盛”[③]。此时每年农历四月、六月、十一月各过会三日，集日赶会人数达2000人。

（3）废坊合厂（中华人民共和国成立后：20世纪）

随着中华人民共和国成立后陶瓷厂的建立，传统家庭手工作坊的生产模式逐渐被工厂化生产取代。民居周围的生产用房及窑炉被逐渐拆除，生产与生活空间因此被分开。在集体统筹下，当地相继成立了7个陶瓷生产合作社和2个工农社，合作社的分布基本与传统聚落形态分布相吻合。

---

① 铜川市地方志办公室翻印. 同官县志［M］. 1985.

② 同上。

③ 同上。

1958年，7个陶瓷合作社进一步合并为国营大集体企业——“陈炉耐火材料厂”，经历数次更名后现为“中国耀州窑陕西铜川陈炉陶瓷厂”。在企业发展期间，大量小马蹄窑、小作坊被推倒，拆下来的砖块材料用于搭建陶瓷厂的大窑炉作坊，当地传统生产模式被彻底改变。

20世纪80年代，由于国内陶瓷制品市场行情看好，供不应求，使当地不断扩大机器化大生产，但同时也造成了大量环境污染。20世纪90年代，陶瓷市场逐渐被其他产品取代，陈炉古镇的经济随之衰落，在此期间镇政府陆续关停了许多小煤窑和采矿场。

（4）遗产古镇（21世纪）

2002年陕西省铜川市印台区委、区政府做出了陈炉的发展重点由陶瓷生产转向文化旅游开发的重大决定。之后陈炉被国家确定为中国民族民间文化保护工程试点项目，被陕西省确定为民间艺术之乡——陶瓷之乡。2006年，陈炉窑址被纳入国家级重点文物保护单位耀州窑遗址保护范围，耀瓷烧制技艺被列入国家非物质文化遗产保护名录。

陈炉古镇同时拥有大量物质文化遗产、非物质文化遗产和工业遗产，实属罕见。目前，镇区初步发展起乡镇旅游，但由于交通条件、基础设施以及知名度等方面的限制，来访游客数量非常有限。

2. 形态构成

古镇的形态构成中各部分肌理构成比较类似——尺度小、形状规整，这和当地的自然条件有很大关系：基地陡峻，没有大面积开敞平地提供给大型建造工程；气候恶劣，决定了适宜当地环境的基本建筑形式比较确定；地形崎岖，使外界的建造材料和建造方式不易介入并带来改变。在封闭的、以自给自足为主要发展方式的背景下，陈炉古镇形成了与地形融为一体的细碎而致密的肌理，根据功能的不同分化出不同类型的空间要素。

在这种基本形态构成中，依然可以大致分辨出五种更加具体的形态空间：普通的窑洞集群、大型窑洞、城堡、厂房和现代建筑。各类空间在城镇中分布的较为均匀（图5-3）。

（1）窑洞集群。城镇绝大部分形态由普通的窑洞集群构成，整体呈现出与山地融为一体的细碎而致密的肌理形态。其中每个方形体块是一个家庭单元，规模大

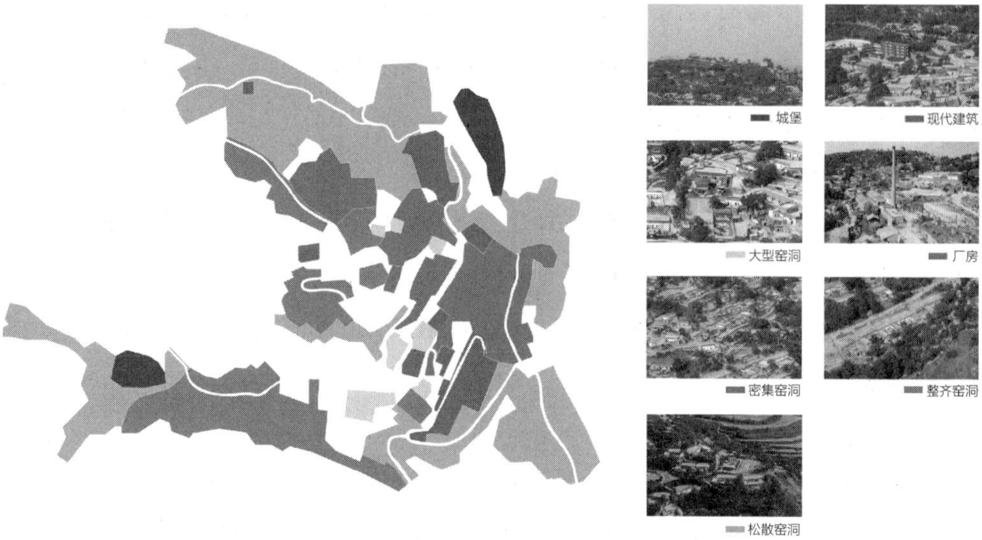

图5-3　陈炉古镇整体形态构成

致相同，若干单元结合在一起形成更大的聚集单位。体块内部是每个家庭的生活空间，上部则是开放的院落和平台。根据单元的排列情况，又可区分出密集窑洞、整齐窑洞、松散窑洞几种不同组织方式。

（2）大型窑洞。在窑洞集群中可以分辨出体量稍大的个体，它的占地面积大概为普通窑洞的2～4倍，并嵌套了多进院落。入院处设有形态精美的牌坊，院中建有二层塔楼，并覆以传统四坡屋顶的形式。这种大型窑洞一般是历史上大户人家的瓷坊，现多做展览馆使用。

（3）城堡。位于古镇东北处山头的北堡是目前唯一保存完好的城堡，除具有防御功能以外，它亦为当地的寺庙。西南侧的永受堡目前为遗址。

（4）厂房。城镇中心有若干处稍具规模的厂区，一般由2～3座厂房构成，并配合较大的室外空间平台，厂房布置走向仍遵从基地原始条件。

（5）现代建筑。古镇中的现代建筑主要包括学校、医院、商业街，多采用3～4层的大体量钢混建筑，与其他窑洞建筑形态有较大反差。

陈炉古镇表现出的高度统一并与自然环境相契合的空间实体，通过均质化的形态肌理构成，即较为相似的空间单元重复，表现出强烈的地方特色风貌。它代表了一种中国西部黄土高坡地区典型的、具有较强形态稳定性的“自下而上”小城镇形态。

5.1.2 欧洲案例：考布里奇

本节选择威尔士考布里奇（Cowbridge）为自然型小城镇欧洲典型案例。

在英国地区，与繁华的英格兰相比，威尔士以纯朴的风土民情和不受污染的自然风景著称。威尔士境内海岸线较长，山地较多，地区之间较为隔离。当地城镇大多规模比较小，在长期与环境气候的互动中形成了自然有机的空间形态，各具特色。威尔士历史上与欧洲大陆及大不列颠岛内势力之间战争不断，中世纪的战乱以威尔士和英格兰的统合告终，但当地人始终有较强的国家认同感。

威尔士在欧洲拥有较好的经济环境，自第一次工业革命以来，该地区经济结构经历了数次调整，在服务业逐渐成为主导产业的同时还保留了传统的农业和手工业。小规模的经济贸易在威尔士城镇的发展中一直占据举足轻重的地位，因此，传统城镇中经济街区往往非常发达。依托自由的经济活动，不少城镇中形成了颇具特色的市场与公共空间。在这样的城镇环境中，人们的生存状态积极而闲适，生活节奏较慢。

考布里奇位于威尔士南部的格拉摩根谷郡中部，地处威尔士首府卡迪夫（Cardiff）西侧11km的位置，通过快速公路相连。城镇始建于1254年，拥有近800年历史，是目前格拉摩根山区唯一一座保存完整的前工业聚落[①]，目前拥有约4000常驻居民（图5-4、图5-5）。

图5-4 考布里奇实景

① Stewart Williams. South Glamorgan——a county history［M］. Barry，Stewart Williams，Publishers，1975.

图5-5　考布里奇的区位和卫星图

1. 历史进程

考布里奇的历史进程大致可分为以下三个阶段：

（1）中世纪“城堡”（13—16世纪）

城镇最初于1254年由威尔士男爵理查德·克莱尔（Richard de Clare）在格拉摩根南部扩充实力的过程中建立。当他取得并开始行使当地治理权时，考布里奇地区还是两个分散的聚落——南部的兰博西亚（Llanblethian）聚落，以及新建立的由城墙围合的考布里奇（Cowbridge）中心区。新的中心镇区建立在古罗马路（Roman Road）和融河（River Thaw）交界处的平原上，这是往来威尔士两座最重要城市——卡迪夫（Cardiff）和斯旺西（Swansea）的商人短暂逗留的最佳位置，为日后经济城镇的建立创造了绝佳的条件。

为了抵御南部威尔士土著人的侵略，克莱尔男爵在中心区和南部高地分别修建了一大一小两座城堡，并由此塑造了两部分迥然不同的聚落形态：一个是城墙围合下的规整社区；另一个是自然有机的村落。而事实上考布里奇从未遇到过入侵，而城墙也从未发挥过防御作用，却渐渐充当了公共经济活动的边界。在当地自由贸易迅速发展的带动下，小镇在13世纪末的扩张程度大大超过了周边同等规模的城镇，这归咎于它积极发展了自由贸易（Trading），不像其他城镇建立于防卫的单一角度[①]。

① Stewart Williams. South Glamorgan —— a county history［M］. Barry，Stewart Williams，Publishers，1975.

（2）繁荣经济小镇（16—18世纪）

随着考布里奇逐步发展为威尔士四大中心经济城镇之一，1576年威尔士将国家大议会（Great Sessions）设立于此，使其拥有了更高的行政等级和更规范的管理模式。随着更多居民的迁入，城墙内部区域已无法提供足够的经济和生活空间。渐渐地，新的建设突破了城墙的界限，沿着古罗马路向东西两个方向伸出长长的触角，并延续了城墙内部的空间肌理模式。而随着区域间交通能力的提升，考布里奇成为卡迪夫和斯旺西之间必经的交通枢纽，这促进了大量旅馆的出现。城镇中心的经济样态逐渐变得更加丰富，公共生活更加繁荣（图5-6）。

（3）城市远郊社区（18世纪之后）

工业革命之后，在周边大中型城市快速发展的反衬下，考布里奇不再具有昔日重要的经济地位。在现代生活的变迁中，中心城市的聚集效应增强，城镇间的交通时程变短，使考布里奇与卡迪夫的关系进一步增强。目前，当地越来越多的居民倾向去卡迪夫寻找工作机会，但保留考布里奇的住处；也有卡迪夫的城市居民看中当地优越的居住环境，在此购得住处以度周末。近年，有若干新的居住片区在城镇外围建成，依仗自然地形向外蔓延，但中心区依然保存了较为完整的历史原貌。

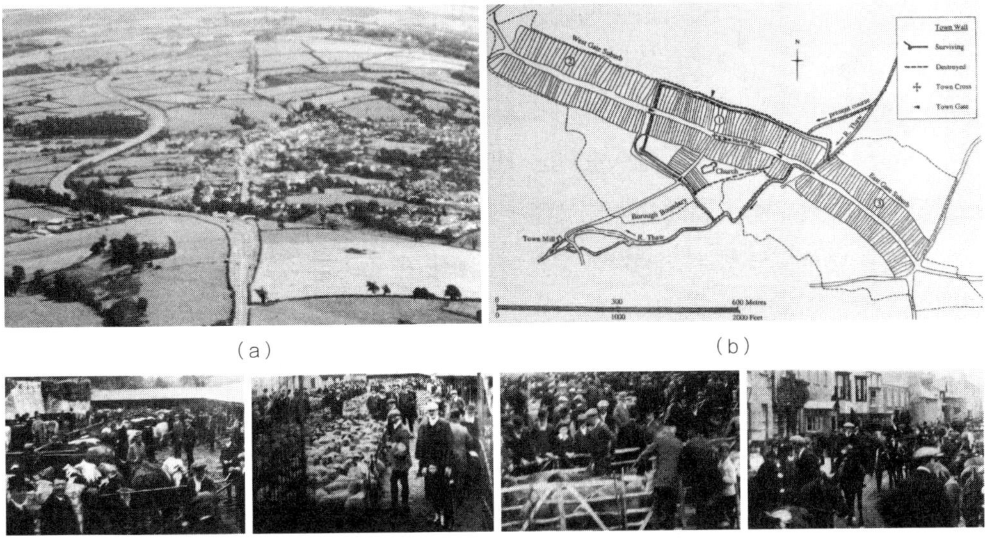

图5-6　历史场景
(a)：历史上的古罗马路；(b)：线性发展；(c)、(d)、(e)、(f)：集市场景

2. 形态构成

考布里奇形态的总体变化趋势为："图形"—线性—有机。在时间的流逝中，自然有机的形态属性在逐渐被强化，在整体形态的层面上表现出与地形更加紧密的契合度。当前城镇空间形态包括商业街、自由住宅、别墅、城堡、现代公共建筑、工厂、绿地和广场等几种不同类型，且各类空间的形态差异比较明显（图5-7）。

（1）商业街。商业街沿城镇中心的古罗马路形成，是考布里奇主要的经济活动发生地。大量商铺于道路两侧排布，商铺背侧布置纵向院落（也可视为小型广场），其进深大概可垂直排布3栋与商铺同等体量的建筑，由此形成了该区域独特的院落肌理。不少商业活动延伸到院落内部，与商业主街通过檐下通道相连。

（2）自由住宅。商业街的外围和城镇南部的兰博西亚区域保留了大量自由住宅，表现为威尔士传统乡村形态。该部分建筑年代久远，在时间进程中变化较少。

（3）外围别墅。近年来在城镇外围出现了独栋别墅区和联排别墅区两种形式，由当地开发商投资建设形成。该部分顺延自然地形布置，采用当地传统住宅形式，但建筑样式较为雷同。

（4）中世纪城堡。城镇中共有两个城堡：南部兰博西亚的城堡建于高地上，规模较小，主要用于瞭望、观察敌情，当前已基本废弃；北部的城堡则是利用城墙将中心区围合起来，以保护居住在内部的居民。北部城堡内部包括了领主的住处、花园、一座教堂，以及部分商业区，它是这座经济城镇生长的起点。

（5）现代公共建筑。近年来在商业街的背侧新建了若干现代公共建筑，包括超市、医院、活动中心、新的商业内街等。这些建筑采用简洁的现代形体和做法，但依照即存历史格局选址，并严格限定高度，并不影响主要区域的历史景观。

（6）工厂。城镇西北处有一处工厂，距离城镇中心区域较远。

（7）绿地和广场。商业街北侧和南侧各有一处开阔绿地，其中北侧绿地作运动场使用，南侧为休闲活动空间。

考布里奇表现出一种整体的自然有机形态，而这个整体是由若干异质性肌理构成的。在时间流逝中，构成城镇形态的肌理类型或空间类型本身有所发展变化，但增长部分的形态总体看来是自然有机的，逐渐与周边自然环境相融合。它代表了一种威尔士山区典型的自然有机且持续扩张的"自下而上"小城镇。

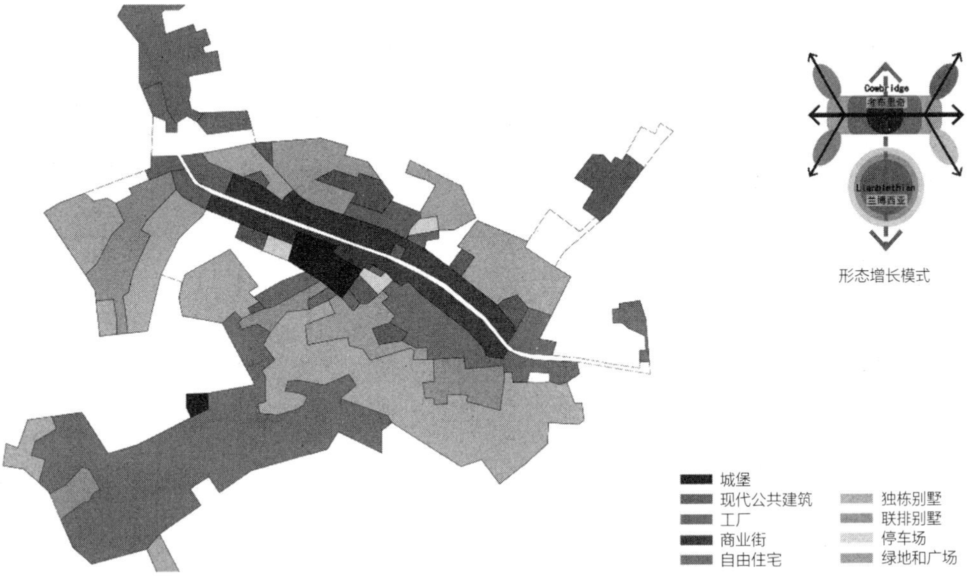

图5-7 考布里奇整体形态构成

5.2 自然环境的适应与融合

5.2.1 基本环境特点

1. 陈炉古镇的基本环境特点

陈炉古镇地处交通封闭、地形险峻、气候恶劣的山区。它位于北纬35°02′、东经109°10′，距铜川市区约15km。城镇四面环山，除北面山势略缓，其余三面山势陡峻，形成围合而封闭的空间。区内几乎没有平地，最高点海拔1500m，最低点海拔980m，相对高度500m左右，坡度10°～35°。内部沟壑纵横，可用于建设的用地非常稀缺（图5-8）。

多年以来，该地区的平均温度为8.6℃，1月平均温度-5.3℃，7月平均温度21.5℃，昼夜温差大。平均降雨量335.6mm，全年日照2354h，东北风向为主。常遇干旱、连续阴雨、暴雨、霜冻、大风等自然灾害，不利于农作物生长。

陈炉古镇所在区域属沉积岩地带，矿产丰富，煤炭、坩土、石灰石、陶瓷黏

图5-8　陈炉古镇周边的自然环境

土、墨玉储藏丰厚，同时盛产烧陶所用燃煤，使当地具备了绝佳的陶瓷烧制条件。该地区严重缺水，早期有两处泉水顺山坡上的沟壑自南向北流过，为当地居民提供了重要的水源。

由于陈炉古镇地理位置封闭，生产力水平较低，人员流动较少，长期以来形成了稳定单一的社会构成形式和较为固定的生产生活方式。

2. 考布里奇的基本环境特点

考布里奇地处交通便捷的丘陵地带。其地势南高北低：南部是连绵的小山丘，北部有丰富的湖泊水系，城镇所处位置相对开阔平坦。威尔士历史上最重要的交通路线——古罗马路（Roman Road）从这里东西向横穿而过，与南北向蜿蜒而过的河流、也是当地的重要水源——融河（River Thaw）交错，从而在区位优势的影响下形成了一个定居点（图5-9）。

威尔士南部为温带海洋性气候，全年寒暑变化不大。夏季凉爽而短暂，一般为每年6～7月，平均气温为13～17℃；冬季寒冷而漫长，从每年11月持续到次年3月，平均气温为4～7℃。同英国大部分地区一样，考布里奇日常天气多变，一天

图5-9　考布里奇周边的自然环境

之内，时晴时雨。晴天非常稀缺，只有在春夏季比较常见，冬季阴雨不断，年平均降水量约为1000mm。由于临近海域，当地不仅潮湿、多雾，还常遇大风、冰雹等极端恶劣天气。受高纬度的影响，当地昼夜长短的变化特别明显：冬季日短夜长，白天仅6小时；夏季则日长夜短。

虽然考布里奇的经济地位在历史上有所涨落，但总体来看，其所在地的政治局势和社会环境较为稳定，人员流动范围较小，在当地保持了比较统一连续的生活方式和经营方式。

5.2.2 适应自然环境

自然环境是城镇存在的基础，是存在于城镇形成之前的既定背景条件，是人们“描绘”城镇的“画布”。人们营建城镇的过程，即是将人工环境融入自然地形，并使其合理化的过程。地形本身存在的起伏、水流、边界等原始特征，是人们在居住环境构建过程中不得不考虑并接纳的因素。

1. 以地形为背景

陈炉古镇和考布里奇的城镇所在基地均有较为明显的高差起落，连绵的山地自然而然形成了城镇空间的背景。陈炉古镇所处基地被包围在高大的山体之中，山峦高耸险峻，形成了稳定而鲜明的山地背景；考布里奇所处基地被小山丘环绕，坡度平稳缓和，形成了尺度亲近并且视觉多变的围合空间。

（1）稳定的背景

陈炉古镇的整体形态表现出强烈的地方特征，可用“山化”来形容，即整个城镇与山体是“长”在一起的，山体特征即为城镇形体轮廓的特征。陈炉古镇周边山峦体量较大，在尺度匹配过程中，山体的形态特征更多表现在城镇的宏观和中观形态上，如若干建筑单元整体排列的态势、轮廓、韵律等方面。虽然在不同时代，城镇内部的建筑单元和空间场所略有调整和更替，但始终没有影响到“山化”的整体特征呈现，这和当地通过“山”表现出的整体环境的稳定性是分不开的。

“山”在面对人工建造途径的不断改变时表现出的“定力”，首先反映在坡地对所有建筑产生的标高影响。由于山体坡度较为一致，在不过多改造地形的情况下，不同位置所获得的建设平地大小是相近的。这种等高面的约束使不同规模的建

图5-10　山体与大体量建筑的对比

筑之间存在某种尺度的关联，也抑制了过大尺度建筑的出现。其次，由于山是所有建筑的背景，即使个别尺度较大的建筑出现时，也会衬托得十分渺小。城镇以山为屏，整体形态在视觉上首先呈现出的是山的轮廓，其次才是丰富的人造空间细节。可见，以“山”构成的宏大背景是陈炉古镇整体形态上的一个最明显、也是最稳定的特征（图5-10）。

（2）多变的背景

考布里奇的地形背景带来的是一种多样的体验感，即身处城镇的不同位置，可以看到城镇与地形的不同互动关系。其地形对城镇空间形态的背景塑造形式主要有以下3种：一是作为远处景观的天际线；二是作为从近处延伸到远处的下垫面；三是作为环绕的背景。

其中，当观察者身处开阔场地，城镇景观作为整体在远处出现时，山地便会呈现出一种天际线的效果，而房屋排列趋势强化了远处山体的浮动形势；当观察者身处坡地之中，地形则表现为一种倾斜的下垫面，展开具有连续性的城镇立体景观；而当观察者沿着山地道路行走时，则会出现近距离的包裹在地形之中的体验，此时山体表现出一种环绕的背景（图5-11）。

2. 顺应地形走势

人们在地形中构建具体的生存环境时，考虑到适应性与经济性，往往会采用顺应地形走势的方式，从而在较小的自然开采改造中实现人工环境与自然环境的有机结合。

（1）地形的二次刻画

陈炉古镇的城镇营造可被视为一种对自然地形的二次刻画。在城镇建设中，人工环境是在原始山体地形轮廓的基础上形成的，保留了最初的标高和坡向关系，地形改造的痕迹较弱。

从当前的形态构成中，可以看出具有微妙差别的单体建筑和室外空间组织形式，如更加偏向密集、整齐或松散的排列形式。总体来看，年代较近的建筑体量更大，对地形的改造更加明显，与之相配套的室外空间也更加规整。而近年翻新或重建的窑洞，与早期的窑洞相比，排列得也更加整齐。当地的空间实体类型随时间推移逐渐增多，表现为由单纯均质的肌理转向多种类型形式、功能、尺度空间并存的状态，反映出家庭及社群概念不断弱化、公共功能需求不断增强的生活方式的转变（图5-12）。

而这些变化始终是在固定的地形框架中实现的。建筑与周边环境的连接逻辑有一种法则的束缚，包括了房屋基底的标高、交通空间的走向、道路与房屋的衔接方式等，基本由客观条件决定。这种地形走势的限定，构成了陈炉古镇中微观地方形态特征的重要部分（图5-13）。

（a）远处景观的天际线

（b）从近处延伸到远处的下垫面

（c）环绕的背景

图5-11　考布里奇的几种不同地形背景

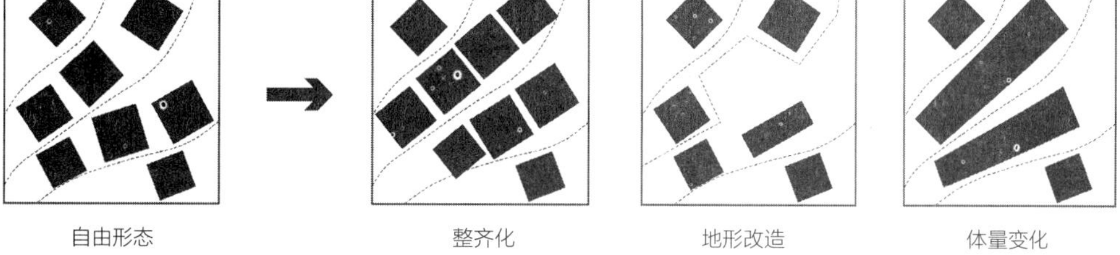

图5-12　肌理形态变化

图5-13 不同形体与坡地的关系

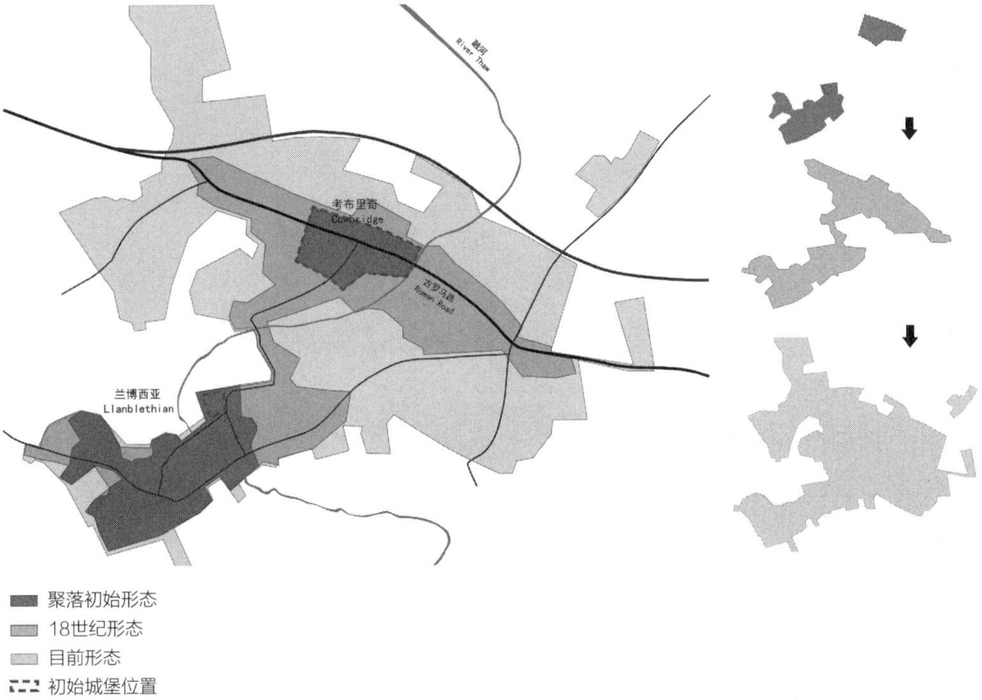

图5-14 考布里奇整体形态及边界变化

（2）顺应地形扩张

考布里奇当前的整体形态呈现出自然有机的特点，但在历史的不同阶段中其形态特点均有不同，总体变化趋势为："图形"—线性—有机。其中"图形"形态来源于16世纪前城堡边界的限定形态和地形中高地的限定区域；线性形态来源于16—18世纪的商业空间突破城墙限制，沿古罗马路向外延伸时形成的形态，并与地形中的低处平地的延伸方向一致；有机形态则是受到近年城镇边缘依自然地势建起的居住区的影响而形成的，顺应了不同区块坡地的形势（图5-14）。

3. 依据地形选址

在自然型小城镇的生长过程中，随着形态范围的不断扩大，更多的自然地形特征被显现出来，其形态的生长过程表现为不断根据地形条件选择、择居、扩张的过程。

（1）地形确定方位

陈炉古镇坐落于山体南侧，以获得充足的阳光。由于当地山体各部分地形险峻程度可谓一般，人们在选址、择居的过程中只能选择相对平缓之地确定居所的位置，并根据较大空地的分布构建生产场地。相对而言，防御性城堡的选址颇为讲究，占据了城镇四周山头的制高点，以获得监视周边敌人动向的视点。受此影响，居住房屋多分布在4个城堡连线范围以内的区域，形态分布较为自由随机。人们在城堡内部修建寺庙，使高处的防御设施与宗教空间合二为一。而山体高处的领域也由此被精神化、象征化，具备了“庇护”和“信仰”双重涵义，守护了城镇的边界，并成为当地人心中城镇领域的分界点（图5-15）。

（2）地形限定领域

考布里奇所处位置的地形表现为北为泊、南为山，中部有河流蜿蜒经过，形成一北一南两部分相对平缓的区域，而恰巧中心区与兰博西亚两个初始聚落的选址即位于这两块临河的平地上。在考布里奇生长过程中，两个聚落在蔓延生长中渐渐相连，但连接区段的形态始终细长，原因在于两者之间有陡坡阻隔，不易进行大规模建设。今天，城镇在历史形态的基础上进行了多方向的扩张，演生出的“触角”形态各异，位置接近却互不相连，原因也在于陡坡对建设环境形成了天然的隔离，限定了形态扩张的边界（图5-16、图5-17）。

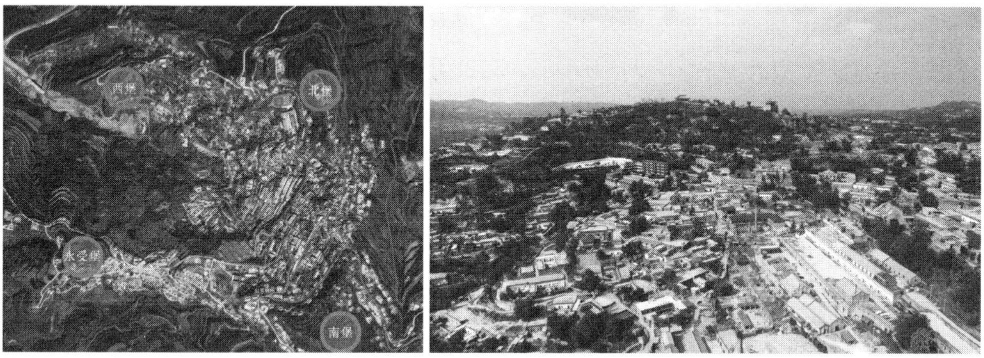

图5-15　陈炉古镇防御城堡的选址

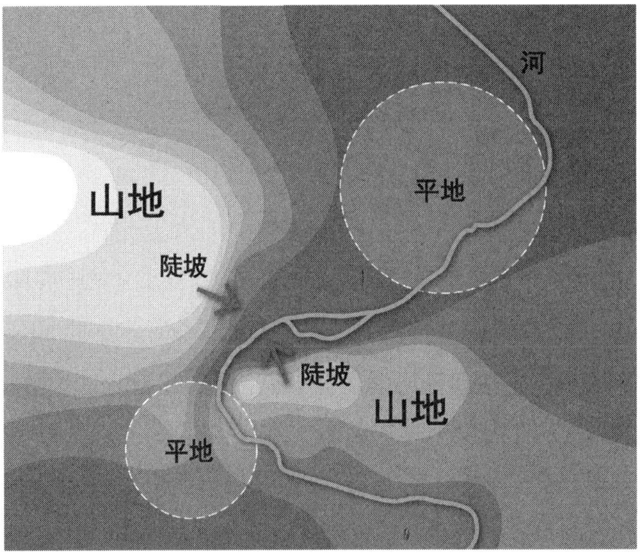

图5-16　原始地形

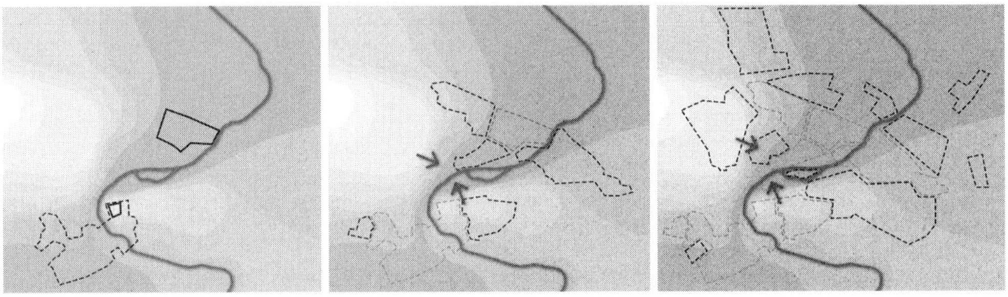

（a）第一阶段　（b）第二阶段　（c）当前

图5-17　地形与城镇形态的关联

5.2.3　融合自然语言

人们在城镇建设中通常采用的自然语言包括形体语言、材料语言两种类型。形体语言指在人工环境塑造中借用地形形势，将地形的空间特点与城镇立体景观相结合；材料语言指在环境营建中采用就地取材的方式，通过对周边自然材料的加工、组合，转化为人工环境的物质组成要素。

1. 塑造立体景观

在笔者走访陈炉古镇的过程中发现，不同于一般平地上的空间体验是偏向微观的。陈炉古镇的空间环境主要由坡地和平台构成，立体化的空间结构为体验者提供了许多中观层面的景观视点，这使居住在城镇里的人不仅在身体行动过程中体验到细微环境的变化，还会时时刻刻感受到整体氛围的影响。若进一步观察，则会发现中观景观中呈现出更多细节，而这些细节与整体在多处呼应，并取得了巧妙的平衡（图5-18）。

屋顶：由于山地环境建设用地稀缺，大多建筑的屋顶与室外活动场地是合二为一的。如此制约关系下自然而然催生出颇具特色的建筑形体：（1）平顶成为大多数建筑的屋顶形式；（2）建筑物彼此之间非常连续，而且这些建筑形体特征与周边自然形态特征的相似度很高：半露且富有棱角的几何形体本身就是山体的几何特征，而当屋面连续在一起时又勾勒出与之相应的坡度轮廓。可见人工环境只是将自然环境进一步切分成居住所需的尺度，它是宏观世界在中观和微观尺度下的再次刻画。

围墙：私人的屋顶和院落以及公共的道路和广场均是小尺度平地的形式，它们之间的界定需要利用围墙来划分标识。当地的围墙多以陶土砌筑而成，有些部分则

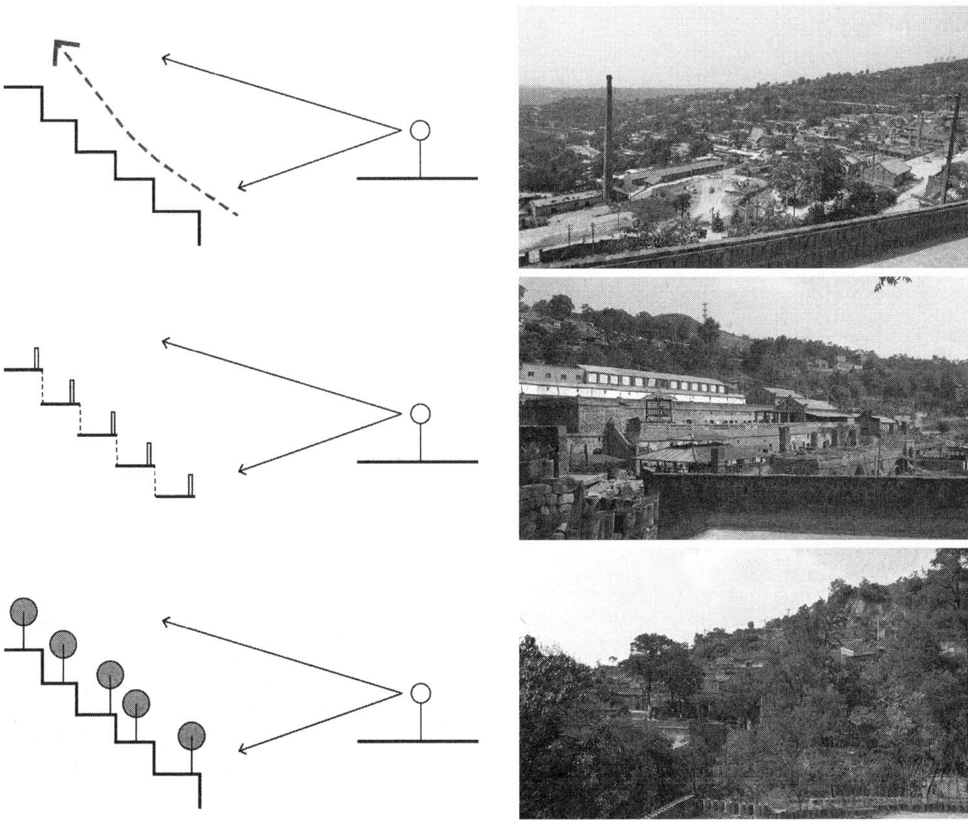

图5-18 中观景观

利用陶罐点缀装饰。比较各个窑洞建筑的形态可以发现，每家每户都有一定的个性化表达：墙面可粉刷成白色、土色或灰色，门窗、窑脸的形式各不相同，有些甚至差异很大。然而，由于围墙遮住了每个窑洞立面的绝大部分，无形中对不同的建筑之间进行了立面的“统一化”处理，从视觉上创造了协调一致的效果。

植物：当地建筑院落之中、院落之间、开放空间等位置种满了植物，使周边自然景观向城镇内部渗透。这些植物为简单的建筑形体注入了一丝生气，随着时间推移呈现出四季的变幻，人的生活与自然轮回便有了关联。在这种和谐共生的人地关系中，自然界对人的生活痕迹做了最大程度的接纳。

2. 统一环境要素

对于考布里奇来说，在铁路出现前就地取材是房屋建造的唯一选择，因此几乎所有的建筑都大面积使用了本地材料——石灰石。与此同时，环境建造也采用了相同材料：包括围墙、路牙、花坛等，无形中将建筑与环境统一为一个整体，并与远处的山地自然景观和谐一致。过去只有重要建筑才有机会使用从外地运输而来的材料，新的材料和元素的引入是从个别建筑的细节——如房屋的线条和转角中表现出来的。因此，窗户边框、门的样式、铁艺装饰等部位是当地建筑最具个性魅力的部分。今天材料的丰富性较以前已有了大幅度提高，并大范围运用在新建建筑上。尽管如此，当地人没有放弃传统材料的使用，尤其是在个体建筑与整体环境的连接处——基础、围栏、人行道等位置多使用本地石材，完成了整体环境的协调统一（图5-19）。

（a）铺地和建筑　　　（b）城门和围墙

图5-19　石灰石材料的运用——从环境到建筑

（c）背街建筑

（d）主街建筑

（e）新建建筑和围墙

（f）新建商业街围栏

图5-19 石灰石材料的运用——从环境到建筑（续）

5.3 居住与聚集逻辑

5.3.1 基本需求特点

1. 陈炉古镇的基本需求特点

陈炉古镇内部的居民大多是土生土长的本地人，它们依据家族聚集，并在当地形成了11个聚集社区，其中不乏明清时期从周边村镇迁入的陶工，而手工制陶又是他们养家糊口的基本手艺。他们将周边的自然资源转化为经济生产，进而创造收入以支撑内部的生活。

对当地人来说，在较为恶劣的自然环境中平稳、安全的生存下去，是其实现定居的基本需求。严苛的条件、多变的天气和周边不断出没的山匪，构成了陈炉古镇所在环境中的多种不稳定因素。因此，追求稳定性成为当地居民在城镇建设中首要考虑的目标，这决定了陈炉古镇中各要素的形态聚集逻辑和空间构成方式是趋于内向和静态的。

2. 考布里奇的基本需求特点

考布里奇长期以来的人群构成主要包括本地农民和外来商人。人们在追求安稳且健康的生活的基础上，利用区位优势和环境条件发展自由贸易，以获得经济上的增长。当与经济相关的公共活动被不断扩大化、正规化，就会吸引更多周边的商人加入到城镇中心的建设中去。

在城镇扩张的过程中，利用交通便捷的区位，为往来的商人提供足够的交易和停留空间，这成为城镇中心生长的内在动能。当经济空间范围不断扩大，塑造有秩序的交易空间，并让每个人在经济活动中获得存在感，这便是考布里奇作为区域经济中心得以持续健康运行的保证。考布里奇的城镇经济功能和丰富的内部构成人群，决定了它的空间组成形式是更趋于外向和动态的。

5.3.2 聚集的逻辑

在不受客观外力的情况下，自然型小城镇的空间聚集逻辑是依照内部群体需求自然产生的。城镇各部分空间的聚集方式通常与内部人群的营生特点相吻合，形成可以容纳特定生产生活轨迹的整体环境。在城镇空间内部的若干行为互动中，物化空间所呈现的也是不同人群之间共识性的达成。

1. 以社群作为单元

陈炉古镇中的各个空间单元并不是毫无规律、肆意混乱的组成整体的，而是在城镇整体的下一层级形成了聚居单元，也就是社区的概念。在历史中，当地同姓、同族的成员更倾向于聚集而居。在明代所形成的“东三社”“西八社”的分布格局中，“社”便是这样一种以家族为基础的社会单元。“社”的分布范围大约在3～7hm^2之间，包含几十户到上百户不等，可分为“宗社”和“门社”两种。其中“宗社”指一个群体里的人来源于同一家族，而“门社”包含了有限的几个

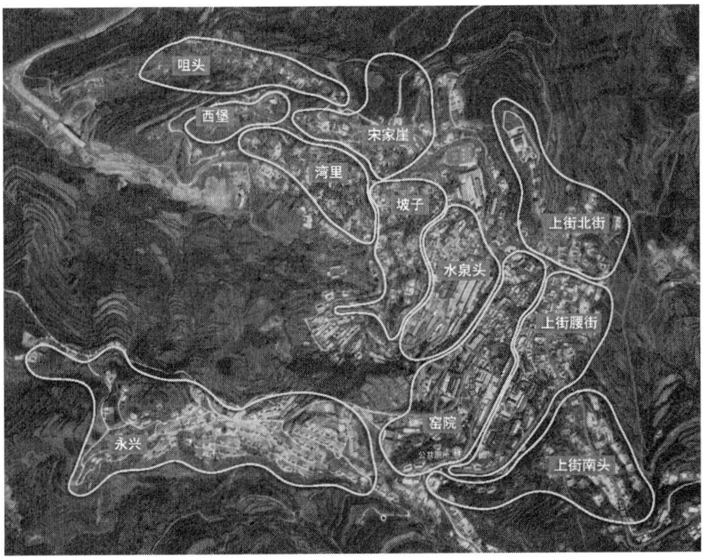

图5-20 11个“社”的分布

家族[①]。因此，在陈炉古镇中，相邻而居的家庭极有可能具有亲密的血缘关系（图5-20）。

同一家族的人不仅居住在一起，并且在生产上相互帮忙、分工合作。据记载，历史中每个家庭作坊是基本的生产单元，而每个“社”是基本组织单元。各“社”专长不同，根据工种可分为“瓷户”“窑户”“行户”“贩户”四大类，“四户分工、各司其职”，同时“单向生产、经营独立”[②]。这种以户专营的生产方式一直延续到中华人民共和国成立之初，而相应的空间集群分布的方式一直保留到现在。

2. 开放院落式街区

考布里奇之所以获得比其他城镇更多的经济发展机遇，主要得益于绝佳的区位——处于格拉摩根谷郡绝对中心的位置。它不仅守卫了重要的古罗马路，成为联系卡迪夫、斯旺西、布里真德、巴里等重要城镇的枢纽，而且临近格拉摩根谷郡的港口阿伯索，这使得它获得了与布里斯托、伦敦等其他英格兰城市互通贸易的机会。在19世纪末英国铁路普及之前，考布里奇在威尔士一直算是开放度和繁荣度较高的地区，远远领先于其他同规模的城镇。

① 李斌. 陈炉古镇传统民居院落及窑居建筑研究［D］. 西安：西安建筑科技大学，2008.
② 同上。

经济不仅影响了城镇本身的区位，也影响着城镇内部的空间构成和增长方向。最初市场出现的位置无疑成为日后聚集了最重要公共场所和服务设施的城镇中心。在城镇形成伊始，市场附近的建成区域规模不如山坡南侧的兰博西亚。但从今天看来，兰博西亚的生长扩张程度细微，大部分新建成的部分分布在以经济空间为中心500m的半径范围内。可见，经济空间是城镇内部的一个吸引点，无形中影响了新建空间的分布。

经济空间是整个城镇中最具特色、最有活力的部分，不仅其空间形态充满了戏剧性，而且还催化了丰富的公共生活（图5-21）。原本为抵御威尔士土著侵略而设计的城墙并没有发挥过防御功能，反而在实用中转变为维护自由市场秩序的边界，其中集市入场的收费处即设在城门的位置。在城墙围合的空间限制下，为了容纳尽可能多的商铺，每户商铺的基地被压缩的十分细长，并只分配到狭窄的门面。很多商户不满足有限的面街陈列空间，因此，很多背街的院落是与主街道直接相通的，通过檐下“洞口”的连接形成多处内向副街，从而扩大交易空间。在这样的空间催生机制的引导下，多分支、相互连通的街巷空间成为威尔士传统商业区的一大特色，形成如“迷宫”一般有趣的空间体验。这些“迷宫”的孔洞有的开敞、有的隐蔽，自然形成了日常偶发事件的舞台。当它们串联起来除了完善了交通系统外，更

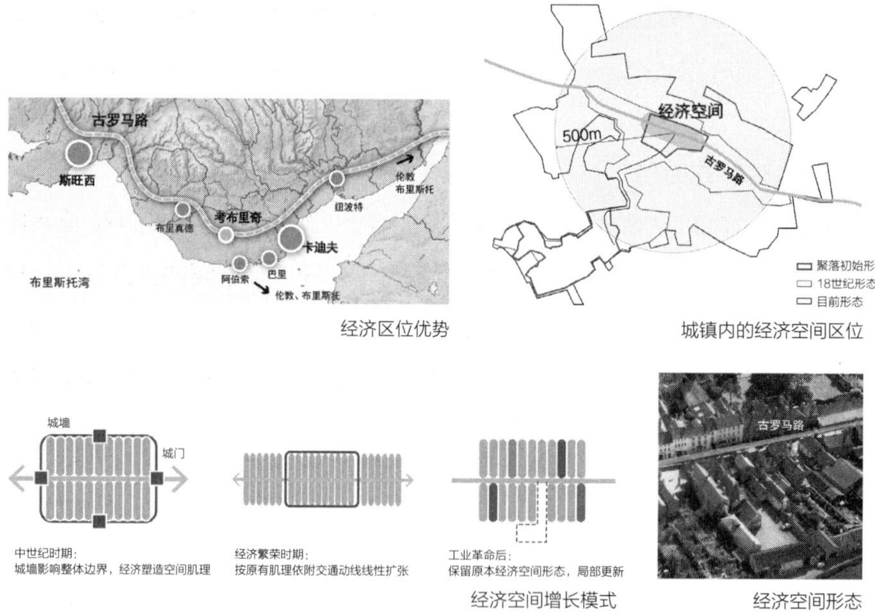

图5-21 考布里奇的经济空间

构成了丰富的娱乐场所——每当集市结束后的下午，年轻人就会集结队伍开始游行作乐，他们边唱边跳、走走停停，和街头艺术家互动。有些外地的商人日程结束了便会在镇里的小旅馆停留下来，继续欣赏音乐和品尝美酒①。

在近800年的历史中，考布里奇的经济水平一直保持一定的活跃度，其经济空间与模式会随外界环境的变化做出适度的调整。16世纪城墙内部的空间无法满足市民的生活需求时，新的公共交易市场（一座猪市、一座牛市）建立在了城墙西侧，成为最早外移的人居活动空间。之后引导了一系列新的建设活动从城墙东西两侧向外延伸，但习惯性的维持了原本细长的单元空间比例。20世纪以后，由于铁路和工业的影响，考布里奇的传统市场虽然逐渐失去了往日的光彩，但在不断调整中逐渐找到了适应现代生活的新形式。值得欣慰的是，传统的“多街巷细长型”商业空间大部分保存完整，并依然占据着当地经济空间最主要的部分，只是经营的内容更加贴合现代生活。部分纵向街巷被整体改造成全新的商业内街，而新出现的大型超市和娱乐综合体均隐蔽的建设在街道背后，通过一个个历史的“洞口”连接（图5-22）。

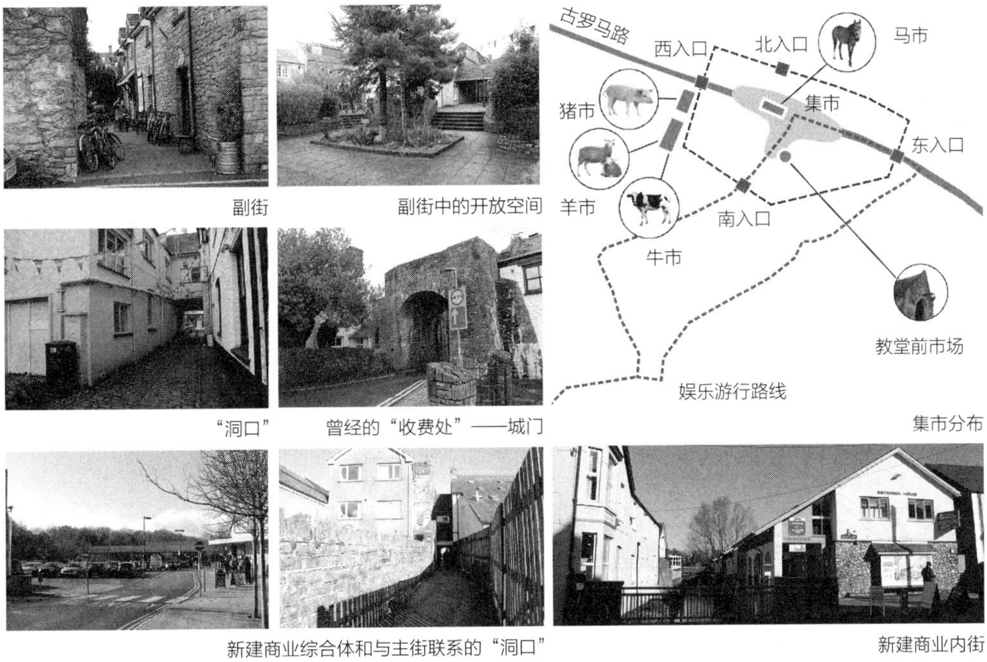

图5-22 经济空间样态

① Jeff Alden. How well do you know Cowbridge?［M］. Cowbridge：Cowbridge Record Society，2005.

5.3.3 居住的形式

陈炉古镇和考布里奇的居住形式均是建筑地方化的具体呈现，从长期的时间进程来看表现为稳中有变的单元建设方式。其中陈炉古镇的居住形式长期稳定，采用了因袭式的建筑语言；而考布里奇不同时期的居住形式稍有演变，主要用于迎合不同时代的使用需求。

1. 特定的建筑语言

窑洞是黄土高坡地区普遍采用的一种建筑形式，从古老的“穴居”形式演变而来。根据具体自然环境状态，窑洞建筑可变现为不同的形式：塬地窑洞建筑利用断层式的地形，将多进院落与窑洞水平向连接，将窑洞作为最后一进院落的尽端；平地窑洞建筑采用向地下挖坑的形式，将居住空间组织在地平线之下；坡地窑洞建筑则由于受限于统一标高的基地面积限制，体量一般比较小，大部分居住空间嵌于山体之内，并依山就势将窑洞群建设成阶梯状，而陈炉古镇即为此类窑洞群的典型。

陈炉古镇中一部分窑洞已建有百年之久，而年代较晚的窑洞构型则基本没有变化。陈炉古镇所处区域并不算是宜居之地，当地人根据极端的地形、气候和有限的资源，创造出独特的与环境相适应的窑洞建筑形式，不仅经济集约，而且冬暖夏凉。与地面建筑相比，窑洞建筑形式受到的自然限定要素更多，更不容易发生变化。同时，由于陈炉古镇所处地理环境闭塞，外界的建造材料和技术方法不易传入，因此，人们长期固守本土的环境建造方式（图5-23～图5-25）。

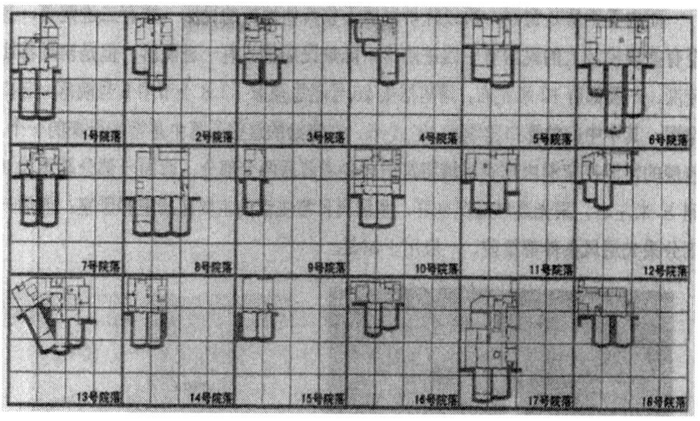

图5-23　陈炉古镇中的各种窑洞平面

在窑洞建筑中，每个向山体内部延伸的“洞”可以看作是建筑的一个房间，宽度大约为4～5m，进深可达10～15m。每户院落的尺寸不一，一方面受限于基地环境，另一方面与“洞”的模数相关。如果基地够大，可以布置3个“洞”，则相应的院落边长可达“洞”宽的3倍，即15m左右；若只能布置2个“洞”，则相应边长为10m左右。

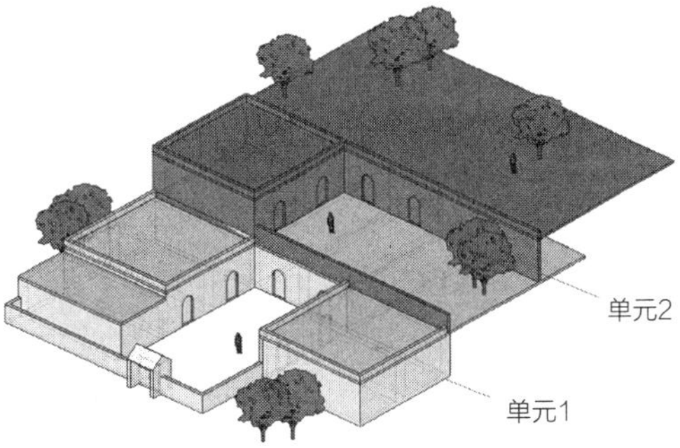

图5-24　两个窑洞单元

受地形高差影响，不同标高的相邻建筑部分上下重叠而建，下面一户人家的屋顶便成了上面一户人家的院子。由此，单元空间之间产生了一种“不分你我”的关系，单元领域的界限是模糊的，现实生活中的空间利用带有一丝“共享”的意味。

在环境的制约下，当地人的日常起居、房屋建造、经济生产等多方面的生存要求只能通过利用有限的自然资源来创造实现。制瓷是陈炉古镇生产生活的“命脉”，这个过程充分体现了当地人“靠天吃饭”的生活方式，具体表现在：

经济：瓷器制作是每家每户自古传承下来的生活技能，是重要的甚至曾经是唯一的家庭收入来源。在祖祖辈辈传递工艺的过程中，这项生存技能已成为一种家庭习俗。目前，当地共有国家级陶瓷大师1名，陕西省工

图5-25　窑洞形态

艺大师3名，同时修建了若干工艺展示厅。一些普通家庭还将住处改建成陶工艺展示和体验教室，用另一种方式延续当地的生产文化。

生活：陶瓷器具种类极多，其本身就是家庭必备的生活用品。小到日常三餐饮食所需的碗碟，大到储备所用的瓶瓶罐罐，以及各类装饰艺术品，都与瓷具相关。陈炉古镇居民通过自己的劳动为生活的消耗提供源源不断的补充。

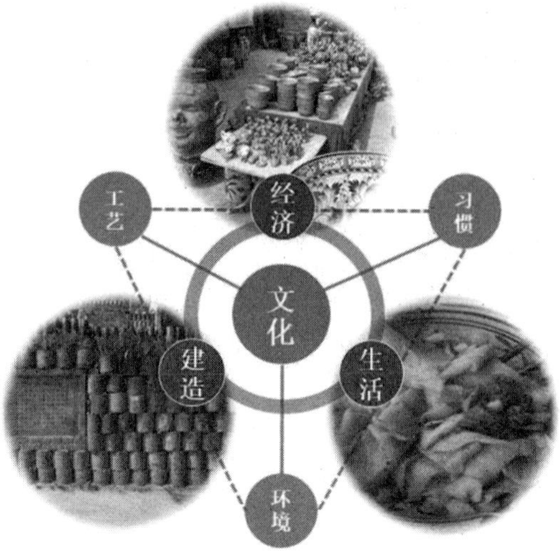

图5-26 文化构成

建造：当地居民对瓷器制作工艺要求很高，有瑕疵的瓷器一般不再出售。为了物尽其用，这些瑕疵品成为墙体或围栏的装饰，久而久之便转变成当地独特的建筑语言。即便是残缺不全的瓷器也能找到再利用的方式：打碎成瓷片嵌入铺地的花纹中。这种细微的建造是每个居民力所能及的，进而形成了整体环境的魅力（图5-26、图5-27）。

在自然生态框架下，经济、生活、建造这几方面融会贯通，并共同构成了陈炉古镇的文化内核。最终，当地人实现了一种用生活方式创造经济价值，又将日积月累的生活经验转化到空间环境中的生存智慧。而这种生存智慧的显著表现，即是由当地人创造的，基于自然环境、社族文化和生产技艺的“自下而上”的城镇营建途径。

2. 不断演变的形式

相对而言，考布里奇中历代出现的建筑形式在不断演变。当地的居住建筑可概括为两种类型：联体式和独栋式。联体式建筑主要分布于商业街两侧，主要是商人的店铺和居所；而独栋式建筑早期为散落在山间的自由住宅，主要是农民的居所。

商业街巷包含了大量不同年代的联体建筑，在此区域相邻的建筑紧密的依靠在一起，有些则共享同一山墙。主街背巷保留了少量出现于16世纪之前的老建筑，它们是典型的传统威尔士民居，墙是用厚厚的石灰砂浆砌成的石板筑成的，顶部由

（a）铺地

（b）围墙

（c）女儿墙

（d）栏杆

图5-27 环境细节

板岩顶板搭建。主街上现存的大多数建筑诞生于16—18世纪，并在之后经过不断修整。它们多为砖混或石板结合砖砌的建筑，门窗和转角等建筑细节则出现了更多变化——这是新的材料和工艺传入时最先得到表达的部分。主街中心区段的建筑则要更“华丽”和现代一些，它反映了18世纪之后的工业建造工艺。这些建筑的空间基本结构没有太多变化，即它们对城镇轮廓的贡献始终如一，而材料工艺的更新使其表现出更加丰富的空间细节。

独栋式建筑的变化则要更多一些。由于基地条件的限定比较宽松，户主可以更加灵活地选择自己的房屋形式。尤其在近年，城镇中比较偏僻的区域出现了和传统住宅完全不同的现代建筑形式，是住户特意雇佣专业人员设计实现的。

近年来在城镇外围新建成的居住片区，是由开发商和设计师“批量”设计和建造而成的，其形式和本土其他建筑大体一致，多为两层坡顶的独栋或联体房屋，而

图5-28　不同时期的居住建筑形式

且群体的整齐度和一致感明显增强。由于当地多采用单次小规模开发，每次“批量”建造的房屋规模有所控制，并倚仗原始地形布局，所以总体保持了城镇的自然有机形态（图5-28）。

5.4　本章小结

本章的主要结论包括以下几点：

1. 分别以陈炉古镇和考布里奇作为中欧典型案例，分析了自然型小城镇的整体形态特征和对应的形成方式。陈炉古镇始终表现出高度统一并与自然环境相契合的空间实体，通过均质化的形态肌理构成，表现出强烈的中国黄土高原地方特色风貌；而考布里奇表现出一种由若干异质化肌理合成的整体，其中空间类型在时间进程中有所发展变化，但增长部分的形态总体看来是自然有机的，并逐渐与周边自然环境相融合。

2. 自然型小城镇以环境为导向的形态形成途径，表现为人工环境与自然环境相适应并融合的过程。城镇空间适应自然环境的方式包括以地形为背景、顺应地形走势和依据地形选址；而在城镇建设中融入自然语言则包括了塑造立体景观和统一环境要素两种具体的途径。由于自然型小城镇所处地及周边的社会环境较为稳定，城镇形态表现出连续变化的特征，其中陈炉古镇表现为内部更替，而考布里奇表现为渐次递增。

3. 自然型小城镇以需求为导向的形态形成途径，表现为按照内部群体需求自然产生的聚集逻辑和稳中有变的单元建设方式。陈炉古镇中的居民在严苛环境中以追求稳定性为首要目标，这就决定了各要素的形态聚集逻辑是趋于内向和静态的，具体表现为以社群为单元的固定组团；而考布里奇的城镇经济功能和内部构成人群的丰富，决定了它的空间组成形式是更趋向于外向和动态的，由此形成了开放式的院落街区。具体的居住形式进一步印证了不同城镇内部人群的生活需求，但均在演变中保持了地方化的基本空间形式和体量关系。

6

层叠型小城镇聚落的空间形态演变与营建

本章的研究对象是层叠型小城镇，它们通常是坐落于城市周边，与城市关系密切，并被赋予特殊职能的小城镇。层叠型小城镇的发展变化一般与周边某一个或几个城市紧密相关。由于与城市具有较强的供需关联，上级城市的“特殊需求”往往也是影响城镇发展方向的一个重要因素。这种超越自我发展的“特殊需求”与城镇内部自发的生长和交杂并行，呈现出一种“自下而上”与“自上而下”相辅相成的生长方式。

本章分别以中国上海浦东区的新场古镇和比利时布鲁日周边的达默小镇为中欧典型案例，从多时段形态构成的角度分析“自下而上”与“自上而下”并置形成的空间特点，而且进一步区分不同城镇的环境和需求特点，并着重分析以复杂环境和多元需求为导向的城镇营建途径。

6.1 层叠型小城镇聚落典型案例

6.1.1 中国案例：新场古镇

本节选择新场古镇为层叠型小城镇中国典型案例。

新场古镇位于上海市浦东新区中南部，地处黄浦江东岸，距上海市中心约36km，距浦东国际机场约20km。它是原南汇地区的四大镇之一，拥有1300年历史，曾经有“金大团、银新场、铜周浦、铁惠南”的说法。新场古镇下辖13个行政村、7个居委会，古镇区现有居民一万余人。近几年，新场镇先后获得了“中国历史文化名镇”“中国民间文化艺术之乡”“国家卫生镇”等荣誉称号（图6-1～图6-3）。

1. 历史进程

新场古镇的历史进程大致可分为以下4个阶段：

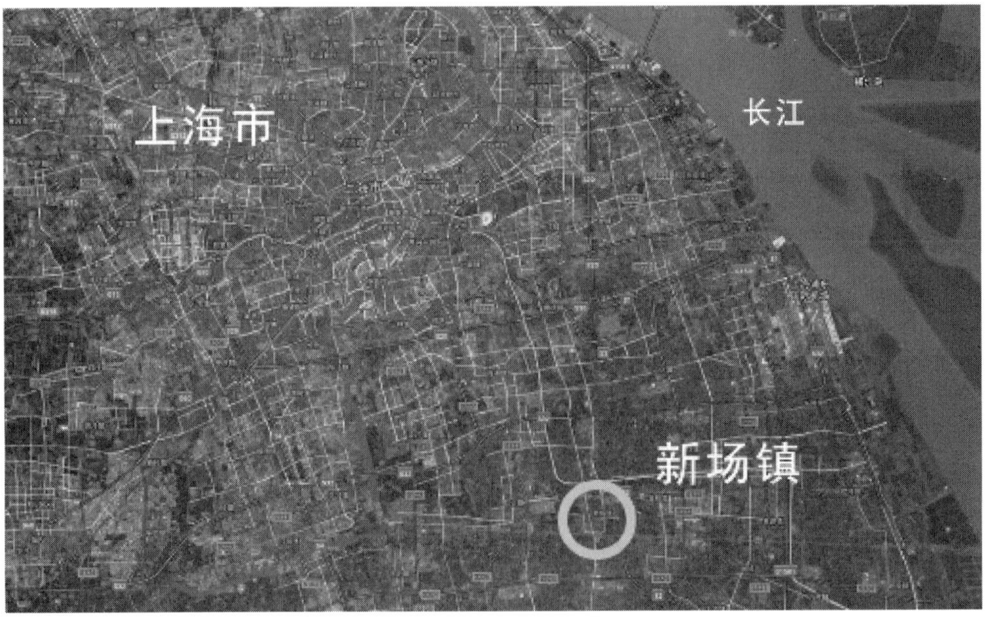

图6-1　新场镇的区位

图6-2　新场古镇实景

（1）“新的盐场”（约8—14世纪）

新场原名石笋滩，是紧邻海洋的岸滩。新场建镇于南宋建炎二年（1128年），得益于南宋两浙盐运司署的南迁，寓意为“新的盐场”，并由此得名新场。在此之前，当地已是大量盐农、盐商生产交易之地，尚未成镇。此时新场主要居住区聚集在目前集镇的北部，在衙署附近形成了一定居住区域，成为新场镇区空间发展的起始。在此期间，“井”字形水网支撑了宋元盐场的发展，久而久之形成了城镇发展的结构骨架。南山寺、北山寺占据南北两端，形成“北衙南寺”的空间格局。

图6-3　新场古镇航拍

（2）繁盛街市（14—17世纪）

明代是新场商业发展的鼎盛时期，繁荣程度甚至一度超过上海县城。随着海岸线东移，与镇区距离渐远，新场古镇慢慢丧失原本优厚的制盐条件，逐渐从单一的生产场地转向以商业贸易为主的小镇。

此时镇区最主要的商业街——新场大街已经形成，它与后市河平行，北部延伸至北油车，南部延伸至南山寺，长约2000m。在这种格局下，商户可在临街侧开设店铺，在背街侧依靠水路运输货物，布局方便合理。同时，在东西向的六灶港（后名洪桥港）的北侧，一些大户人家及各类商行纷纷落户，逐渐形成另一条由洪东街、洪西街组成的重要商业街道。由此，总体形成了南北长东西短、以“两河两街”[①]为骨架的商业街巷格局，并在水陆交汇处形成洪桥、包桥两个商业及生活中心。由此城镇格局基本成型，并一直延续至今。

（3）世外桃源（17—20世纪）

明代中期以后，新场镇常受倭寇骚扰，北部区域略有萎缩迹象。道光十八年（1838年），新场至大团间所有盐场全部停产。

然而，清代仍是新场繁荣发展的一段时期，如今可见的传统建筑群和河岸景观大多形成于清末民初，形成“江南人家尽枕河”的风貌。当时，在良好的经济条件支撑下，文人雅士开始追求生活的品质。他们临街开铺的同时，在住宅对岸修建花园，形成一居一园的模式，由小桥连接，颇有世外桃源之韵。这种居住模式在新场大街至后市河之间区域广为流行，形成“河街四进”[②]的独特格局。

个体建筑大量修建的同时，镇区的公共设施也在不断完善。五灶港和六灶港在此期间进行了疏通拓宽，形成现在的洪桥港、包桥港，可供轮船通航。

（4）古今交映（20世纪至今）

中华人民共和国成立后，由于生产公有制改革，镇区个体生产、经营的方式被公共生产模式取代。包桥港东侧修建了大片工业厂房，沿河道排开并形成工业岸线。

如今，新场处于大浦东中南部地区，既是南北中部产业带辐射范围，也是东西小城镇发展带覆盖范围，区位优势明显。“四纵四横+轨道交通”的路网布局、迪士

---

①“两河两街”指洪桥港、洪东街—洪西街、后市河、新场大街。

②“河街四进”指“街—宅—河—园”四个层次的单元空间。

尼乐园的带动辐射、张江工业园区的联动效应等，为新场的发展带来了新的机遇。近年来新场周边的快速道路被修建起来，新的商业区、商品房将老镇区包围，现代建筑同传统肌理交叉渗透，逐渐形成新旧交融的状态。

随着当地的历史文化价值和非物质文化遗产被不断发掘，新场镇先后获得了“中国历史文化名镇”“中国民间文化艺术之乡”“国家卫生镇”等荣誉称号。目前，新场古镇被定位为以生活居住、旅游观光、商业服务、文化经营为主要职能的小城镇，正值当代转型的探索之中（图6-4）。

2. 形态构成

新场古镇位于新场镇域中心，近年来在外围出现了比较密集的现代建筑聚集区，主要以多层或高层住宅区和现代服务设施为主。本书不过多讨论这些新出现的现代建筑区域，而将研究主要集中在反映历史生长脉络的古镇范围内。形态研究区域为北、西，南侧以城市道路为界，东侧以新港为界划定，共1.65km^2，此范围与历史文化风貌区基本重合（图6-5）。

在研究范围以内，当地呈现出多种风貌交叠、多重异质空间并存的状态。以“两河两街”为核心，由内向外表现出传统风貌向现代风貌的过渡（图6-6）。

当前整体形态中的空间类型主要有以下几个方面：

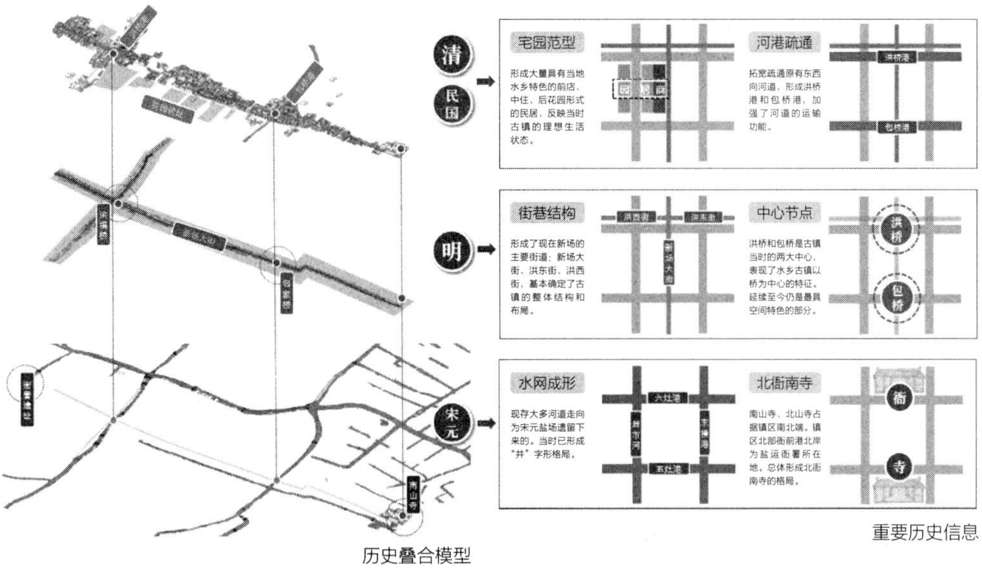

图6-4 历史信息层叠

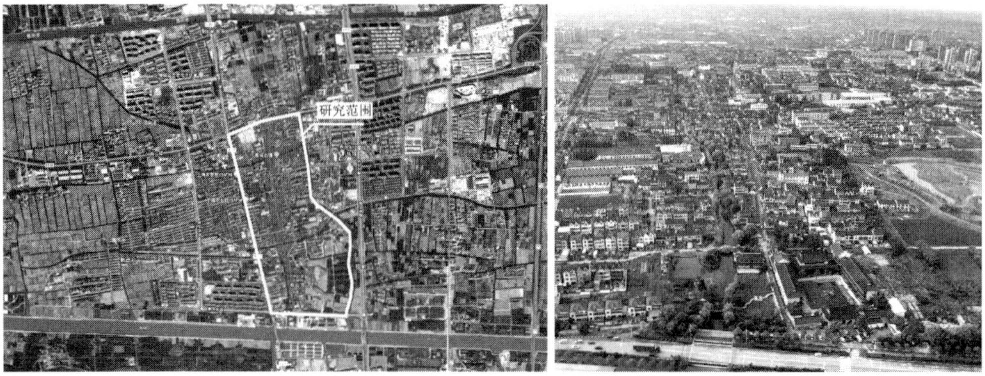

（a）新场卫星图　　（b）老镇区鸟瞰

图6-5　形态研究范围

图6-6　新场古镇整体形态构成

（1）河道。古镇内部共流经4条河道：南北向的后市河、新港，以及东西向的洪桥港、包桥港。它们是浦东地区河网的组成部分，于宋代之前已经形成，是历史上重要的交通空间，河上桥梁数目众多。

（2）老街。与后市河平行的新场大街以及与洪桥港平行的洪东街、洪西街是古镇中最重要的商业老街。街道狭窄，为纯步行空间，两旁商铺林立，各家独户经营，保留了数量众多的老字号。

（3）老民居。古镇当前保存了30余处合院式传统民居和沿街商铺，以单层或二层为主，砖木结构居多。民居紧邻街道和河道排列，形成连续的沿河界面。由于横跨河街，大多民居具有双向入口，使院落成为可穿行的空间。

（4）工厂。工业厂房多集中在包桥港东部北岸和后市河西侧，当前大多已弃用，部分正在进行功能改造。

（5）公共建筑。当前保存下来的历史公共建筑为位于古镇区南端的南山寺，以及位于东后老街西侧的杨社庙。现代公共建筑主要包括各类公共服务设施，如医院、学校、商业综合体、政府办公楼等，布置在古镇区外侧。

（6）周边住宅。老民居集中区域的外侧是大量现代住房，其中一部分是独栋住宅，多由居民自发建成，以缓解老民居的居住压力；另一部分是多层住宅小区，分布在更临近外侧公路的位置。

（7）农田。古镇东南侧保留了一整片农田，当前几乎处于闲置状态。

从整体形态中可以看出古镇区和周边的现代区呈现了两种空间组织模式和风貌。其中在历史中缓慢形成的古镇区以河道和老街为形态组织轴线，老民居沿着以上线性空间分布排列，形成“逐水”或“逐路”而居的情形。其形态呈现出多年代梯度叠合的状态，表现出：宋元——地理格局；明——街道结构；清、民国——建筑风貌。它们混合形成3种空间层次、4种历史投影。

6.1.2 欧洲案例：达默小镇

本节选择比利时达默小镇（Damme）为层叠型小城镇欧洲典型案例。

达默是位于比利时西弗兰德省（West Flender）北部的一座古城/自治市，距离布鲁日东北方向6km，有900年左右的历史。目前，自治区域共有人口

10899人[①]，总面积89.52km^2，其中老城区约1100人（2006年统计）。由于临近旅游热门城市布鲁日，同时本身拥有大量保存完整的历史建筑和景观遗产，达默日前逐渐成长为一个文化旅游古城，也是布鲁日附属旅游景区（Side Trip）。很多去布鲁日旅游的游客不忘顺便一睹这座小城的风采（图6-7、图6-8）。

1. 历史进程

达默小镇的历史进程大致可分为以下4个阶段：

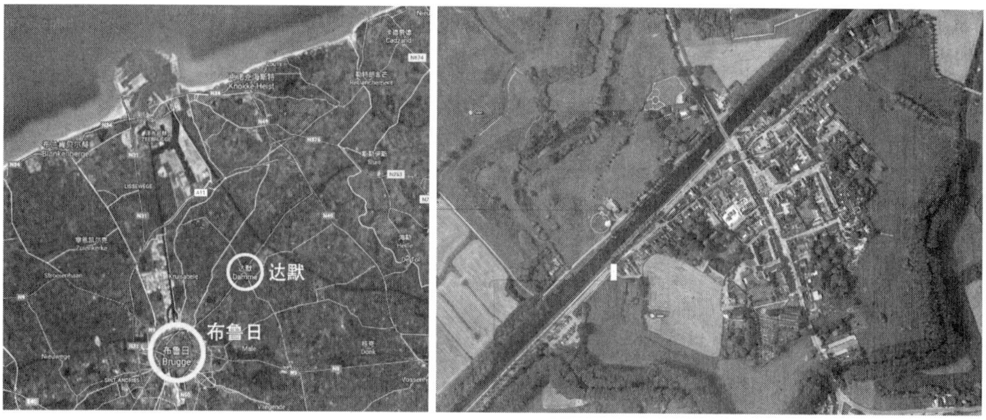

图6-7 达默小镇的区位和卫星图

图6-8 达默小镇实景

① 除了达默，还包括其他7个村子：Hoeke，Lapscheure，Moerkerke，Oostkerke，Sijsele，Vivenkapelle，Sint-Rita.

（1）运河贸易小镇（12—16世纪）

公元10世纪起，弗兰芒地区出现了包括布鲁日在内的最早城市，它们通过与东欧、南欧、拜占庭和东方的贸易得到了很大发展。在达默出现的前几百年内，整个弗兰芒地区处于封建割据的局面，而达默城镇的发展与维系基本依靠当地公爵的组织和保护。由于新航道的形成，达默成立不久就迅速发展成当地重要的港口，并由于葡萄酒、鲱鱼等产业的兴起在13世纪迎来了经济的繁荣和城市的兴盛。然而14世纪运河沙积，加上连续不断的战乱和洪水灾害，达默出现了微弱的衰败。15—16世纪，地方政府希望通过采取一些措施对城市进行恢复。除了复建市政厅和一些美丽的房屋，管理者计划并实施了布鲁日及达默最早的系统规划，着重考虑了防洪、水道及其基础设施的建设。其规划成果可以在荷兰皇家制图师雅各布·范德文特（Jakob van Deventer）完成的城市地图、波巴斯（P.Pourbus）的水利图、杰伦斯（M.Gerards）的城市地图中看到[①]（图6-9）。

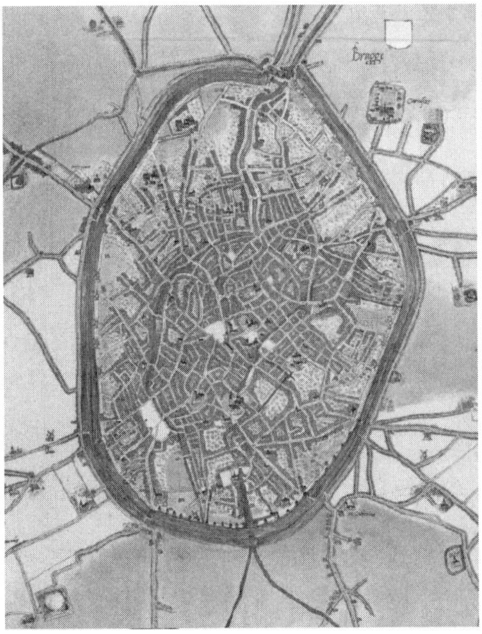

（a）Jakob van Deventer完成的布鲁日地图

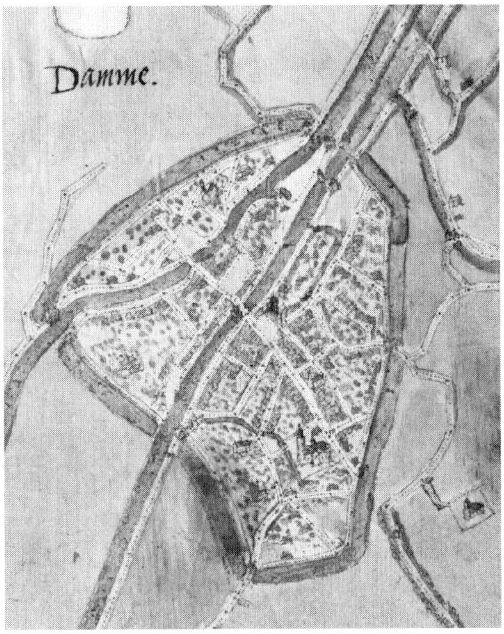

（b）Jakob van Deventer完成的达默地图（1550—1565）

图6-9 中世纪的城市地图

① Devliegher L. Kunst Patrimonium van West-vlaanderen: De Sint – Salvatorskatedraal te Brugge inventaris [M]. Den Haag, Lannoo, 1960.

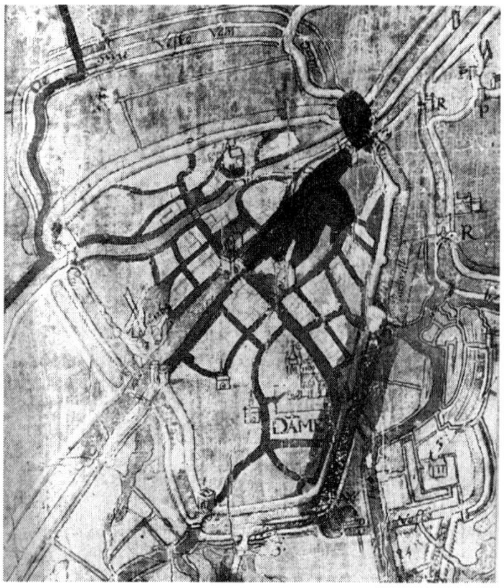

（c）P. Pourbus的水利图（1574）

（d）M.Gerards的城市地图（1562）

图6-9　中世纪的城市地图（续）

（2）水上星形卫城（17—18世纪）

16世纪末起，达默进入了一个政治动荡的时期，在短短的两百年中，该地区两次易主，先后经历了被法国和奥地利占领①。这一时期，多边形城堡作为一种防御措施在西欧被广泛接受②。1616年，在运河晋升为军事路线的过程中，为保护布鲁日，达默被建造成为一座堡垒（图6-10）。棱堡式的城墙和护城河被强行套用到原先的城镇平面上，边缘地区建立了军营、哨港、弹药库，中心区域维持原样。这段时期，在弗兰芒地区正常的经济贸易活动被打乱的情况下，城市建设的速度也大大放缓了。

（3）新航道流经地（19世纪）

1749年比利时地区被法国占领，进入了拿破仑统治时期，自此达默的军事功能消退。1755年比利时北部海域再次遭遇飓风，中世纪的河道已无法通过船只。为了重新启用航运功能，拿破仑计划修建一条新的运河——达美（Damse）。在这

① Devliegher L. Kunst Patrimonium van West-vlaanderen: De Sint – Salvatorskatedraal te Brugge inventaris［M］. Den Haag, Lannoo, 1960.

② 斯皮罗·科斯托夫. 城市的形成——历史进程中的城市模式和城市意义［M］. 单皓，译. 北京：中国建筑工业出版社，2005.

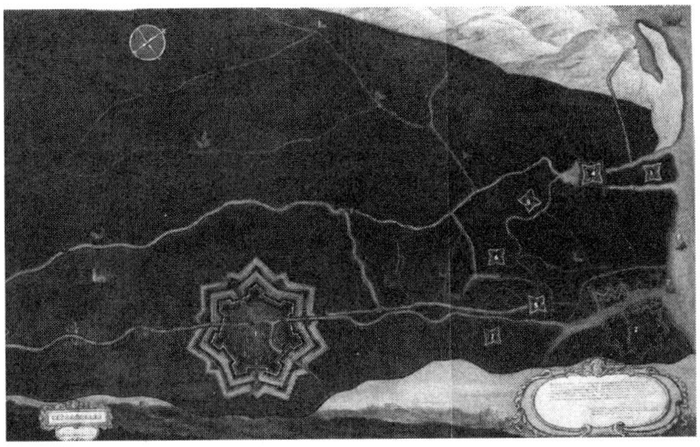

（a）1660 Damme-Sluis地区的军事路线设置

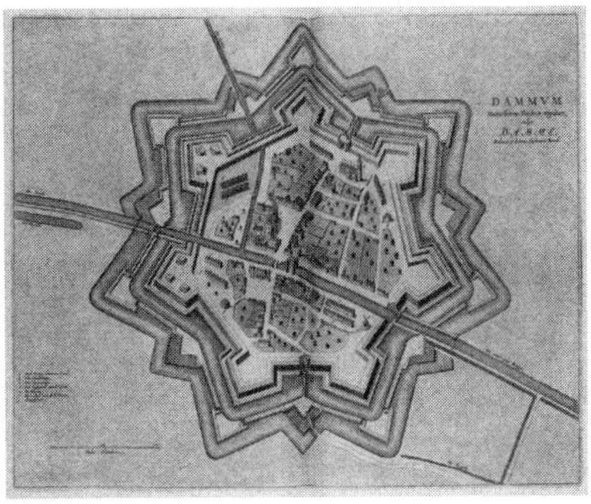

（b）J.Blaeu绘制的达默平面图（1649）

图6-10 驻军时期地图

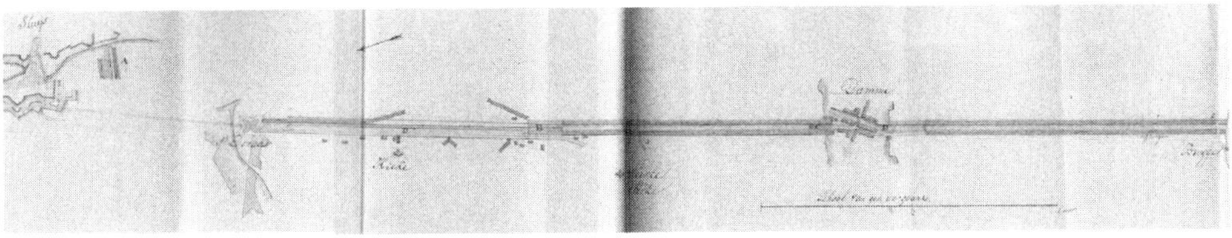

图6-11 新航道设计
笔直的河道设计（1814），可以看到在达默市内河道方向被改。

一过程中原有的河道被加深和拉直，并直接改变达默市内河道的流向，从北侧建成区域穿过。为了实现这一工程，拿破仑安排了土地和建筑物的征用，并于1819年拆除了18栋房屋[①]。由此运河北岸部分的城市被毁灭，今天所能看到的历史城镇仅为南岸部分（图6-11）。

（4）景观旅游城市（20—21世纪）

1830年比利时独立成为君主立宪国，一直延续至今。布鲁日在19世纪下半叶成为世界第一批观光胜地之一，2000年整座城市被评为世界文化遗产。在这一背景下，弗兰芒社区于2001年创建达美景观图集，规划了包括达默在内的34.5km运河旅游休闲景观带[②]。一方面，人们已意识到，达默的城市景观是珍贵的文化遗产，必须加以保护；另一方面，积极升级城市基础设施系统，使其满足现代生活和

① Jan Hutsebaut en Tom Vermeersch. De Damse Vaart［M］. Grafische dienst province West-Vlaanderen, 2015.

② 同上。

旅游的需求。新运河助力了达默旅游事业的发展：成为游船、自行车、汽车线路的载体，也为游泳、赛艇、溜冰等传统活动提供了场所（图6-12）。

2. 形态构成

达默的城镇形态表现为差异性历史要素的层叠：星形的边界、自由布局的房屋和街道、笔直的运河等（图6-13）。具体形态构成包括以下几个方面：

（1）星形边界。小镇的星形边界是17世纪的城防设施遗留下来的痕迹，当前城墙已不复存在，但沿城墙外围开挖的护城河还部分保留。如今星形河道一侧修筑了自行车道，并沿岸种植绿化，营造为慢行景观带。

（2）运河。小镇中心的运河宽约30m，两侧各留有7m宽的车行道路，是连接布鲁日和北海的重要航道，当前仍保持船行功能。城镇中的商业主街Kerk Straat与河道垂直相交，形成双向十字路口。运河南侧是小镇建成区的主要所在地，北侧有

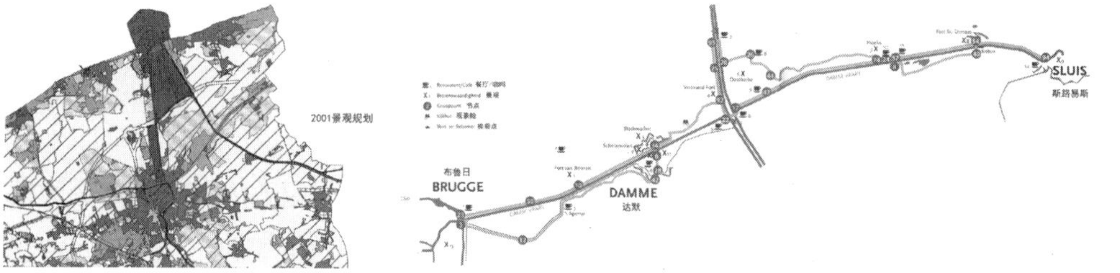

图6-12　运河沿线景观规划

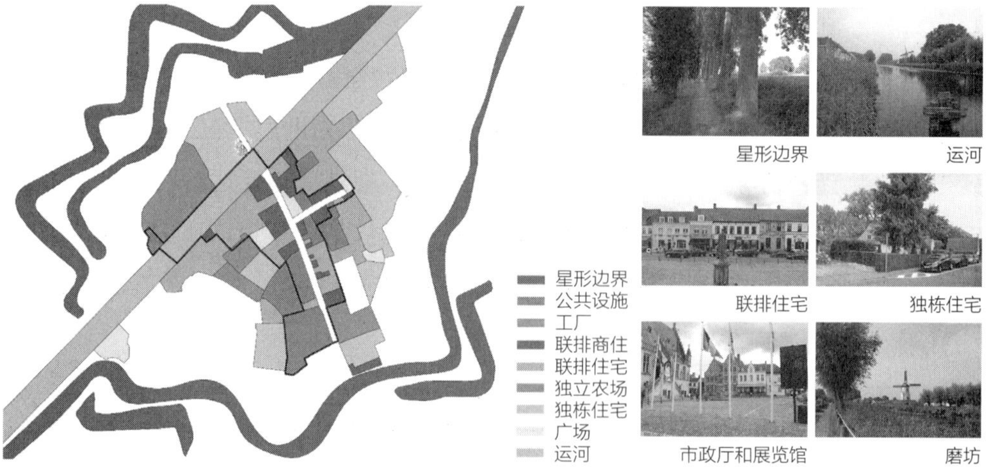

图6-13　达默整体形态构成

零星房屋，相对独立。

（3）联排住宅。街道两旁整齐排列着联排住宅，多为2~3层的弗兰芒传统红砖尖顶建筑，房屋后侧为内向花园。主街Kerk Straat以及Jacab van Maerlant Straat两旁的建筑多作为商住混合使用，沿街一层被用作餐厅、酒吧或书店，其余地段为住宅。

（4）独栋住宅。小镇外围边缘地带散落了一些独栋住宅，它们有些是年代较为久远的农舍，还附带农场。而有些年代较近，则是自带院落的现代别墅。

（5）公共建筑和设施。包括位于城镇中心的市政厅、展览馆，南部的医院和教堂，以及运河北岸的磨坊，它们构成了当前主要的旅游地标。

达默小镇的形态由多重特征的历史要素层叠而成，各要素具有鲜明的形态、年代、风格、功能，它们看似相互矛盾，但又恰如其分的组合成一个整体。异质性与协调性的共存是达默小镇形态构成中的一大特点。

6.2　自然优势的顺应与利用

6.2.1　基本环境特点

1. 新场古镇的基本环境特点

新场古镇的环境特点与海岸线的变迁是分不开的。1300年前，在长江和钱塘江河口泥沙的冲刷下，太湖东部地区逐渐形成了向东海延伸的陆地突起，在海塘生长过程中形成了新场古镇的前身——石笋滩。该位置原为下沙盐场的南场，地势平坦、水网密集，极为适宜盐业的生产、集散、运输，是当时盐民用海水晒盐的场所。后来海滩慢慢向东生长，盐场产量降低，逐渐演变为盐民居住和交换商品的地方。

新场淡水资源丰富、河网纵横密集，它是整个镇区形态结构的重要组成元素。当前两横两纵的河道，均形成于宋元时期。东西向的河道有五灶港、六灶港，并承担了历史上主要的运输功能；南北向的河道有后市河、东横港，是新场当地生产生活的衍生脉络。河道网络为后续街道的形成、各功能区的分布乃至各时期生活方式的建立产生了至关重要的影响，也是江南水乡气质形成的自然铺垫。

新场古镇常年气候温和宜人，属亚热带气候，是东亚季风盛行之地。其四季分明，冬夏长、春秋短。年平均气温在15℃以上，冬季日平均气温在7℃左右，夏季日平均气温为28℃上下。年平均降雨量为1000多毫米，一般夏天多、冬天少。初夏季节，由于北上的南方暖湿气流和南下的大陆冷气流在长江中下游地区相对峙，形成“梅雨”。

2. 达默小镇的基本环境特点

达默临近加来海峡，是比利时历史上内陆通达海域的重要渠道。这个水上渠道的形成得益于地理的变迁：1134年的一场暴风雨在布鲁日东北方向塑造出一条天然海道，不久在堤坝区的下游出现了一个便利的交易场所，并进而形成一个小的定居点，这就是在自然和经济的力量下共同催生的达默。达默所处位置地势平坦、水网密集，东北方向建有密集的堤坝区，使达默免遭海洋洪灾。该地区同时期出现的堤坝和港口小镇也不止达默一个。在中世纪海上经济发达的时期，这类港口贸易小镇的兴建是一种现象（图6-14）。

受沿岸流经的北大西洋暖流的影响，该地区属温带海洋性气候，全年温和多雨、气候湿润。由于地势较低，海水的涨落对该地区形成较大的影响：海面涨高时会带来凶猛的洪水；海水褪去时又易形成沉厚的沙积。因此，在达默的历史中，河道的频繁改建过程也是当地人与自然水患不断抗争的历程。同时，由于当地自然资源贫乏，资源对外依存度较高，不得不依赖与外界的频繁交易。

在漫长的历史中，达默小镇所处之地政局动荡、战争不断。在900多年的生长进程中，达默先后经历了神圣罗马帝国、西班牙帝国、法国等不同政权的统治，并

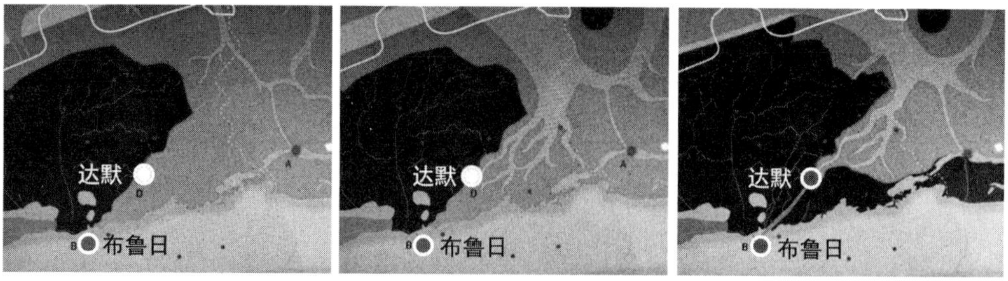

（a）1050年　（b）1134年　（c）1200年

图6-14　达默周边海域变化

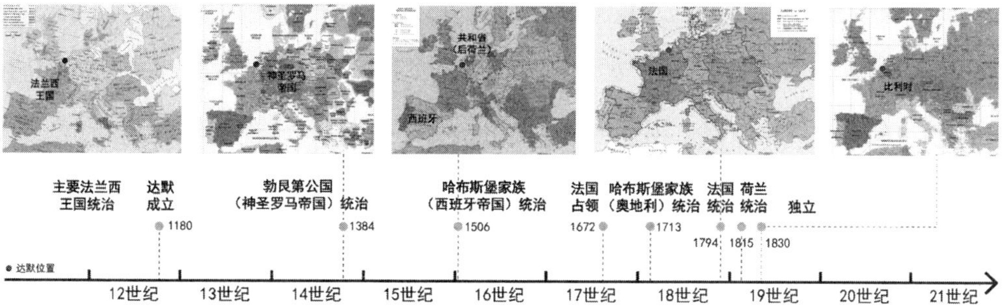

图6-15 比利时及达默地区历史上的权力变更

在曲折的历史中经历了数次角色的转换。区域政治环境的不断改变造就了达默小镇社会环境的不稳定性（图6-15）。

6.2.2 利用自然优势

人们在建设城镇的初期往往会利用自然优势进行基础的环境改造，而这种改造同时受到了大区域的地理环境和社会环境的影响。两个案例所在之地均为靠近海域的水网密集之处，城镇倚仗水系获得了交通优势，并具备了生产之源，因此，“水”无疑是与城镇发展最密切的环境优势条件。城镇形态的组织分布与水网形态积极相关，其中作为中国江南水乡的新场古镇表现出逐水而居的特点；而作为比利时运河小镇的达默则通过塑造与河道垂直的街巷系统形成了便利的港口活动空间。

1. 建立河街系统

在历史中，人与水系的亲密关系首先来自于对其交通功能的依赖。尤其在运输货物时，水路交通比陆路交通更加快捷方便、节省人力、经济高效，因此，越是生产能力强、有运输需求的地方，水路通航需求就越大。新场古镇便是利用水系航运功能发展出河街系统的典型案例，并以此为基础形成了独特的水乡生产生活方式。河街体系的结构、功能、细节在数代人的建设中被不断拓展、延伸，空间内涵也在逐渐变得丰富、立体，缓慢形成了当前的水陆格局。

（1）方位布局

在很长一段时间内，新场地区天然的水网系统和临近海域的制盐条件是当地居民创造生产生活方式的主要动力，因此，空间形态的分布与自然资源的区位关系直接相关。其中，“北衙、南寺、东场、西市”的格局与区域交通、水网布局、海岸线的位置相互对应，形成了便于制盐生产、集中管理、交易运输的布局形态。

（2）“井”字结构

新场古镇的历史区域集中分布在“井”字形河道周边，城镇生长高度依赖于河道空间。古镇内部空间整体呈线性分布，街道与河岸空间构成了主要的公共活动场所。在4条河道中，南侧的包桥港和东侧的新港主要用于通航，尤其是货运的功能，其河道较宽，临近盐场。而北侧的洪桥港和西侧的后市河除了交通功能之外，也是当地居民日常生活和经济活动的发生地。河道两旁房屋密集，并修建有大量精致小巧的码头、埠头和桥梁，勾画了新场古镇的生活景观。

（3）复合系统

大多民居、街巷的分布与河流的走向一致，得以方便地利用水上资源和航运条件。民居的另一侧是平行于河道的商业街，由此形成了双层平行的水陆交通系统。这种复合系统为当地居民提供了一种经济高效的空间模式：既可以紧邻街道开店营生，又可以直接利用河道日常出行和补充物资。而由于后市河和新场大街有一定进深距离，通过布置多进院落住宅，便可以获得宽敞舒适并兼具私密性的生活空间。在水街复合廊道的结构组合中，街道、河道及两者之间的巷弄宅院形成整体带状空间，构成了高效的日常运行系统（图6-16）。

2. 开辟水上渠道

达默小镇的形成过程是利用自然地理条件的变化，开辟水上渠道、构建航运系统，以及不断加强沿海堤防建设和优化生产及居住条件。中世纪时期，类似的城镇建设方式在荷兰—比利时地区非常常见。由于这一地区地势低洼，人们需要长期与海上的侵袭和河流的泛滥作斗争，修筑水坝、填埋潮汐湿地，并在海岸沙丘的泥沙地上开辟出可以供人居住的土地。

（1）改造水系

达默小镇位于泽恩（Zwin）海域堤坝区的下游，城镇整体受到东北方向的堤坝区保护，成为整个区域航运水系上的一个支点。因此，当地水系的改造也是顺应大区域形势而为，尤其是根据周边的重要城市布鲁日的需求来谋划的。从严格意义上来说，达默的形成依赖于区域水系的“规划”，早期城镇即是依照地形和水势而

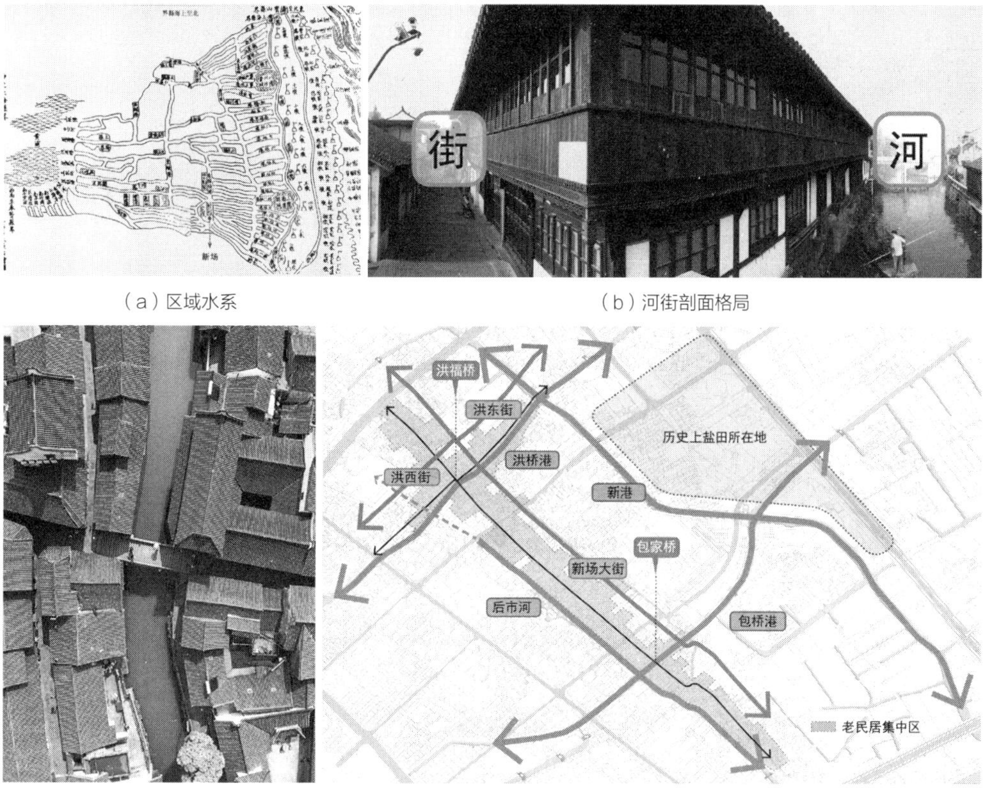

（a）区域水系　（b）河街剖面格局

（c）河街局部鸟瞰　（d）水陆系统

图6-16　河街系统相关信息

勾勒成形的。在此基础上，为形成定居点而修建运河、堤坝以及护城河，通过人工建造保证城镇足够安全、适宜居住。“水的因素”在达默形成的过程中至关重要。虽然经过人工改造和修正，但空间的形成是建立在其本身自然禀赋和生活需要之上的，所以依然呈现出仿佛自然塑造一般的不规则形态。而水的作用不仅支持了交通、农业、生活，最外层的运河——“壕沟”还具有防御功能（图6-17）。

（2）形成生活空间

在当地，一些规模较大的堤岸顶部自然形成了公路，并跨越水道与之相交。陆路与水路的交叉点往往会形成城镇，而城镇的重要建筑，如市政厅、市场一般位于交叉点上[①]。这种情形促成了另一种“逐水而居”的模式——城镇依附水系而建，

① 斯皮罗·科斯托夫．城市的形成——历史进程中的城市模式和城市意义［M］．单皓，译．北京：中国建筑工业出版社，2005.

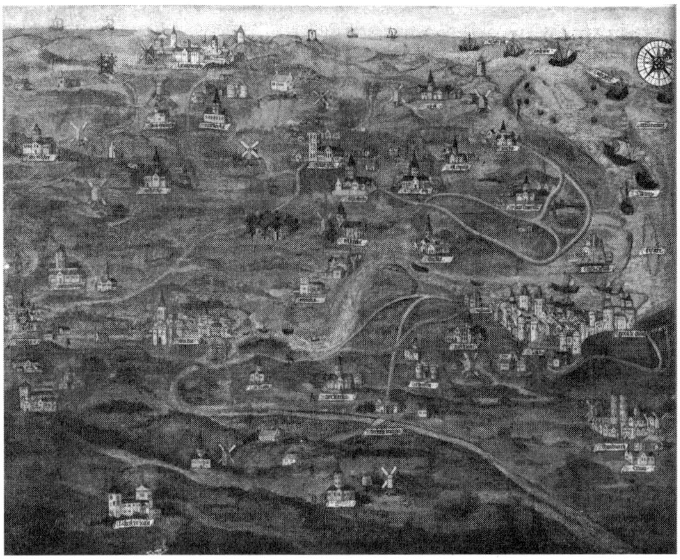

图6-17　泽恩地区的水上经济路线

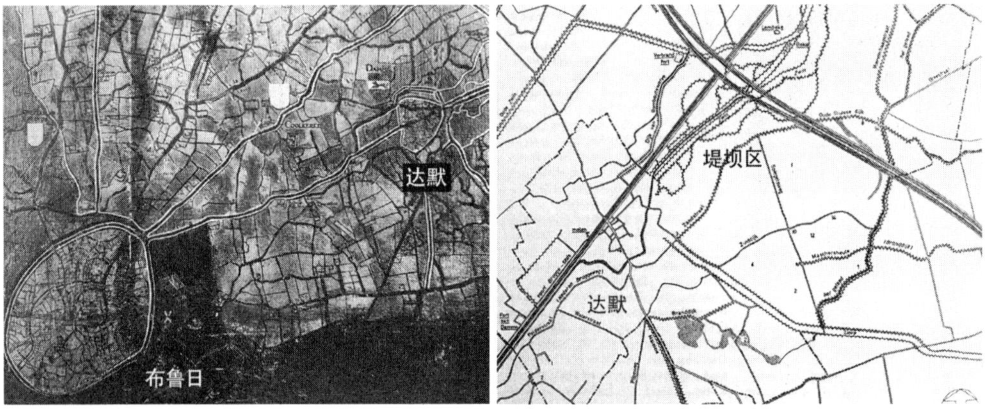

图6-18　达默周边的水系

而主要道路走向和房屋排列方向与水系垂直，并向不同方向衍生出地块，整体呈现为团块状。

在水陆交叉的“十”字形结构基础上，达默逐渐形成了多向扩张的紧凑空间。其中道路系统的布局非常密集，大多与河道呈垂直角度，以保证大部分建筑距离水边的路径足够短而且方便。市场占据了城镇最中心即主运河两边的位置，这不仅为了方便对外联系，还与经济活动是当时最重要的公共活动有关。可以看出，自然、经济和生活仍然是早期城镇形成的主要推动力，定居的形式是由使用者根据客观条件塑造而来的（图6-18）。

6.2.3 顺应时局的形态变化

在临近城市的情况下，社会环境的变化亦会给城镇自身的形态发展带来一定的冲击。两个案例在生长过程中不完全是自给自足式的，而是不断产生内外交换和经济流动的。其中新场古镇的职能是由级别更高的政府决定的，城镇发展始终与区域经济水平相关，交通和公共设施在其中得到优先发展，并保持开放灵活的特点。而达默小镇由于临近并服务于布鲁日，它自身的发展受相应政治形势和区域建设的影响，既容易得到正向的带动，也会受到逆向的干预。

1. 区域职能角色

自宋代起，新场地区盐产量居浙西27个盐场之首，产量占1/3以上，是重要的盐品加工和运输集散中心，盐商频繁来往于此，每年可为政府提供大量税收。基于这样的先天优势条件，浙江盐运使司选择此处设立分司，成立下沙南场。当时南汇还没有设立县，新场当地却有了比县更高等级的衙门①。行政等级的升高进一步促进了当地盐经济的繁荣和人员的往来，河道也因此变得更加重要。当时新场的中心位于当今小镇的北部，在公共空间和生产空间率先发育较为完整的情况下，又形成了规模化的居住空间（图6-19）。

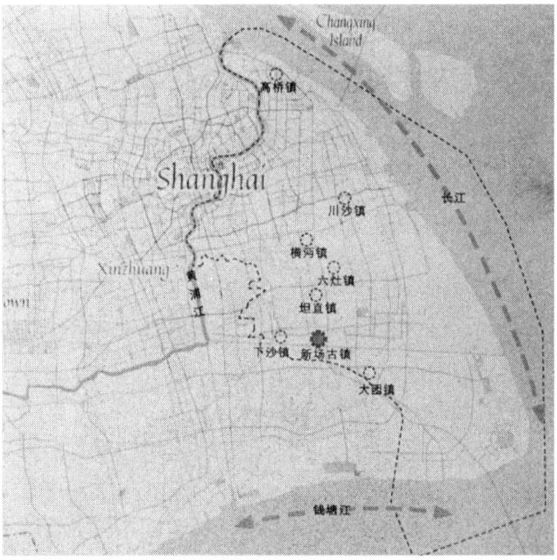

图6-19 新场周边的盐场

新场镇属两浙盐场管辖范围，历史上归属于下沙盐场。因此，整体空间的布局和构成与区域整体的盐业生产有紧密的关系。当前水系中的洪桥港、包桥港在历史上被称作五灶港、六灶港，即是根据大区域水运规划命名的。洪桥港周边的街区形态自然受盐业行政管理的影

① 吴才珺. 新场古镇传承与保护［J］. 上海城市规划，2012（4）：137-141.

响，形成本地区盐业聚落常见的与河道相邻的东西走向街道。位于沿河一侧的建筑通常比较低矮、排列整齐，另一侧建筑的进深则不受限制，依户主意愿形成不同院落形态。可见，早期的沿河空间主要是在经济秩序和行政管理的共同作用下形成的。

历来当地官府重视疏浚闸港、防治水患，并积极整治盐田、监督生产，而良好的社会秩序和经济机遇吸引了更多人定居于此、沿河聚居。这是促使它从普通聚落成长为城镇，并进一步迎来繁荣发展的关键步骤，足见“自上而下”的行政管理和计划生产是城镇最初产生与形成过程中的诱发性要素。而明代之后又由于盐业管理、集散功能有所退化，使镇域东西向联系变弱，而南北向街区因商品经济等得到快速发展。

2. 外部政局变迁

达默小镇历史上始终处于政局动荡的环境之中，不断变化的社会环境对其形态产生过几次较大的影响，涉及城镇整体形态和边界的调整。社会环境变化引发的城镇建设主要包括两方面：一是驻军城市时期建设的城防设施；二是拿破仑时期修建的新运河（图6-20）。

驻军城市时期所建设的星形堡垒形式庞大而复杂，这与达默本身的规模、人口与级别并不匹配，明显不是仅为保卫达默人民而建立。而达默作为布鲁日前卫区的一部分，具有保卫布鲁日的职能，其城防由当时的占领者——西班牙帝国的政府

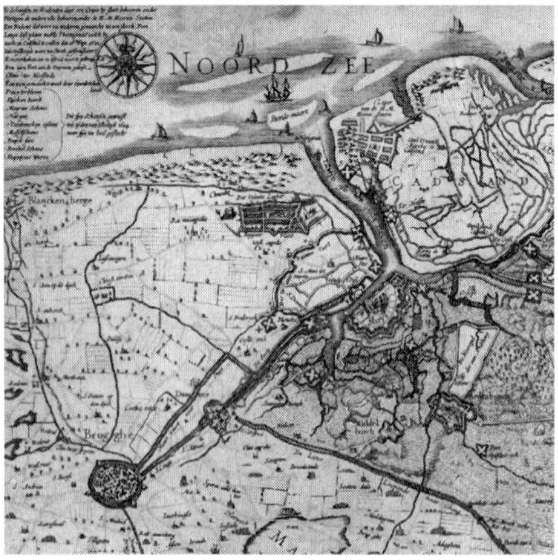

（a）区域城防建设

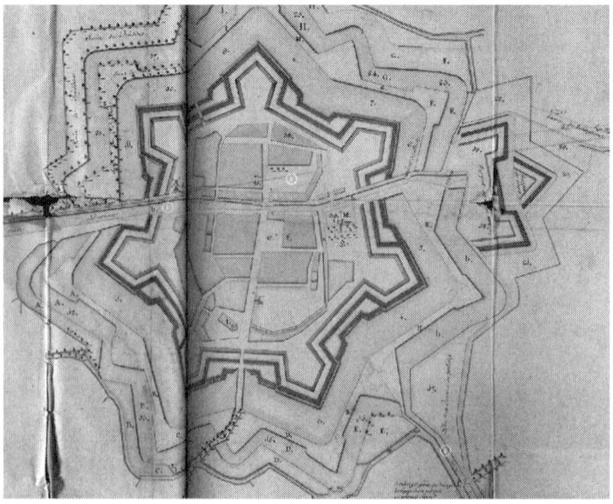

（b）运河改道草图

图6-20　社会环境变化引发的城镇建设

投建[1]。星形的城防形式根据当时政府所掌握的技术和经验完成，是特殊历史时期和政治环境的产物。这种城防设计改变了当时城镇边界的形态：由不规则圆形转变为规则的星形，同时改变了城镇边缘局部水系的走向，而这种星形河道部分遗留至今，被深深刻画在这片土地上。

19世纪初，拿破仑修建新运河是为了恢复飓风影响后荒废的河道，使布鲁日可以重新通达北海，满足军事船只航行的需要。因此，河道建设的尺度与方向以满足并方便大型船只通行为目标，不惜破坏途经的小城镇——达默的城镇结构。当前，达默小镇只保留了河道南侧的主体部分，由于河道拓宽，北侧空间很难和南侧建立紧密联系，并成为相对孤立的空间。

以上两种建设途径共同的作用特点是：相关建设由比城镇自身管理者更高行政级别的统治者决定，同时为了达到超越城镇及市民本身需求之外的目标，这是明显的凌驾于个体意志之上的“自上而下”的建设方式。

6.3 日常秩序与公共转化

6.3.1 基本需求特点

1. 新场古镇的基本需求特点

新场古镇早期是海边盐民的生息之地，随着制盐条件的衰退和经济贸易的发展，又逐步演化为商贾云集之地和文人聚居之所。由于内部构成人群的变化，城镇在不同时期的内外需求也在不断转化，但总体上是以构建生产、经营、生活之间的和谐为导向，并在长期的积累和磨合中形成了一种独特的集体生活形态和深厚的人文环境气质。

城镇初期空间布局的形成主要是为了构建吻合生产和运输要求的环境框架。当自由经济繁荣发展起来后，为了支撑不断扩大的商业活动，需提供足够的经营空间

① Devliegher L. Kunst Patrimonium van West-vlaanderen: De Sint – Salvatorskatedraal te Brugge inventaris［M］. Den Haag, Lannoo, 1960.

并构建有序的街道场所。随着市井生活走向成熟，当地逐渐形成了鲜明的水乡生活方式和丰富的民俗文化。新场古镇的形态构建是在历史进程中不断趋于完整的，而这种形态完整化的过程也是对生活方式进行层层筛选，并不断独特化的过程。

2. 达默小镇的基本需求特点

对于达默小镇来说，历史上绝大多数时期居民的生活是以抗争为主题的：与频发的水患抗争；与海上的敌人抗争。这种独特的地理环境，决定了构建多样的防御体系以维持城镇安全成为当地人在建设中时刻考虑的基本需求。为了争取所有人的共同利益，他们不得不团结所有力量，采用集体行动获得安定的居住环境。虽然达默小镇也具有颇为重要的经济功能，但与安全因素相比，生产和经营在布局考虑中显然是退居次要因素的。

在集体精神逐渐形成的情况下，公共性在达默小镇的城镇建设中被不断强化。这不仅表现为个体利益对集体利益的服从，也反映在地方管理者对集体决议的尊重。对应到空间建设上，则是各构成要素相互协调，并取得一致性的基本前提。长期以来的地理变迁和社会动荡，促成了当地人在城镇建设中追求平衡、开放、包容的价值取向。在城镇发展进入平静期之后，人们更加意识到珍视共有的历史遗产和文化景观的重要性。

6.3.2 集群意志的公共转化

在共同价值取向的引导下，城镇中不同个体意愿中的相似成分，通常会在时间洗练中逐渐积累、强化并反映到公共层面上。在新场古镇中，居民们对经济生活和日常生活的共同认识不断发展，形成了城镇建设中约定俗成的公共秩序。在达默小镇中，这种共同的意识需要借助特定的人和事物集中实现，表现为对“自下而上”集群意志的转化。

1. 市井秩序形成

随着新场古镇街巷系统不断完善，河道除了承载运输功能之外，开始与平行的街道相辅相成，并共同构筑了颇具当地特色的市井空间。在河街空间体系中，每个纵向的河街截面是个性化表达的节点。但总体来看，个体之间的组织并非杂乱无章，而是在无形中形成了一定秩序规则。

第一层秩序为河街组织。街道是商业活动的基础，河道是货物运输和人员流动的基础。因此，居民争先将建筑跨河街而建，以争取交通、生活、工作的便利条件，由此形成了高密度的沿河聚居空间。整个城镇的商贸系统正是依靠水陆双线走向拓展形成规模的，虽然在当时的城镇中，衙门、寺庙和盐场具有更重要的地位，但河与街才是城镇空间发展的轴线。

第二层秩序是按类而聚。商业街中容纳了多样化的店铺形式和功能：包括餐饮、服务、杂货、展览和民间工坊等，但在狭长的线性空间中，各单元并非杂乱无章的排列，而是分段形成了几个业态聚集区。其中新场大街北段及洪东街、洪西街聚集了大量餐馆和小吃店，其店铺界面开放，热闹非凡；新场大街中段布置了若干展览和活动场地，公共性更强；新场大街南段店铺多销售杂货、古玩，或设定为艺术工坊，人员流动减少，环境更加清静神秘。由此，从古镇北端的衙署到南端的南山寺，街道产生了空间序列和氛围的变化，也使得线性空间的各区段具备了辨识度（图6-21）。

（a）小吃店

（b）展览馆

（c）古玩店

图6-21　典型的街道界面

第三层秩序是两个中心。新场大街与洪桥港、包桥港的交汇之处，是水陆动线的交叉点，依托开阔的活动空间和优美的景色，形成了街道中段的两个人群聚集中心。洪福桥和包家桥形成两个标识性节点，公共建筑多邻近桥头布置，塑造了古镇空间中的高潮（图6-22）。

（a）洪福桥　　（b）包家桥

图6-22　两个以桥头为中心的重要节点

由此，若干颇具个性的单元片段依托河街空间结构，组合成了一个相互关联的统一整体，既实现了经济活动的有序，又激发了公共空间的活力。

2. 公共需求转化

在不同历史时期，达默小镇曾多次出现个体需求公共化的建设途径。在达默形成早期，对城市最重要的水系统是在集体的努力下共同完成的。1134年暴风雨塑造出的一条天然海道大大缩短了布鲁日通达海域的距离，自然变迁为当地政府和居民提供了修建新运河的有利条件。而运河及护城河的修建并不带有明确的形态意图，基本是依照地势条件决定河道走向，并尊重自然原始条件。同期城镇中公共设施的建立，包括13世纪建立的教堂、医院以及15世纪建立的市政厅等，均是在城市经济发展相对较好、地方财政收入有所富余的情况下，由当地领导者弗兰芒公爵为满足市民生活的需要而建立的。从其位置的选择上来看，新的公共建筑并没有强势介入原有的城镇形态，而是在原来有机布局的基础上选择主街外侧的位置建立，城市最有利的位置仍然保留给自然形成的市场。因此，这种“自上而下”的建设行为是在“自下而上”的当地居民生活基底和愿望的基础上进行的公共性提升。

自从达默成为自治市，这种交融性的建设方式表现的尤为明显。目前行政管理采用议会制，议员由当地市民选举产生。进入21世纪后，弗兰芒地区政府开始在达美运河沿线发展旅游事业，充分考虑了运河沿线所有城镇的景观及历史文化条件。旅游不仅是开拓新的经济领域、增加地方收入的手段，也为当地居民带来了新的就业机会和生活气象。新的公路、服务站、信息网络等设施的建设都是围绕这一主题展开的，辅助旅游的同时保证了老城的生活不“老”，提供了满足现代生活需求的舒适环境。与此同时，达默一直非常重视对公有历史遗产的保护。准确地讲，这些遗产是属于全体市民的公有财产，当地政府只是执行管理。当对遗产进行改造和再利用时，无论政府还是个人都需要遵守弗兰芒遗产法律。因此，在达默城市物质与非物质体系都在升级的今天，“公有”的概念在一再加强，“自上而下”的管理和建设更贴近若干“自下而上”意志集群的体现（图6-23～图6-25）。

图6-23 河道

图6-24 “见缝插针”的公共建设

图6-25 旅游为市民带来的新生活气象

6.3.3 构建日常秩序和生活情境

新场古镇和达默小镇的日常环境构建是通过生活在其中的无数个体完成的。其中新场古镇在水陆交错空间格局中培育出当地独特的生活习惯和居住模式，而达默小镇在外部环境不断变迁的影响下形成了具有包容性的生活方式。

1. 水乡生活模式

明清时期以后，经过时光沉淀，新场的水陆空间不再仅仅意味着迎合功能需求或提供场地，而是一种培育水乡生活方式的容器，同时一并塑造了当地人的生活、习惯和气质。

借助于水的灵动，水乡日常生活也充满了流动性。个体商户在河岸边大多进行的是小规模交易，船行往来，停留短暂。河边的空间布局即强调了交通的便利和高效，水埠密集、入户直接。河边的停留空间小巧精致，一般结合桥头、驳岸、埠头或开阔的水面形成小型的休憩节点，这也是当地人日常交往的发生之地。而在远离闹市的河道对岸，庭院深处寂静悠远，成了文人商议要事、高谈阔论之地。在自由经济、日常生活和人文活动的共同作用下，新场河街一带形成了混合居住、动静结合、功能交叠的水乡生活模式。

在新场的街市空间体系中，后市河与新场大街之间的区域是小镇的核心地段，此处在明清时期歌楼遍布，商贾云集，繁华至极。由于特殊的“河—街”地形，小镇孕育了横跨“街道—住宅—河埠—花园”的独特的单元居住模式，可称之为“河街四进”①，此种形式只在新场当地出现（图6-26）。

图6-26 “河街四进”单元剖面

①“上海新场古镇城市设计”中概括提出。

“河街四进”的具体形态构成特点为：每栋单元住宅由三进或四进院落组成，总进深约45m。第一进院落一般作商铺使用，入口面向新场大街，后几进院落用于居住，衔接后市河。河宽约7m，河对岸是私家后花园，与住宅通过私桥连接。身处真实空间中，人是无法整体看到“河街四进”全貌的，但却可以通过身边每一“进”空间的变化，清楚感受这种空间序列和带来的生活秩序。也正是因为空间感受是局部的，人们对建筑细节的设计集聚巧思，尤其表现在临河和临街两个界面的创造上，门头、窗花、驳岸、埠头精美多样。但从航拍中可以发现各住户单元的平面构成较为相似，这是由于当地人具有较为一致的家庭规模和生活方式（图6-27）。

“河街四进”的居住形式主要分布于北至牌楼路，南到石笋街，东到新场大街，西到后市河以西40m的区域内，如今此处仍保存了十余处形态完整的老宅，历史格局清晰可辨。然而，当前后市河对岸的花园已全部消失，并改为房屋建设用地时，将使原单元结构止步于“三进”。随着居住结构的打破，河道航运功能的衰落，后市河逐渐失去了在居民生活中的核心作用和空间意义，河道利用率降低，消极空间增多（图6-28）。

图6-27　“河街四进”航拍和真实感受中的空间细节

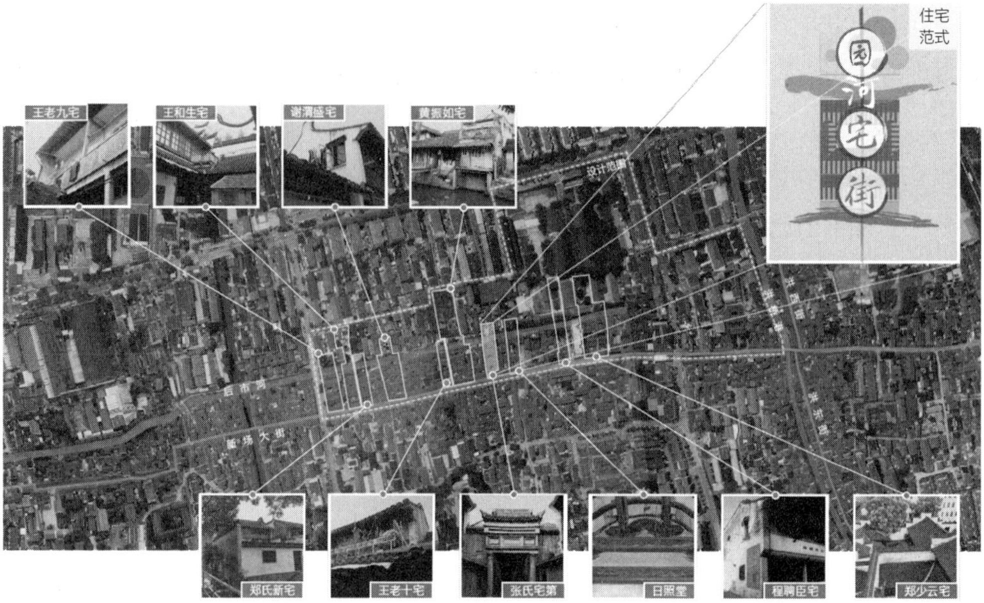

图6-28 “河街四进”的分布

2. 包容性日常空间

达默小镇的建筑形式多样、形态各异，但总体上采用了弗兰芒传统房屋形式：2～3层的红砖大屋顶建筑（坡度多大于50°）；公共建筑如市政厅、医院等采用了和居住建筑大体一致的建筑语言，只是体量更大、空间组合更复杂，并配合广场、院落等集散空间；居住建筑的形式根据所处位置、基地形状、内在用途等发生变化。其中最普遍的是带院子的联排住宅，构成了达默大部分街道的界面，房门与街道直接相连，没有过渡空间。在主要商业街道附近，很多房子与商铺结合形成底商上住的形式。在达默边缘位置，一些近年新建的房屋被建设成附带花园的独立式建筑，更加接近于乡村别墅。另外，在外围区域还保存有少量带农场的房屋，并保留着放牧的生活方式（图6-29）。

随着交通便利性的增加、地区之间的交流增多和旅游业的发展，当今达默市民的生活方式也有了很大的转变，而达默所提供的多样空间基本可以满足不同人群的生活方式（图6-30）。

（1）将达默看作“家”

由于达默本身拥有优质的生态环境和人居环境，距布鲁日又很近，很多人选择在这里居住，去布鲁日或者更远的城市上班。达默边缘区域，尤其是近几年新建的

（a）联排住宅

（b）底商上住

（c）开敞别墅

（d）农舍

图6-29　不同的居住建筑

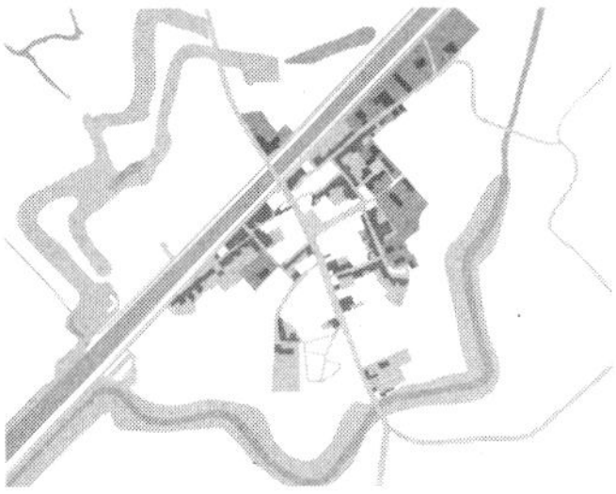

（a）提供优质居住环境的空间

（b）提供工作的空间

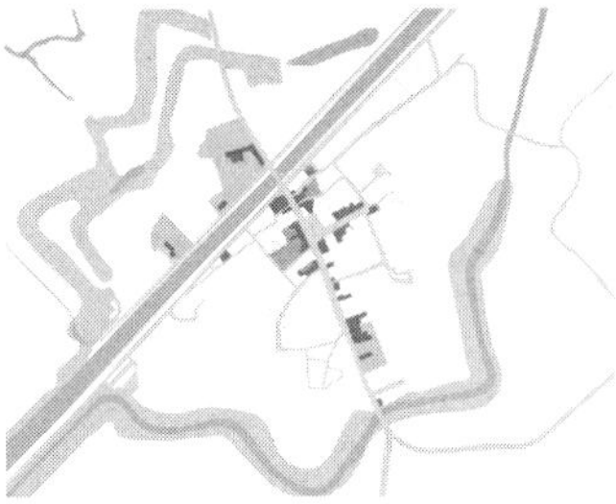

（c）提供居住-工作一体化的空间

图6-30　不同类型的日常空间

部分大多都是附带宽敞庭院的独栋别墅，修建整理的非常精致。而边缘部分由于离旅游核心区域仍有一段距离，并不会受到太多游客的影响。偶尔游客闲逛到这些地段，看到屋里、院中正在享受周末家庭生活的居民，会得到非常友好的微笑和问候（图6-31）。

图6-31　舒适的住宅

图6-32　不同的工作岗位

（2）将达默当作“工作场地”

目前，依托旅游业，达默的经济水平逐渐提高，也提供了一批工作岗位和就业机会。例如，教堂、博物馆、古磨坊的管理，书店和纪念品商店的运营，各式餐馆的开设等，吸引了周边小镇和乡村地区的居民前往此处工作。尤其对于年纪较大的居民来说，种种和文化遗产相关的岗位工作量虽然很小，却能唤起他们对地方的情感。就像教堂塔楼的管理者——一位住在临近小镇的老人讲道，他每天骑自行车过来上班，即使免费为游客们讲讲达默教堂的故事，他也可以从中得到很大的内心满足（图6-32）。

（3）延续传统工作—生活一体的方式

目前，仍有一些居民和过去一样在小镇内居住和工作。在达默边缘有少数保留农场的房子，白天可以看到户主饲养的牛和羊在活动。而在中心街道区域附近，很多居民借助自家房屋的地理位置优势开起了小店，自营其乐（图6-33）。

通过发挥城镇内部居民的主动性和创造性，达默小镇逐渐形成了多元包容、与时俱进的生活方式。其日常空间的包容性不仅体现在对不同人群的接纳上，也表现在对历史和现在的尊重，以及人与自然和谐共生的追求上。

（a）

（b）

（c）

图6-33　传统的工作和生活
（a）：自营店；（b）、（c）：农场

6.4　本章小结

本章的主要结论包括以下几点：

1. 分别以新场古镇和达默小镇作为中欧典型案例，分析了层叠型小城镇的整体形态特征和对应的形成方式。其中新场古镇的形态呈现出多年代梯度要素的结构性叠合状态，在以河道和老街为形态组织轴线的基础上，表现出由宋元—地理格局，明—街道结构，清、民国—建筑风貌混合而成的3种空间层次、4种历史投影。达默小镇的形态表现为差异性历史要素的协调性层叠：星形的边界、自由布局的房屋和街道、笔直的运河等，均具有鲜明的形态、年代、风格、功能，看似相互矛盾，但又恰如其分的组合成一个整体。

2. 层叠型小城镇以环境为导向的形态形成途径，表现为积极利用自然条件优势，并与时局环境不断对话而进行的有限的环境改造。在改造原始自然条件的过程中，两个城镇均有效利用了水环境的优势——新场古镇以水网为基础建立了河街系统；达默小镇以连通海域的通道为基础开辟了水上渠道。而水形态也进而演化为城镇结构中的主要元素。在历史进程中，城镇形态会顺应社会时局产生变化，表现为应对区域职能角色而进行的主动建设和受到外部政局变迁而产生的被动改造。

3. 层叠型小城镇以需求为导向的形态形成途径，表现为利用公共转化形成的集群意志表达和与特殊生活方式相适应的情境构建。新场古镇在不同时期的内外需求在不断转化，但总体上是以构建生产、经营、生活之间的和谐为导向的，并在长期的积累和磨合中形成了一种独特的集体生活形态和深厚的人文环境气质。达默小镇的历史上，绝大多数时期居民的生活是以抗争为主题的，它磨炼出了当地人的集体精神和合作意识。而公共性在达默小镇的城镇建设中又被不断强化，并逐步成了当地人在城镇建设中追求平衡、开放、包容的价值取向。

7

设计型小城镇聚落的空间形态演变与营建

本章的研究对象是设计型小城镇，正如其类型名称所表达出的涵义：人为的规划设计在这种小城镇的形态生成过程中起到了重要的作用，并以若干可见的规划要素的形式反映在城镇物质空间的组成之上。在一定程度上，“自上而下”是这类城镇生长的引导途径，但同时包容“自下而上”途径的内在作用。这类城镇突出表现了在“自上而下”营建途径为主导的情形下，“自下而上”的营建途径又是如何介入到城镇形态的塑造过程中的。

本章分别以中国山东刘店子和英国威尔士阿博莱伦为中欧典型案例，分析在设计先行的情况下小城镇的生长进程和形态特点，并进一步以案例为基础，讨论设计、环境和需求的互动方式，以及“自上而下”与“自下而上”营建途径相互融合的可能。

7.1 设计型小城镇聚落典型案例

7.1.1 中国案例：刘店子

本节选择刘店子为设计型小城镇中国典型案例。

刘店子位于山东临沂市区以东的河东市辖区东北部，地处八湖镇的中心区域，镇总面积达48km^2，共管辖21个行政村，总人口3.2万人。其中刘店子中心区域由5个行政村构成，占地约2.3km^2，包含商业行政区域，服务半径达7km，是八湖镇北部区域的经济和公共活动中心所在（图7-1、图7-2）。

1. 历史进程

刘店子的历史进程大致可分为以下3个阶段：

（1）五村并存，自由生长（1997年以前）

刘店子始建于明万历年间，相传姓刘的人在此地开了个店，久而久之成为固定的贸易及聚居地点。正如地名表达出的涵义，当地是由商业发展起来的集镇，家家户户以开店营生。在统一规划以前，当地由5个自然生长的村落组成，包括北部的

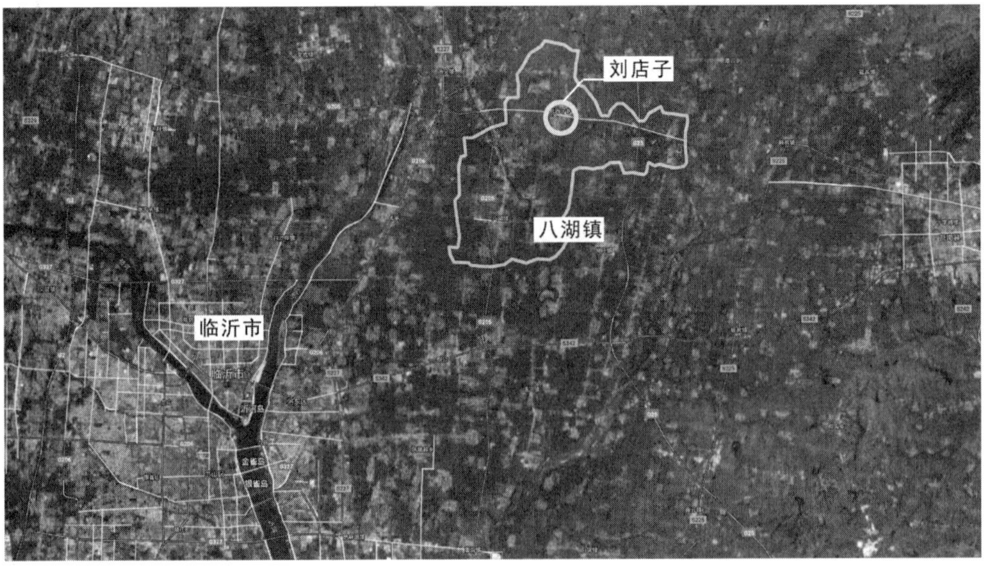

图7-1 刘店子区位

图7-2 城镇实景

图7-3 5个自然村落

宋十二湖、中部的刘十二湖、东部的史家宅子和南部的吴十二湖、王十二湖[1]，每个村子独立自治、自给自足。房屋大多坐北朝南，以获得良好的光照，整体排列较为整齐，交通区位和经济商贸是影响村镇布局的主要原因（图7-3）。

（2）旧村改造，统一规划（1997—2010年）

1997年，八湖镇地区实行旧村改造，在小城镇综合治理上付诸全面行动，将1100户旧屋拆除重建，整个区域被赋予了全新的肌理形态。由镇政府牵头的规划工程包括了道路系统的全面设计、镇中心形象打造和公共空间设计，为城镇赋予了全新的面貌。同时，镇区内原有的绿地和坟地被外移，每户单元的基地被重新划分，并规定了重建房屋的高度和样式。在这一过程中，每个家庭的单元用地面积略有增加，户数有所增长[2]，镇区整体扩大，受到了大多数原著居民的欢迎。然而，这一改造的实现过程并非易事，一些思想保守、经济困难的住户拒绝自家建筑及周边环境的翻新。因此，在镇区边缘仍可以看到一些没有改造成功的旧村部分。

刘店子更新改造过程表现了公有化体制为社区更新带来的机会。在这一过程中，地方领导者起到了决定性作用，他们凭借超前的规划眼光和强大的执行力，并聘用专业设计师完成了整体设计，取得了瞩目的成果。

① “湖”的意思为“小水塘”，放在地名中，意为有小水塘的地方。
② 户数增长的主要原因是原家庭分户。

（3）打破格局，微妙变化（2010年至今）

在刘店子改造成功的几年之后，领导者滥用私权、贪污膨胀，在镇中心——广场南侧的地段建起6栋别墅，并改造成自家的“后花园”，不久便遭群众举报，被捕入狱。由于管理者的失职，当地很快出现了管理无序的状态，公共空间缺乏维护，无组织的“自下而上”局部建设不断出现。

近几年刘店子的主要变化包括：

（1）镇中心的移动。原本镇中心位于政府工作站门前的广场处，由于部分场地被领导者占为己有，而且设施老化破坏，便逐渐丧失了公共空间的品质。随着商业街西侧大型超市的开放，人气渐渐吸引，并形成了新的中心。

（2）二级公路“入侵”。刘十二湖和吴十二湖之间由205国道东西向截断，阻碍了公路南侧的吴十二湖和王十二湖地区同镇中心的联系，对此区域的发展形成一定制约。同时，快速公路的出现为当地居民带来了严重的安全隐患。

（3）生态环境破坏。由于当地不断增设工厂与扩大生产，同时又缺乏环保意识和措施，以致带来了严重的居住环境和水质污染的问题。再加上在社区环境整治中不断加强路面硬化，从而使得绿化面积显著减少。

（4）肆意搭建萌芽。由于近年政府环境整治和限高管理的执行力度下降，若干不合规范的房屋却被搭建起来。

2. 形态构成

刘店子经改造之后，城镇形态被赋予了网格状的肌理——主要通过规划等级化的正交路网和完全一致形状的单元地块实现。而整体形态的布局仍然参照了改造之前的家族分布以及对外的交通接口和经济空间的位置，新的形态可被视为对“自下而上”城镇基底的更新“描绘”（图7-4～图7-6）。

当前整体形态中的空间类型主要有以下几个方面：

（1）改造后的新宅。新划定的单元地块尺寸为12m×15m，总面积达180m^2，由各家自行在购置的地块上建造房屋。大多住户延续采用了传统的庭院住宅形式，沿地块边缘设定围墙，使自家庭院空间最大化。房屋为单层平顶或坡屋顶框架混凝土简易住宅，多布置在地块北侧，从而使庭院能够获得阳光。庭院南侧或东西侧设置小体量建筑作为独立的厕所和厨房。

（2）改造前的老宅。未经改造的住宅大小尺度不一，小的住宅面积仅有

图7-4 刘店子卫星图

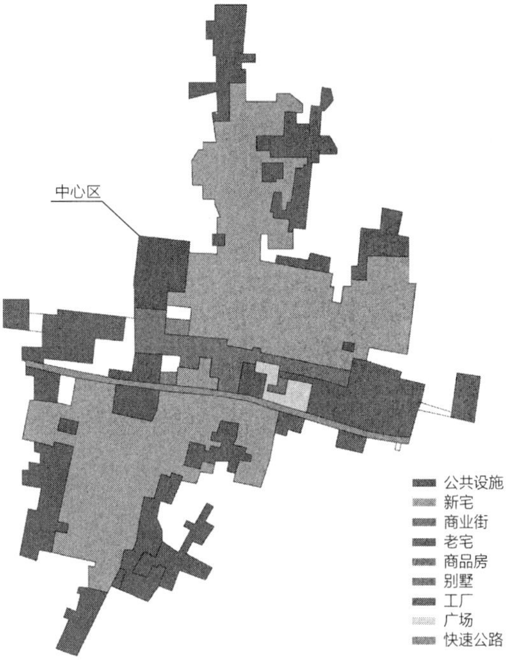

图7-5 刘店子整体形态构成

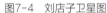

30～50m²，大的可达200m²，建筑大多采用土坯或砖木结构。

（3）商业街。主商业街位于城镇中心的东西向街道——康达路，街道宽达20m，两侧商铺林立。商业建筑经过统一设计，每4个单元连在一起构成一栋建筑，底层为商业空间，上层为居住空间，每个商铺可划分为更细小的单元。另有向南北延伸的副商业街与康达路相交，路两侧有少量商业建筑。

（4）公共设施。当地的公共设施集中布置在城镇西侧，主要布置在与康达路垂直相交的建设路上，包括学校、邮电局、银行等设施。

（5）广场。位于康达路中心南侧，它是整个城镇中唯一经规划设计完成的公共开放空间，以开敞硬化空地为主，辅以小型景观和活动设施。

（6）商品房和别墅区。商品房位于商业街西段北侧，别墅区位于广场南侧，它们由当地政府投资建设。

（7）工厂。分布在城镇边缘，大多紧邻交通干线。

（a）新宅

（b）老宅

（c）商业街

（d）公共设施

（e）广场和别墅区

（f）商品房

图7-6　各种类型的空间

7.1.2　欧洲案例：阿博莱伦

本节选择威尔士阿博莱伦（Aberaeron）为设计型小城镇欧洲典型案例。

阿博莱伦是位于威尔士锡尔迪金（Ceredigion）省中部的一座海滨旅游小镇，目前拥有人口数量1422人。城镇始建于1807年，目前仅有200多年历史，一直以来它是一个独立的自治区域，直到1974年才组建真正意义上的政府。阿博莱伦北面临海，南面环山，中部阿丰艾尔（Afon Aeron）河自南向北奔流入海，形成三角平原地带。该地区早期作为港口开发，因制船业和渔业而兴盛，进而发展为锡尔迪金沿海的商业和居住中心（图7-7～图7-9）。

虽说阿博莱伦是一个小镇，但它看起来更像是一座微缩城市。它表现出城市的多样性：具有多种类

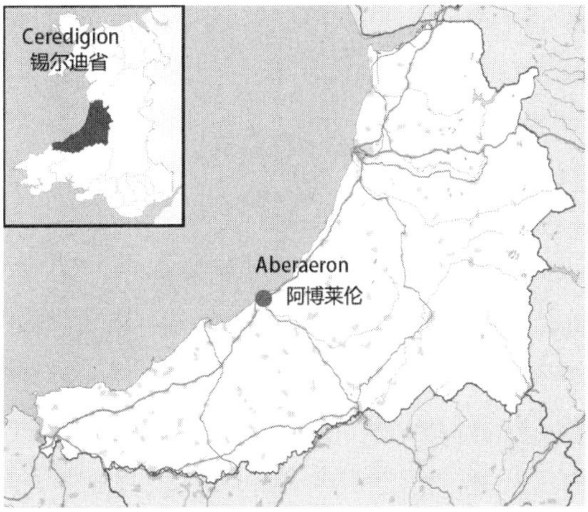

图7-7 阿博莱伦的地理位置

图7-8 城镇实景

图7-9 阿博莱伦卫星图

型的形态组成方式。同时，具备了城市的完整性，即拥有完善的交通体系、便利的公共服务设施、代表性的市镇景观。从整体形态上看，这座小镇虽然进行了规划设计，但是实际体验中它依然保存了生动的自然趣味、鲜明的风貌特色以及从容的居民生活状态，其各部分空间形态的形成方式和影响因素的作用机理值得一探。

1. 历史进程

阿博莱伦的整体形态成形基本集中在聚落建立的前100年内。从港口到街区，从街区再到一个真正的小镇，它的建立者阿尔班·格温（Rev Alban Thomas Gwynne）倾入了毕生的心血。其规划设计从一开始就介入城镇的发展进程，并保留了“原生态”与“设计”相结合的特征。

阿博莱伦的历史进程大致可分为以下5个阶段：

（1）渔

锡尔迪金海域是个资源丰富的地方，沿陆地孕育了阿伯里斯特威斯（Aberystwyth）、巴茅斯（Barmouth）等一系列重要城镇。19世纪以前，阿博莱伦还未正式成为固定聚居点，这里已是附近居民打渔、航行以及进出口商品的一个区域。夏季，海域丰硕的鲱鱼产量为附近农民提供可观的季节性收入来源；冬季，小船在窑洞中封存，人们依靠生产旺季交换来的燃料和食物对抗寒冷的天气。阿丰艾尔河在此蜿蜒入海，形成天然的港湾。河的北岸是农场，河的南岸是造船厂。

（2）港

阿尔班·格温是当地最有远见的人，他认为这片海域在渔业发展方面具有潜在的经济价值。1807年，作为当地领主继承人的他，在获得当地大量房屋遗产后决定投资建设海港，并与另一位早期建设者威廉·格林（William Green）于1809年、1811年在当地陆续增加了两个码头。由此，阿博莱伦成为条件更加优越的港口，进而促进了船只生产和产业供应，以及与周边地区更频繁的材料交换。随着基础设施的提升，此海域的捕鱼量两年间从4000~5000条/晚，飙升至900万条/晚，为当地居民创造了逐渐趋于稳定的收入[①]。海上经济的强大吸引力对更加偏远地区的各行手艺人形成聚集效应，阿博莱伦自此有了第一批固定的居

① Authors in Aberaeron. Memories——Reminiscences of Aberaeron［M］. Carmarthen，ARTS CARE，1998.

民，成为固定的聚居点。

（3）街

随着经济增长与居民的增多，这片港口开始向一座真正城镇的方向生长。1830年左右，当地的核心经济来源——鲱鱼的产量开始下降，但并没有导致聚落的衰落，反而促进了海上进出口贸易的进一步繁荣。当地开发商、领导人阿尔班·格温陆续在海港北部修建了示范性房屋和学校以带动城镇建设。这一过程很快有了设计师的介入——包括当地著名的设计师爱德华·哈克（Edward Haycock）完成了小镇的基本规划。1830年，方格网（grid pattern）状的道路被修建起来，街区形象日渐明显。同时，开发商将土地出租给不同家庭，并由租赁者依照建筑师爱德华·哈克设计的立面样式建造房屋。在这种控制下的自建过程中，小镇从一开始便有了整洁的风貌。

（4）镇

19世纪中期，这里已经发展成为一个地域的经济中心。港口不断发展，新的材料被运输进口，如木材、石灰、盐、煤、秆、陶以及各种食物建材等，同时也有多种商品出口，如矿石、橡木（制革）、鲱鱼、黄油、燕麦等。1863年，当地的航运公司成立并积极发展制船产业，至1880年以前，这里有百艘船被制造出来。与此同时，小镇建立了若干公共建筑，并实现了周期性的公共生活[①]。19世纪末，小镇已形成和目前差不多的规模，大部分公共房屋的建设依靠民间企业家的投资，政府可提供的资金支持比较有限。

（5）胜

之后的岁月里，阿博莱伦始终没有大规模的翻新建设，原始景观被完整地保存了下来。最明显的改变是房屋的颜色：在当地油漆产量过剩和政府鼓励的情况下，很多人开始把外立面漆成不同的颜色，结果成为小镇保留至今的风貌特色。小镇外围增建了新的公共服务片区：包括政府办公地、社区学校和房车营地。21世纪以来，旅游业已成为阿博莱伦的主要支撑产业，当地人一直在积极补充和提升旅游配套——整洁的住宿条件、新鲜的美食、各种海上和陆地特色休闲项目。今天，阿博莱伦是威尔士著名的旅游胜地之一，并斩获了皇家镇级规划大奖（图7-10）。

---

① Authors in Aberaeron. Memories——Reminiscences of Aberaeron［M］. Carmarthen，ARTS CARE，1998.

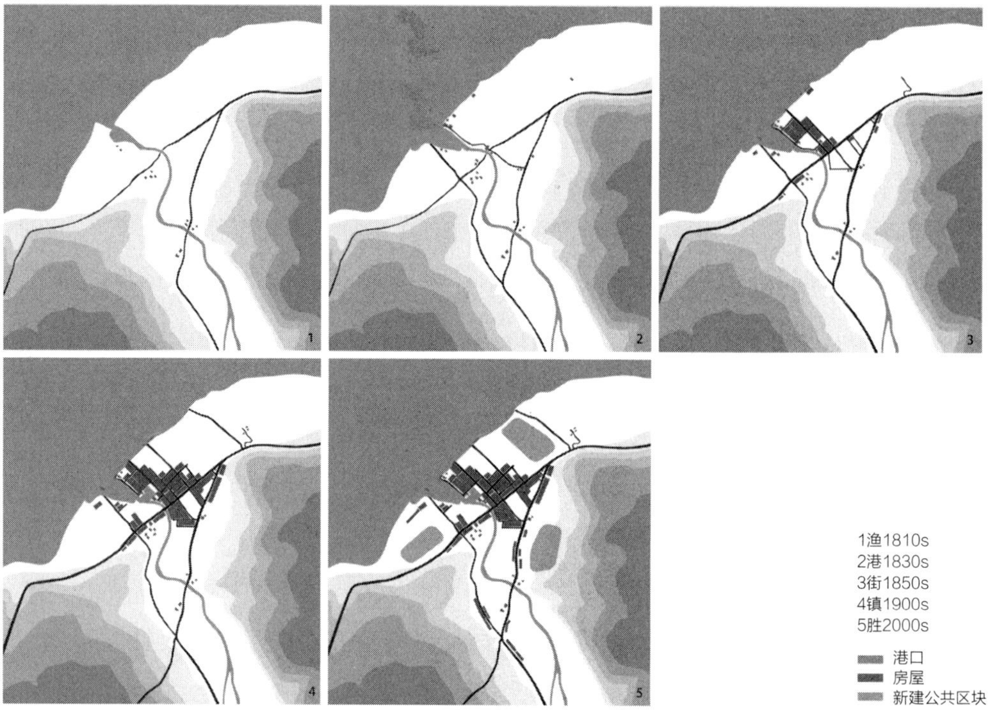

图7-10　历史演进过程

2. 形态构成

阿博莱伦城镇形态的一个明显特征是：它由若干种不同类型的形态结合而成，并没有某种主导的形态模式。它们像“拼贴城市”一般，相互咬合、拼凑成为一个整体。当置身其中时，并不感觉不同形态区块之间相互碰撞或突兀，它们相互协调，总是让体验者产生一种“不知不觉”进入另一种境地的感受。

在总体形态中共能找到6种主要的形态：

（1）网格街区：处于小镇中心位置，集中了小镇大部分商业和公共建筑，具有舒适的步行氛围。

（2）海港公园：堤坝和内港附近形成的线性形态的公共空间，并串联了小镇最美丽的风景。

（3）公共区块：在边缘地区出现的功能独立的地块，具有现代建筑群的形式特征，包括西侧的政府办公区块和东南方位顺山而建的学校。

（4）联排别墅：英国城镇中最常见的连绵不断的二层或三层住宅。

（5）山间村落：早期出现的散落在地形中的自由、有机的房屋。

（6）房车营地：东北方向海边的度假设施区域。

分析各组成形态形成的时间会发现，各影响因素在不同时期产生的形态结果是不一样的。如自然因素早期决定人类住宅分布形态，而近年转化为旅游资源日益凸显出经济价值；人的日常生活影响下的居住形态早期比较顺应地形、自然有机，之后被组织进入整齐的网格街区中，而近年由于聚落中心空间饱和继而转向边缘地区向外蔓延；公共生活的要求不断提升，促使原先混杂空间为主的形式进一步分化出现独立区块；经济影响的空间从以满足生产需要为主转向新的旅游消费空间（图7-11）。

在阿博莱伦形态构成中，反映小镇城市化的部分包括：（1）“网格街区”（占比27%）是小镇中表现出城市化最明显的部分，主要形成于19世纪中后期。它主要在城镇扩张时的经济聚集和生活要求作用下催生，提供相应的公共生活、经济活动、日常生活空间，由开发商和市民共同建成。（2）“公共区块”（占比11.8%）是在近50年由于城镇公共生活要求不断提升的情况下产生的，主要靠地方政府扶持建设。

为开发地方特色旅游而形成的部分包括：（1）“海港公园”（占比7%）曾因海上经济发展需要产生，目前作为生态旅游重要载体，早期由开发商修建，目前靠政

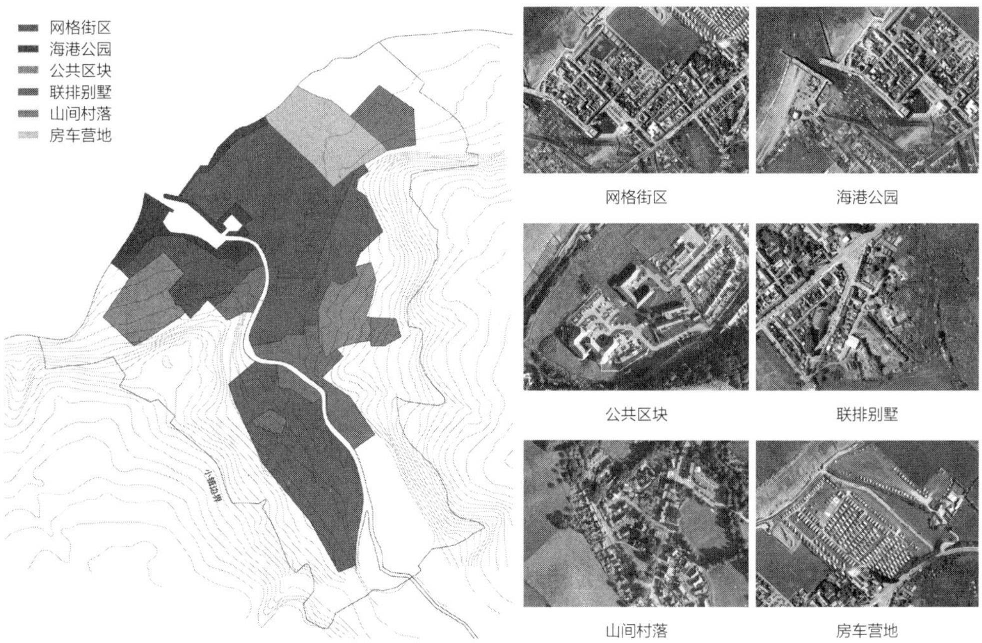

图7-11 不同类型形态的分布

府投资维护；（2）房车营地（占比9.6%）是近年为进一步开发旅游形成的度假区域。

同时，小镇保留了原生态的部分：（1）“山间村落”（占比14.8%）是根据早期人们生活需求形成的原始居住空间；（2）“联排别墅”（占比29.8%）虽然接近城市中的居住状态，对依据原始地形进行的形态组成，可认为60%～70%保留了原生态的特质。

从总体的形态构成来看，各类型空间比例大致为：36%的原生态空间、47%的城市化空间和17%的旅游开发空间（图7-12）。其中城市化空间部分和旅游开发建设的部分都是典型的有意识的人为控制形成的结果。因此，可以大致计算出通过设计控制形成的空间：

控制形成空间（%）≈网格街区（%）+公共区块（%）+海港公园（%）+公共区块（%）+0.3×联排别墅（%）

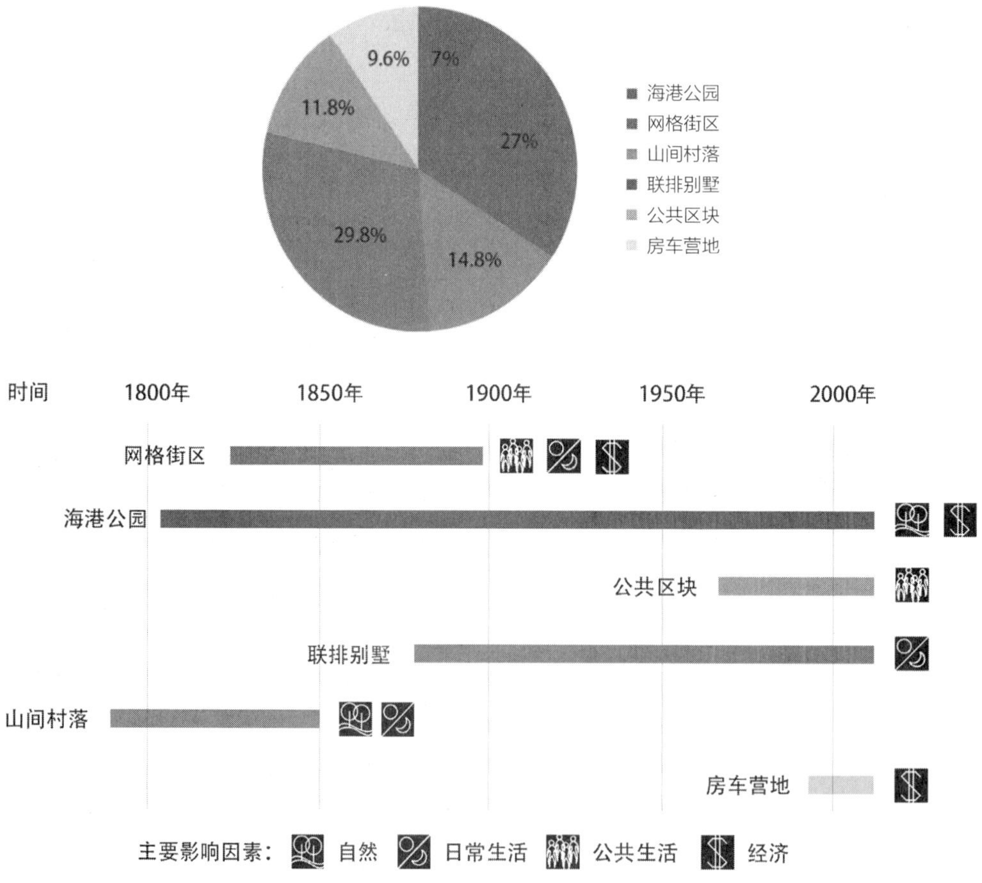

图7-12　阿博莱伦的各形态所占比例和形成时间

这样可以估计出通过有意识的人为控制和设计下形成的空间约占65%，其中绝对控制即完全设计的只有11.8%的公共区块和9.6%的房车营地，剩下约44%左右的空间是控制下的产物，却是领导者和市民共同实现的，是一种“弹性控制”。而这部分空间对阿博莱伦城镇特征的形成作出了重要贡献，它的形成特征需要做进一步的分析。

7.2 自然潜力的开发与改造

7.2.1 基本环境特点

1. 刘店子的基本环境特点

临沂地区西、北、东三面群山环抱，向南形成扇形冲积平原，有多条大河流经。刘店子地区即处于环境优厚的平原地带，东西各有沭河、汤河流经。该地区整体地势平坦，区内有若干微型湖泊和一条自西北向东南方向流经的支流，它们在历史上承担着镇区的水源和泄洪作用。境内交通便利，村村通工程使硬化路面网络化，镇区公路四通八达。域中有205国道东西向穿过，是该区域连接外界的主要接口（图7-13）。

该地区属温带季风气候，气温适宜、四季分明、光照雨量充沛，自然灾害较少，适宜耕作居住。长期以来，刘店子形成了以农、商为主的居住型社区。近年来通过重点加强基层建设取得

（a）镇中的小河

（b）周边平坦的空间

（c）205国道

图7-13 刘店子周边的环境

了显著成果，成为小城镇规范化发展的典型案例。

2. 阿博莱伦的基本环境特点

威尔士以山区地形为主，大面积的平地较少，地理条件限制了城镇的尺度，城镇与城镇之间的交通也较不便利。阿博莱伦所处位置东西两侧各有一座山体，向中间趋于平缓，形成一个狭长形平地，并向北部的海边打开，整体呈现为一个北低南高的三角形开阔空间。该地区唯一的河流阿丰艾尔河将小镇分区为东西两个部分。相对于许多城镇中的河流来说，阿丰艾尔河的存在感并不强：大多数建筑与河流保持了一定距离，并没有形成亲水空间。该地区的雨水非常丰富，并且由于靠近海域，容易发生洪涝，历史上有数次洪涝灾害记录，因此大多人工建设以“防”为主。同时，阿丰艾尔河并不具备交通条件，自建镇开始，人们大多依靠陆地和海上交通，而出行则多使用马车、汽车、汽船（图7-14）。

（a）从北侧的高地看南侧

（b）从南侧看北侧山地

（c）中部的河流

图7-14　阿博莱伦周边的环境

威尔士中部沿海地区为温带海洋气候，全年气温变化不大。夏季晴朗舒适，冬季天气变化多端、阴冷多雨并常遇台风。每年春夏是当地的旅游旺季。

7.2.2　开发自然潜力

在设计型小城镇的空间构建过程中，人们对待环境有刻意“开发”的概念，即通过有意识的地形改造和设施建设获得经济上的效益，或者激发某种城镇功能。阿博莱伦的开发建设始终是在尊重场地条件的前提下进行的，刘店子则是有意识地营造了人工景观。

（a）主路

（b）东南侧的路

（c）西南侧的路

图7-15 早期城镇中依照地形形成的路

1. 尊重场地条件

在阿博莱伦开发自然潜力的过程中，人们始终是在尊重场地条件的基础上不断前行的。这不仅表现在对自然地形和生态环境的尊重上，也表现在对先民建设的普遍接纳上。

（1）尊重自然地形

早在19世纪前半叶，城镇所在地出现了最早的几条路：主路北路（North Road）穿过丘陵和河流地带，它连接南侧小镇兰普特（Lampeter）的路和略晚出现的西南斜向道路，并顺应地形形成了三角形结构。早期的一些房屋也在距离道路不远处的坡地上建成，形成城镇南侧早期的“山间村落”。

在后来的城镇建设中，路网布置成了整个规划设计中分量最高的部分。其路网从形态上看有强烈的城市网格的特征，但最主要的3条呈三角形交叉的道路是早在城镇开始规划之前就已形成的，新的规划尊重并保留了早期的地形与道路结构和路边的建筑。从当时的建设条件来看，人们并没有改动地形的能力，只能在原有条件的基础上进行城镇扩张（图7-15）。

（2）尊重先前建设

阿博莱伦在两百多年的持续建设中，始终是在先前建设的基础上进行拓展的。

首先，城镇整体的结构框架在形态扩张、功能异化过程中始终保持相对稳定，新的建设表现为对结构框架的进一步发展，或对框架内部的填充。其次，新的建筑总是考虑到对老建筑的协调，通常根据先前建筑物的位置来决定新的建设布局和朝向，这使当地的老建筑被大量完整的保留并突显了出来。与此同时，后期建设总是借鉴先前的经验，比如已经取得良好效果的道路结构、地块形态和建筑风格，使得城镇建设的思想和方式保持了连贯性（图7-16）。

（3）开发港口和度假胜地

开发港口是阿博莱伦在城镇建立初期实施环境改造的第一步。阿尔班·格温继承当地酒店遗产并决定建设海港，于是重新整理了海岸线，并陆续增加码头，这成

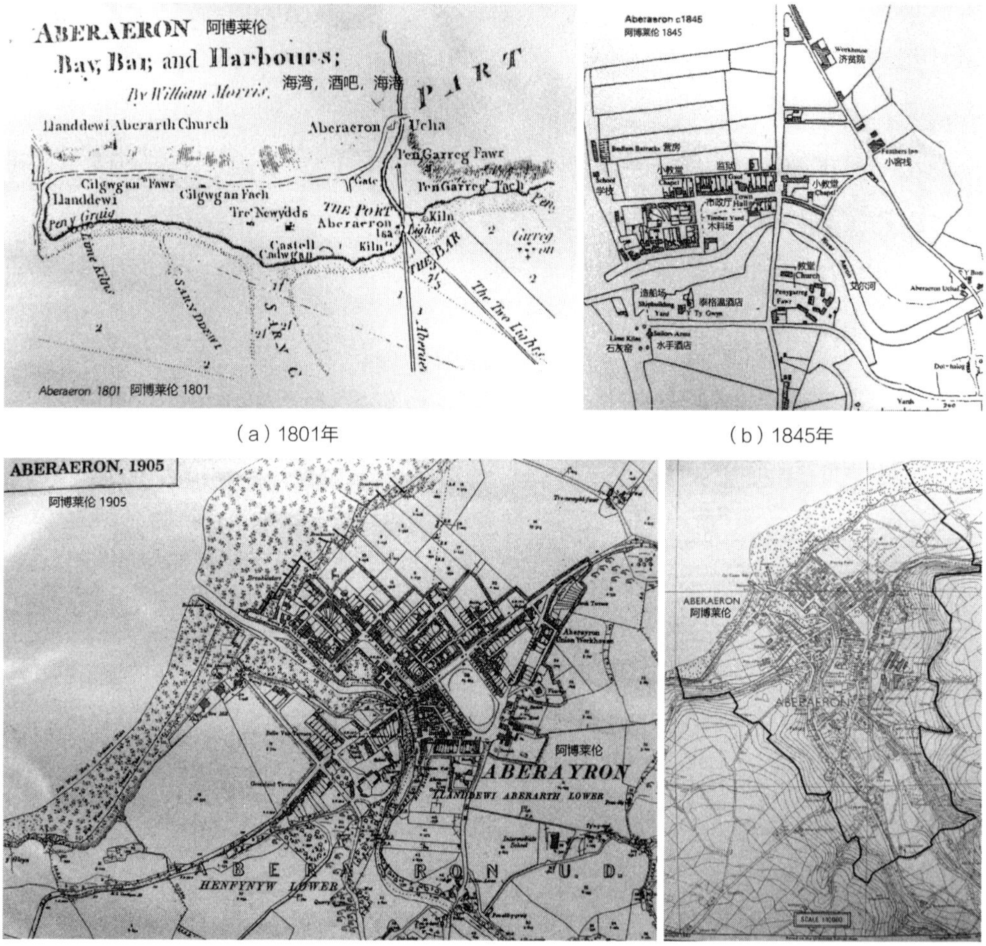

（a）1801年 （b）1845年

（c）1905年 （d）1986年

图7-16 不同时期的地图

为带动阿博莱伦城镇发展的起点。在港口开发的带动下，阿博莱伦逐渐与周边城镇有了经济往来。同其他聚居点相比，阿博莱伦的港口条件优越，适宜扩大海上经济，于是到19世纪中期，当地又开发了造船产业。

当前，港口分为外港和内港两部分。外港依托海岸线形成，供大型船只临时停靠。内港则利用了阿丰艾尔（Afon Aeron）河入海处的空间，并向东南侧人为扩展出一片开阔的水面，以供小型船只长期停留。同时，人们利用内外港之间的西侧河岸建立了一处造船厂，将生产与经营一体化。阿博莱伦的河流和内港处则形成了迷人的风景。

19世纪60年代末，阿博莱伦的海上经济开始衰落，一方面由于当地鲱鱼产量减少了；另一方面由于周边其他城市铁路的建立吸引了一部分参与经济活动的人。尽管如此，同其他城镇相比，与山、海、河融为一体的港口环境使当地极具景观优势，这使阿博莱伦转型为旅游小镇成为可能。尽管1911年以前小镇没有铁路，但阿博莱伦依然是很时兴的度假胜地。每当夏季，人们便从周边乘坐汽船或公共汽车而来，城镇的原始景观从此出现了新的价值。近年来在海岸东侧，当地政府还集中开发了房车营地，以更好地提升旅游设施和利用公共景观（图7-17）。

（a）外港

（b）内港和造船厂

（c）房车营地

图7-17　阿博莱伦的人工环境开发

2. 人工景观营造

人们在开发自然的过程中同样伴随着人工景观的营造，这一过程不仅是重塑空间形式，也代表着人们对城

(a) (b) (c) (d) (e)

图7-18 改造前后的环境
(a)、(b)：改造之前的房屋和环境；(c)、(d)、(e)：刚改造后的广场和街道

镇功能的追求和精神上的寄托。

刘店子的整体改造也涉及人工景观的营造，主要表现在对中心广场的设计上。位于商业主街中部南侧的广场曾利用基地上原有的水系和湖泊，经过岸线修整形成了具有几何美感的人工水景。岸边配合设计一系列高低错落的休闲平台，形成具有现代感和空间趣味的居民休闲空间。广场修建的过程也是当地城镇中心形象塑造的过程，彰显了城镇当时的经济实力和地方政府的魄力，具有一定的象征意味（图7-18）。

7.2.3 搭建形态框架

在设计型小城镇形态形成的过程中，"设计"的主要表现是人们针对特定环境搭建的城镇形态框架。其中，刘店子表现出来的是一种短时间内形成的整体式框架，阿博莱伦表现出来的是一种长期形成的渐进式框架。

1. 整体式框架

20世纪90年代末的标准化改造工程将"自上而下"的规划设计覆盖到原有镇区全域，这改变了刘店子整体的空间形态风貌和社区生活环境。镇区领导聘用设计

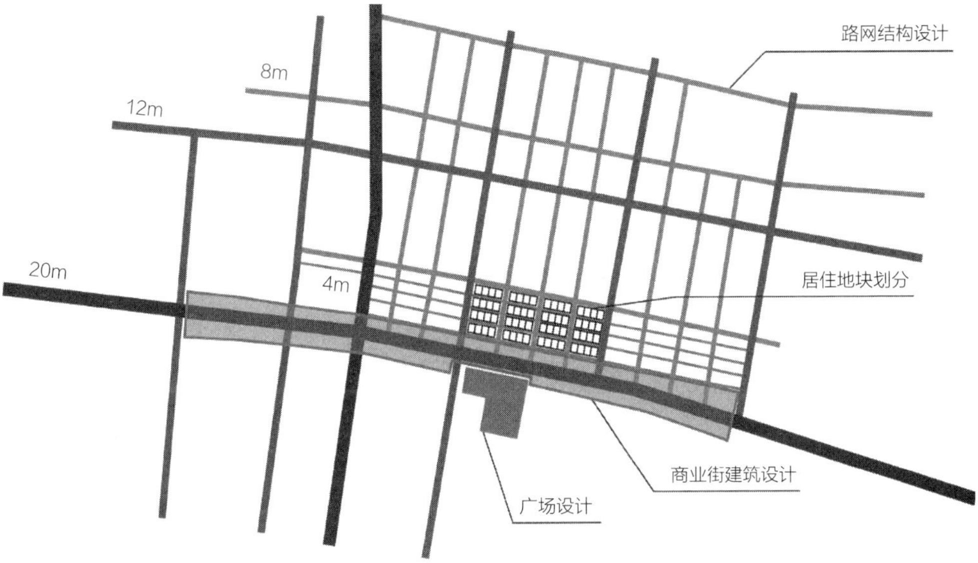

图7-19 规划设计内容

师王长东完成了这项规划工作，其内容包括全面的路网结构设计、镇中心广场设计、商业街建筑设计以及居住地块的划定等。从某种角度来说，这一时期的刘店子是通过单一设计师与地方政府谋划设计，并在短时间内建造实现的（图7-19）。

具体的设计内容如下：

（1）路网结构设计。新的交通系统包括4种尺度等级的道路：商业主街康达路宽20m，满足双向四车道需求，道路两旁商铺林立；次一级道路宽12m，作为商业街副街，并沿街布置了部分公共设施，它同时也是周期性集市的主要发生场地，设置为双车道，道路两侧有绿植；居住区块间的道路宽8m；房屋的入户道路宽4m。新的道路以硬化水泥路面为主，考虑了日益增长的车行交通的需求，极大程度优化并方便了居民的日常出行条件。

（2）广场设计。商业街康达路中段南侧的康达广场是规划设计中主要完成的公共场所，由广场、景观湖、游园三部分构成。硬化面积3000m^2，可容纳万人集会。该场地位置原有一处微型湖泊，经过设计改造成了一片景观湖。湖边的广场经过精心设计，形成了不同标高的活动平台，配以绿化景观、雕塑小品，并布置了少量健身娱乐设施，兼具功能性、观赏性与趣味性，在当时的小城镇中实属超前。

（3）商业街建筑设计。为了抓住小城镇开发机遇并扶持第三产业，当地在康达路两侧开发设计了若干栋上居下店的沿街楼，助力75户居民开店做生意。沿街商业建筑有两层高，立面设计为欧式样式，与一层的普通住宅表现出明显差别。受到资金限制，这些商业建筑总共分为三期才全部建成，每期的立面样式略有区别，使商业街的面貌呈现出微妙的变化。

（4）居住地块的划分和自建原则的设定。在如此规划框架下，宅基地被重新进行了划分。相对原住宅用地来说，新的用地仍以当地传统合院式建筑所需的长宽比例为参考，面积稍有增长，邻里环境的卫生和通行条件有了统一化的提升。修整后的基地重新出售给居民，靠近商业街的地块价格较高，位置偏僻的地块价格较低。新基地上的房屋由使用者自行建造，大多延续了传统的院落式布局，而房屋高度被严格规定为一层。

通过规划设计，刘店子由“乡”的面貌逐步转向“城”的面貌，这与居民现代生活方式的转变和生活品质提升的要求是相匹配的，由此进一步带动了招商引资，并促进集体经济收入的提升。在地方管理者的带领下，民众积极开店铺、办工厂、跑运输，城镇改建完成后的短短两三年时间内，当地经济总收入就超过了新中国成立以来50年的总和，成为远近闻名的经济强镇。生产生活条件的同步提升使当地生活始终具有一定的吸引力，避免了同期其他小城镇出现的原著居民流失的现象（图7-20）。

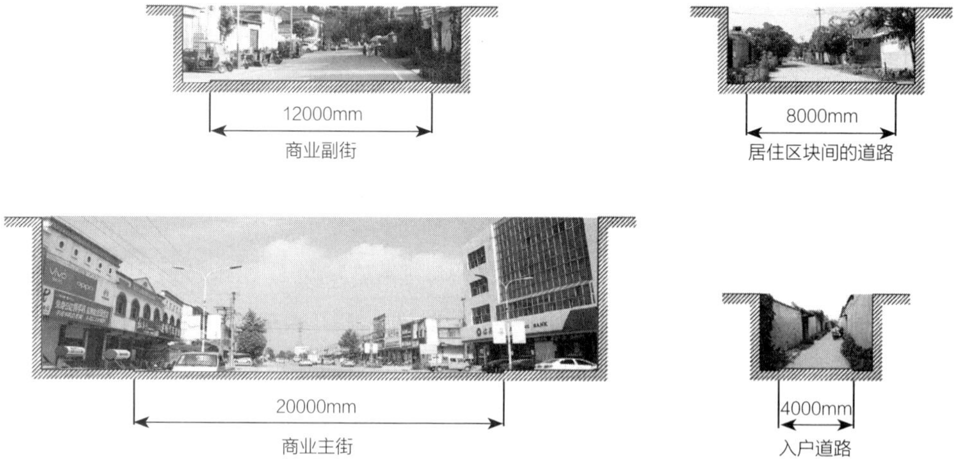

图7-20　交通系统中的4种尺度道路

2. 渐进式框架

阿博莱伦的形成从一开始就被控制在一个计划中，这看上去与“自下而上”的本质相矛盾，但如果剖析它与今天众多毫无生气的“自上而下”城镇空间的区别时，就会发现它呈现出的鲜活的闪光点。最明显的一点是，整个建设过程不是一个周密的计划，对于它的计划者阿尔班·格温来说，建设城镇的每一步都存在很大的未知性。城镇最终的实现是一个局部诱发、实践试错、逶迤前进的过程。

早期小镇的空间形成过程有几个重要的步骤：

环境想象：阿尔班·格温在继承前领主的遗产——几座农舍和酒店之后，观察到海港的优质条件并产生建立定居点的愿望。

局部开发：投资开发港口——起初只是两座码头，后来扩展到完整岸线的建立。优越的航海环境条件促进了鲱鱼产量大幅提升，带来可观的经济价值。

建筑示范：为了鼓励更多人前来定居，阿尔班·格温示范性的在海边建设了4栋房屋。

框架搭建：阿尔班·格温联合设计师爱德华·哈克完成了规划结构，通过修建道路系统和划分土地使城镇基本框架成形。

自建扩展：在原始框架和房屋形态要求的控制下，新的居民加入到城镇建设中，通过自建使城镇有序扩张。

这样形成的聚落形态更像一个城市。对于一个以自生聚落为主要聚居形式的区域来说，这样的城镇形态是具有吸引力的：街道更加整洁、更加安全和更加规范，而这种井井有条暗示着创造更多财富的可能性和提供更优质的生活。事实上，这种“城市感”的确使它对经济产生了聚集效应，促进多样就业岗位的产生，比“野生”的山村空间更能提供适应丰富公共活动的空间（图7-21）。

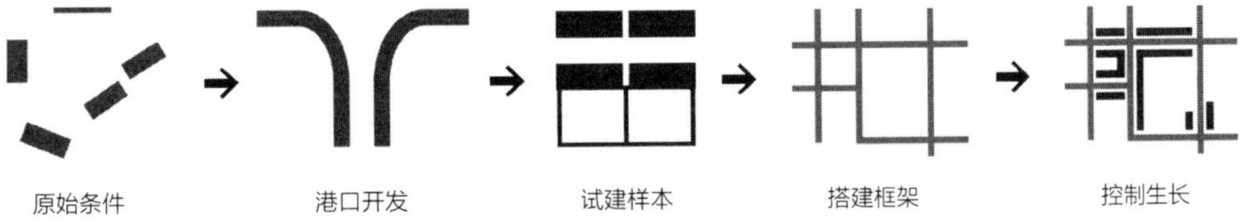

图7-21 小镇成形过程

7.3 共建与自建

7.3.1 基本需求特点

1. 刘店子的基本需求特点

刘店子是在内部人群世代繁衍过程中自然长大的，随着内部家族的壮大而成长。它自始至终属于一个生活服务型的小城镇，其服务对象多为本地和周边的居民，以提供稳定的经营和生活方式为主。由于城镇的构成人群比较固定，大多是世代在此生活的商人和农民，生活习惯和思想观念比较一致，因此，人群的需求也偏向于单一化。

在城镇的发展建设中，当地始终以追求更优质、更方便的生活条件为主要目标。在机动交通与工业化的影响下，区域间居民流动加强，人们现代生活方式的转变同陈旧落后的环境设施之间产生矛盾，并促成了以实现交通便捷、空间整洁和管理高效为导向的城镇改造。

2. 阿博莱伦的基本需求特点

阿博莱伦城镇建立初期依托少数人（主要是领主阿尔班·格温）的梦想，在从零起步之时就面临许多生存问题。对于当地的社区组建者来说，使该地区得到合理开发，找到合适的营生途径并建立起城镇的吸引力将十分重要。因此，建造一座城镇并不是简单的空间上的开发，而是建立起一种综合性的集体生活运转方式。

当有更多人相信在阿博莱伦可以获得一种理想的生活方式时，便会加入到城镇建设中去。而随着不同人群的加入，城镇所容纳的职业也逐渐趋于多样化。阿博莱伦的城镇构想、计划与实现的过程，就是一群原本互不相干的人产生集体认同并构建生活方式的过程，它表达了多元化的需求。

7.3.2 协作共建生活方式

在城镇空间框架下隐含的是对共有生活方式的塑造，尤其是公共生活的形成，它依赖城镇居民的某些自发集体行为的反复出现。因此，虽然城镇的空间框架是可以被搭建的，但最终由物化的空间转化为具有特定意义的场所，需要居民在日常的使用过程中去认可和接纳。在本节研究的两个案例中，刘店子反映了确定空间框架下由居民实现的场所定义，而阿博莱伦则反映了一种整体的生活循环模式建构。

1. 场所定义与内部活动

刘店子规划改造后，住屋之间的街道成为居民们日常活动的空间，而不同的街道在居民行为累积的影响下出现了不同的场所意义。

首先，门前的入户道路默认分段从属于每个个体，是每个居住单元的延伸使用空间。住户们自主沿庭院外墙进行种植，或将这部分空间作为放置生活用具和交通工具的场地。有些住户会自主装饰正对其入口的墙壁，附上贴画或种植爬藤植物。而在炎热的夏天，一些入户路段被自发覆盖上顶棚。

居住区块间8m宽的道路构成了人们日常的步行空间，这也是邻里主要的交流和休憩的空间。这些道路上车辆较少、步行也安全，人们时常在这里碰面，进而驻足、停留、相互问候。特别是城镇里的老年人们常常自带板凳，坐在这里纳凉休息、闲话家常。人们一般会根据房屋阴影的变化选择停留的位置。

12m宽的副街则是具有多功能、聚人气的地方。日常它们作为车行交通系统的一部分，疏解了城镇内部主要的机动交通压力。同时，这些副街也是每周集市的发生地，其尺度刚好适宜摆放两排摊位，中间空下行人通道。集市中的各摊位沿街道呈“井”字形分布，商贩们根据售卖物品的不同，自动地在不同的路段形成了分区。若逢特殊节庆（如春节），集市则会升级为更大规模的民俗活动，除了售卖各种民间杂货外，还有街头表演、游戏、展销活动等，热闹非凡。

位于城镇中心的主街承担了对外交通的作用，它也是一条聚集了众多店铺的商业街。除了服务刘店子内部的居民外，它还服务周边次一等级村镇居民前来采购物资。由于道路横截面较宽、过境车速较快，且人行道上缺乏遮蔽和休憩空间，主街的步行体验感较差、安全性不佳，一般内部居民买东西、办事时才会到这条街上（图7-22、图7-23）。

2. 生活循环模式构建

对于阿博莱伦来说，建立生活方式比建立房屋更加实际而困难，而得到他人对这座小镇生活方式的认同是吸引更多居民加入城镇建设的前提。当小镇进入密集建

（a）入户道路

（b）居住区块间的道路

（c）副街

（d）主街

图7-22　作为不同场所的街道

图7-23　集市分区布局

设期——19世纪30年代时，阿博莱伦海域的鲱鱼产量已经有所下降，使定居者不得不寻找其他谋生途径。海上运输的发展为当地带来更加丰富的物质资源，纺织工厂、牛奶作坊、奶酪作坊、蜂蜜作坊相继建立起来，多样化生产又进一步促进了与其他内陆城镇的自由贸易[①]。到19世纪中后期，小镇进入了一个**健康的经济和生活循环状态**：海运促进生产和贸易，而与周边内陆城镇的贸易所得使小镇居民可以建造更多的房屋、更大的轮船，也使开发商有更多资本投入公共建设，打造更舒适的生活环境（图7-24）。加上小镇本身的自然禀赋吸引了居住在周边其他城镇的居民前来度假和消费，城镇建设的经济来源一直比较充足而稳定。这一过程产生了多样化的职业需求：水手、工人、商人、教师、医生、农民等都可以在这里找到自己的位置。

与此同时，公共生活也在逐渐建立起来。随着贸易活动的兴起，每周集市和年度市场的习俗逐渐建立起来，使阿博莱伦成为周边更大范围的贸易中心。城市中心的市场大街附近的街区最早建设的房屋采用下层酒店、上层居住的形式，临街部分逐渐出现了商店，使这里的公共商业功能不断强化。在公共建筑的建设上，最早出现的是几座教堂，并每周由教会开设“周日学校”。到了19世纪末进一步出现了学校和医院。

经过100年的时间，通过积极的自我管理，阿博莱伦基本成为一座完整而有魅力的小镇：自然风景优美、建成环境整洁、公共活动丰富、人民经济收入稳定。今

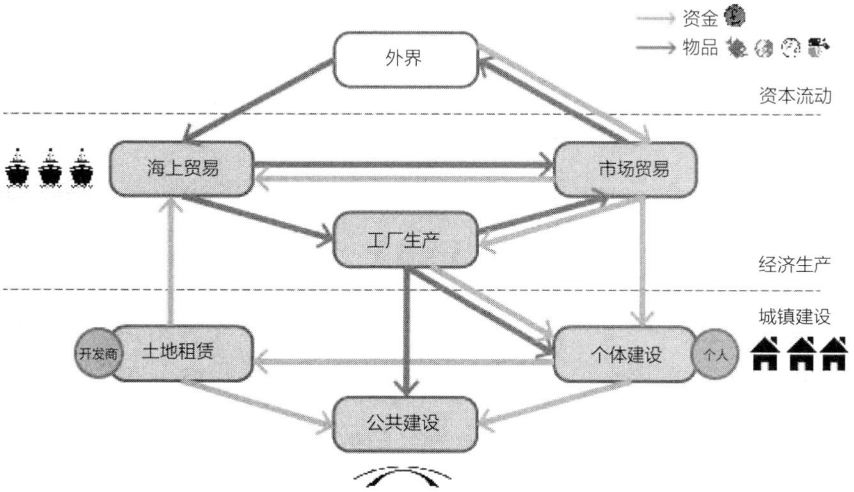

图7-24 资本循环

① Authors in Aberaeron. Memories——Reminiscences of Aberaeron [M]. Carmarthen，ARTS CARE，1998.

天，阿博莱伦小镇的形态和社会构成的变化并不多，但由于外界环境的改变受到一定的影响。例如：外线交通的发展使人们的活动范围增加，得以到更远的地方消费，这使阿博莱伦地方经济中心的地位逐渐衰退。因此，近年来阿博莱伦将更多发展重心放在了旅游建设上，并受到地方和上级政府的大力支持，主要体现在特色旅游的开发及海域生态的保护上。

7.3.3 自建机制

受到经济实力和管制能力等多方面的限制，城镇无法完全依靠地方管理群体的实力建设起来。一般情况下，城镇中大量的居住房屋最终要由城镇居民自建完成。而要保证数量庞大的自建行为在规划框架下有序进行，就需要形成一定的运作机制。本章研究的案例提供了两种不同特点的自建机制，其中刘店子表现了一种填充式的自建机制，阿博莱伦表现了一种互惠式的自建机制。

1. 填充式自建

在刘店子的全面改造中，规划设计为空间环境制定了严格的框架，而框架之下的具体内容则需要由真实的使用者——生活在其中的居民来自主填充。其填充的内容主要包括两部分：一是单元地块上的住屋建设；二是发生于房屋之间公共空间的活动。其中公共活动已经在前文有所介绍，本节主要分析单元地块的填充建设情况。

在城镇改造之前，过去的土坯房、砖瓦房完善是靠居民自己搭建完成的。对于任何一个小家庭来说，建房工事都是比较繁重的，需要邻居亲戚互帮互助完成这一过程。因此，为了在特殊时刻获得援手，平时处好邻里关系十分重要。如果一些人缘不好的住户建房时找不到人帮忙，就只能花钱雇人，由此催生了最早的地方施工队。

借由这次改造，大多住屋采用了新的建筑结构——框架混凝土结构，相对于老屋有了更强的坚固性和耐久性。然而，在新住屋的建设过程中需要专业的浇筑和安装，无法单独依靠居民自身完成，需要聘请专业的施工团队，这改变了当地互助式的建房传统。建筑总体延续了过去的合院布局形式——南入口、北住屋、中庭院，符合当地的生活习惯和传统观念。由于当地并非每个季节都阳光充足，人们日常倾向于在庭院中用餐、休闲，或晾晒、工作。因此，庭院布置于易于接收阳光的中部或南侧，并成为重要的起居和功能空间。而每个单元具体的布局根据家庭构成和生活需求有所差异，在家庭人口不多的情况下，居民倾向于布置完整、集中的庭院空间；若家庭人口较多，需要更多室内使用面积时，则会压缩庭院加盖住房。对一些老年人来说，会选择在庭院内增加种植空间。当地传统的住屋为两坡硬山屋顶形式，或两坡屋顶结合平顶，以预留一部分屋顶的晾晒空间。而如今很多人选择将住屋建成平顶的形式，为了在以后当地住屋限高取消时，可以有向上加盖的可能性（图7-25、图7-26）。

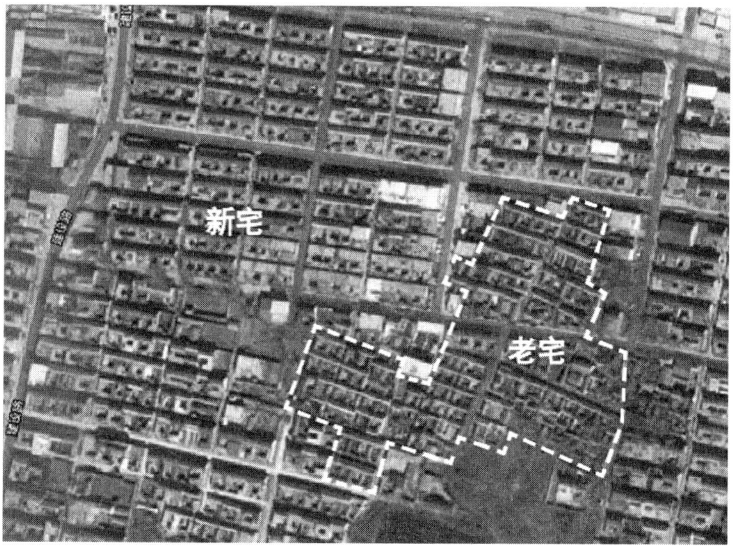

图7-25　新旧住宅肌理对比

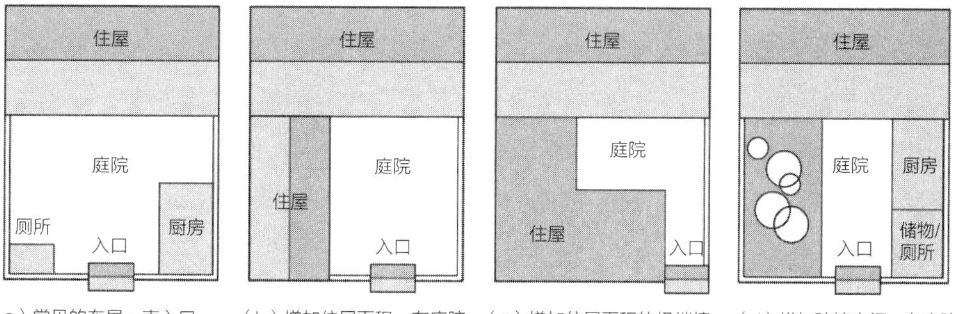

（a）常见的布局：南入口、北住屋，中部为庭院，院中有独立的厕所和厨房

（b）增加住屋面积：在庭院一侧增加室内使用面积

（c）增加住屋面积的极端情况：室外只留下可以通行的走道

（d）增加种植空间：在庭院中划出集中空间用以种植或养殖家禽家畜

图7-26　多种单元布局

2. 互惠式自建

阿尔班·格温在规划建造阿博莱伦时，也在创造一个社会、一个新定居点的共同体。这一过程不管刻意与否，它在一栋栋房屋树立起来、越来越多居民在此安顿的过程中自然地发生。选择以自建为主要的城镇建设形式是当时不得已的选择，这种机制的形成原因很单纯：出身民间的开拓者阿尔班·格温并没有实力完成整个城镇的投资与建设，需要依靠更多人的力量。他自己首先做了大胆尝试，在港口边建立起4栋带院子的房子，不久后在更北的位置建立了10栋建筑，然而由于离海岸线太近很快被浪潮摧毁了。阿尔班·格温很快发现仅依靠自己建房再租用给他人的方式效率太低，转而开始发展另一种与租户之间的供给关系：从“租一住”转为“租一建”。他将预先划分好的土地以相对低廉的价格出租给其他用户，使租户、租户妻子、长子具有终身使用权，同时租户需按照指定样式进行建造①。这种方式看似供给，实则是一个**相互信任、相互回馈**的过程，每个人都在城镇梦想的实现过程中贡献了力量。而这种**相互依存**不仅体现在房屋建设上，还渗透到城镇形态背后的生活方式组建中的方方面面。

而这种方式与我们今天完全凭借规划形成的城镇空间也有很大区别，虽然出现了规划与建筑形态控制，但受到多种非设计因素的干预影响。

自建过程中房屋样式主要限定于基地分配、建筑位置以及立面形式——包括层高、材料、主要立面要素如阳台的形式，并要求住户每两年粉刷翻新立面以保证外观的整洁。组织者并不是提供了房屋的标准形式，而更多是限定一种规律（Rules）。在这种规律限定下依然可以看到个人在房屋建设中的自由发挥：立面颜色、阁楼气窗、前院装饰、门框与窗框的线脚、门牌标识等。由于最终房屋形式由实施者即使用者决定，无法避免建设过程中的“偶发”情况，保留了丰富性的呈现。普通居民通过“加入”城镇建设成为城镇居民，而不是被安排进入一个陌生的环境。这也是阿博莱伦比一般威尔士典型的标准行列式住宅街区给人感受更精致、更温暖、更有魅力的原因（图7-27）。

① Authors in Aberaeron. Memories——Reminiscences of Aberaeron［M］. Carmarthen，ARTS CARE，1998.

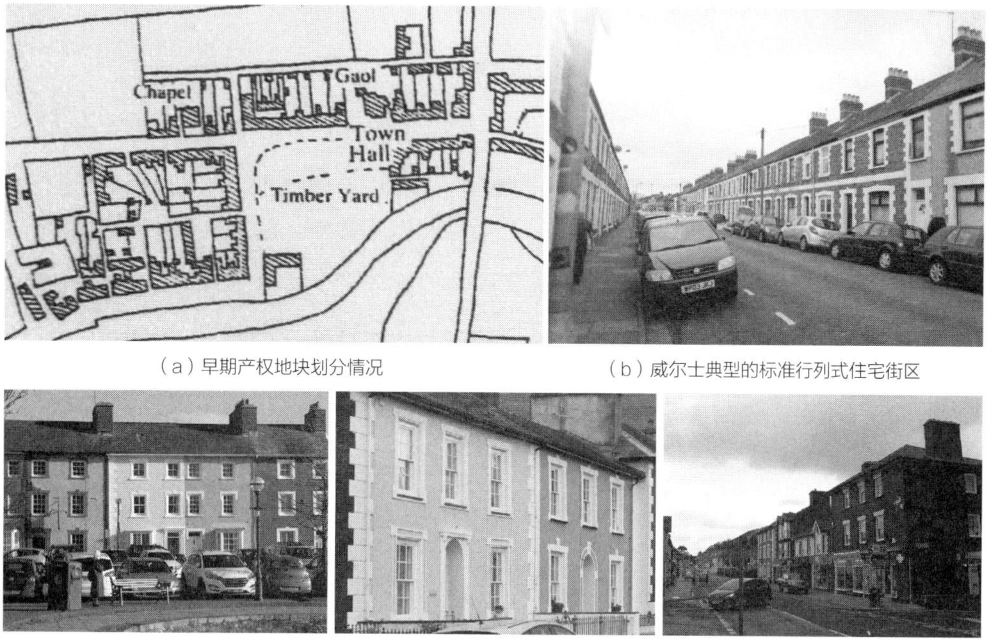

（a）早期产权地块划分情况 （b）威尔士典型的标准行列式住宅街区

（c）不同立面颜色 （d）不同门框与窗框细节 （e）不同层高和门面装饰

图7-27 自建的多样性

7.4 本章小结

本章的主要结论包括以下几点：

1. 分别以刘店子和阿博莱伦作为中欧典型案例，分析了设计型小城镇的整体形态特征和对应的形成方式。其中刘店子在城镇形态设计中被整体赋予了网格肌理：主要通过等级化的正交路网和完全一致的单元地块实现，而整体形态的布局仍然参照了改造之前的家族分布以及对外的交通接口和经济空间的位置。而阿博莱伦的城镇形态表现了“原生态”与“设计”的结合，由若干种不同类型的形态相互组合，其中既包括了具有明显设计意向的“网格街区”，也包括了自然有机的“山间村落”，并没有某种主导的形态模式。

2. 设计型小城镇以环境为导向的形态形成途径，表现为通过开发环境的价值并搭建城镇空间框架，使城镇环境按照人的构想生长起来，以实现对环境的驾驭。其中要实现对环境的有效开发，就要在尊重原始地形的基础上，以多样灵活的方式塑造人工景观。而搭建城镇空间框架的方式主要有两种：一是短时间内形成的整体式框架；二是长期形成的渐进式框架。

3. 设计型小城镇以需求为导向的形态形成途径，表现为城镇居民在空间框架下通过不断的行为活动产生的场所定义和生活构建。在设计型小城镇中，即便规划设计会对城镇形态轮廓产生一定的，甚至是比较大的影响，最终环境的刻画仍然要依靠“自下而上”的生活实现。个体需求同样可以反映在单元自建过程中，而保留自建中自然形成的细节差异，也是塑造城镇空间丰富性的一种途径。

8

“自下而上”营建途径的作用特点

通过对3种类型小城镇中外典型案例的分析，以上3章从现象的角度呈现了不同类型的“自下而上”营建途径的表现形式。本章将在前文研究的基础上总结提炼历史上小城镇生长演化中普遍出现的几种“自下而上”途径的实现方式，并进一步分析“自下而上”营建途径在时间中的演变现象以及在形式变迁中出现的新特征。

8.1 “自下而上”营建途径的实现方式

世界各地的人们“自下而上”建造城镇的过程，也是以群体为单位，在外部环境和内在需求之间建立平衡的过程。他们通过营建过程中的大量试错、纠正，去求证同时可以适应环境并满足需求的聚居方式，并世代流传下来。因此，各地人群自发产生的需求与环境之间一一碰撞的关系，便构成了“自下而上”营建途径的丰富性。根据需求与环境之间的互动关系，“自下而上”的城镇营建途径可以分为以下3种形式：一是以需求适应环境；二是以需求修正环境；三是以需求驾驭环境。

8.1.1 以需求适应环境

以需求适应环境是历史上绝大多数情况下，人们在营建城镇过程中自然产生的一种途径。这种方式以在特定环境中建立居住的适宜性和稳定性为主要目标，是因地制宜的城镇营建途径。

1. 整体的适应

从某种程度上来说，人的需求不决定城镇环境的最终形式。这首先表现在人的需求具有相通性。由于生理构造上的相通，从本质上来看世界各地的人，其基本需求并无太大差别。马斯洛曾提出对所有人都适用的需求层次理论，认为人类需求从低到高按层次分为5种，分别是：生理需求、安全需求、社交需求、尊重需求和自我实现需求（图8-1）。其中层次越低的需求普适性越强，因此，大多数城镇最初以构建稳定合理的生存环境为导向，一定程度上也反映在具有共通性的环境构成要素之中。同时，人自身可以对环境产生适应性，并修正自我需求。因此，需求总是根据环境的具体影响而逐步明确。可见，在形成系统性的城镇建设意识之前，适应环境是最初状态下的一种迫不得已的选择，但也是具有正向意义的生存方式。

最初城镇形态本质的不同取决于环境的不同。人的需求在特定环境中得到持续性满足，并产生适宜性和稳定性的结果，就是在一定地域范围内建立起一种能经得起考验的空间形式。这一过程需要当地人反复摸索，并逐渐在特定环境中将各种需求所对应的空间形式具体化，同时将取得较好效果的空间模式固定化。最终固定下

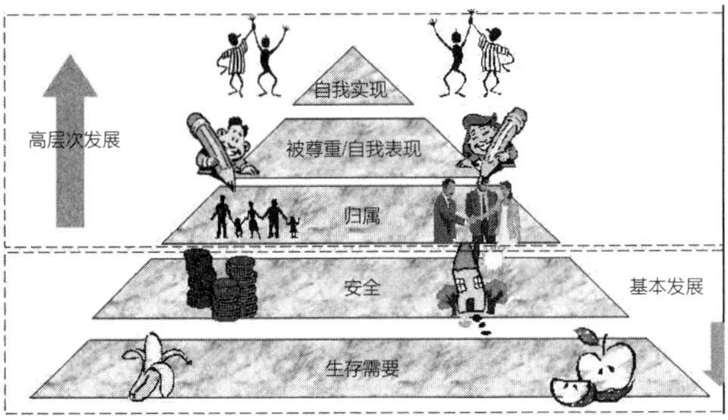

图8-1 马斯洛的需求层次理论

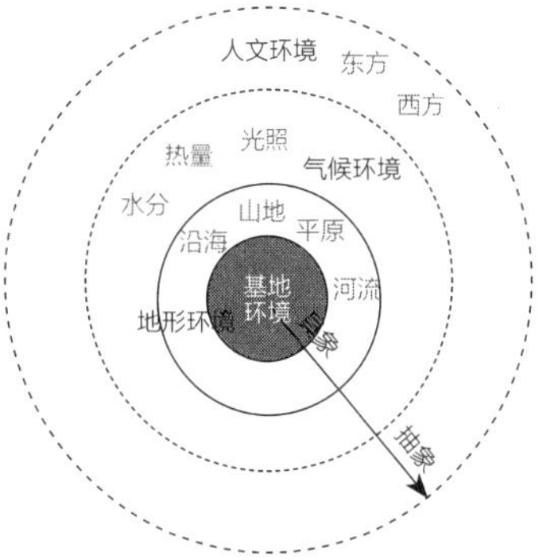

图8-2 几种不同层次的环境

来的多种空间建设模式的集合，就组成了针对这一环境的“自下而上”营建途径。

环境特征可以从多种层次上进行理解。同一领域范围内的环境总表现出一定的共性特征。其中，领域的范围可大可小。环境范围越大，表现出的共性特征越抽象；反之，范围越小，表现出的共性特征越具象。根据范围由大到小，可区分出几种不同层次的环境：人文环境、气候环境、地形环境和基地环境（图8-2）。

人文环境是区分城镇类型的一项基本指标。笼统来看，东方城镇和西方城镇之所以有明显的不同，是人文环境的区别造成的。以中国城镇为代表的东方城镇多由大量合院式建筑组成，根据家族分布确定聚集形式，并包含若干祠堂和寺庙，整体空间形态含蓄而精致。以欧洲城镇为代表的西方城镇一般以教堂为中心，并由若干独立式建筑组合成街区，建筑单体形象比较弱，城镇形态整体而强烈。这种大地理范围内的人文环境特征是不同种族人群在各地长期的历史文化作用下形成的，成为各区域城镇建设的基本背景。

气候环境与城镇所在地的经纬度以及所处的陆地板块位置有关，表现为某一地区的光照、热量、水分等指标的特点，这进一步决定了该地区的水文和植被条件。同一气候区内的建筑类型通常是较为固定或相似的，由该地区的建筑材料和房屋建造中的气候应对策略决定。地形环境提供了更加形象的下垫面形式，进一步影响并促生了几种惯用的城镇布局方式。基地环境则将各种环境特征具象化，汇总为直接的城镇建设背景。

各地环境的多样性从正面解释了城镇形态的多样性，因为从以需求适应环境的建设逻辑来看，环境与城镇两者的特征总是相互呼应的。城镇空间形态中所包含的种种特征总是为了应对某些环境特征而存在，比如基本的聚居模式应对了人文环境，房屋形式应对了气候特点，房屋与大地之间的关系应对了特定的地形，而具体的布局又应对了具体的基地。反观前文所研究的中外典型案例，其表现出的形态特征与环境特征一一对应，其背后所暗含的城镇建设策略便组成了符合该地环境的“自下而上”营建途径。

以需求适应环境的建设途径决定了当任何环境参数发生改变时城镇空间形态必然发生改变。对比前文研究的6个城镇可以发现，中国城镇与欧洲城镇即使在地形和气候条件上有部分相似点，但在城镇空间组织方式上依然有本质上的不同，这是人文背景所决定的。对比中国的3个城镇——陈炉古镇、新场古镇和刘店子，它们反映了在3种不同地域气候条件下的形态组织方式。而欧洲城镇中的考布里奇和阿博莱伦由于所处区位更近，人文和气候环境参数更加接近，但具体的地形和基地条件的不同仍然带来了截然不同的城镇形态风貌（表8-1）。

各城镇根据环境特点产生的形态表征　　表8-1

环境		人文	气候	地形	基地
陈炉古镇	环境特点	东方民族	大陆季风气候 冬冷夏热，干燥缺水	土石低山梁塬丘陵	四面环山，沉积岩地带
	形态表征	合院式住宅 聚族而居 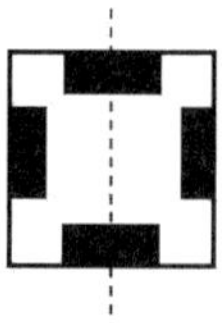	窑洞 （山式、下沉式、组合式） 	山式窑洞 沿坡筑形 	东三社、西八社， 陶炉陈列 
新场古镇	环境特点	东方民族	亚热带季风气候 全年气候温和	水网密集平原 离海域较近	“井”字水网
	形态表征	合院式住宅 聚族而居 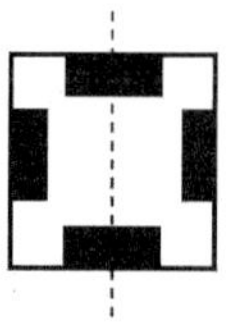	江南民居 白墙黛瓦 	枕河而居 设置盐场 	东场西市 “十”字街道 

续表

环境		人文	气候	地形	基地
刘店子	环境特点	东方民族	温带季风气候 冬冷夏热，四季分明	大河平原	平原地区，交通发达
	形态表征	合院式住宅 聚族而居 	合院式 土坯房 	行列式住宅 依地形、家族聚集 	五村聚集， 中部为商业街 
考布里奇	环境特点	西方民族	温带海洋气候 夏短冬长，阴晴不定	丘陵地带	南高北低， 有河流、道路穿过
	形态表征	独立式住宅 地块组合 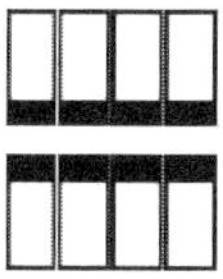	石头房子 	依山就势 	沿路生长，向山区蔓延 
达默小镇	环境特点	西方民族	温带海洋气候 温和多雨，气候湿润	近海低地	达美运河从中流过
	形态表征	独立式住宅 地块组合 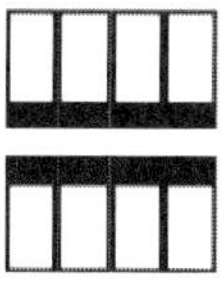	大屋顶、红砖房 	逐水而居，修建堤坝 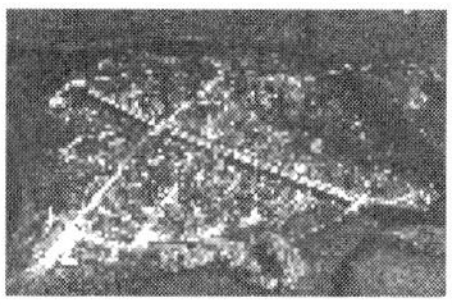	河路交叉，双向轴线 
阿博莱伦	环境特点	西方民族	温带海洋气候 夏短冬长，阴晴不定	沿海丘陵地带	北部为海岸线，南侧山区
	形态表征	独立式住宅 地块组合 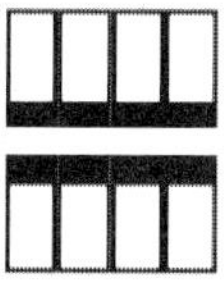	石头房子 	建造海港， 修筑彩色房子 	在北侧形成海港区和 网格街区 

2. 局部的适应

城镇整体的适应性是以建立若干局部的适应性实现的。这意味着当每个个体的建造活动发生时，都在执行共通的环境适应策略，这使得同一城镇中的建筑和环境风貌表现出趋于一致的地方特征。然而个体之间“和而不同”，表现出一定的局部空间差异，这是因为个体在自主建造时仍会融入自身的实际需求，个体之间存在的需求差异和个性差异使局部建筑和环境形式产生灵活的变化。

这种现象可以理解为个体在基本的在地形式上所进行的二次创造，表现为同一种空间形式在实际环境中的拓扑变化。类似的变化同样出现在居住空间和商业空间之中。其中居住空间的布置一半与家庭特征相吻合，根据家庭人口和日常功能的不同而产生变化。而商业空间的变化要更多一些，除了受到内部个体和功能的影响之外，对外界的变化也会更敏感。有些城镇中的单元空间形式中包含了建筑的组合，这种情况下的空间变化会更加容易实现。组合意味着可以自由对空间进行拆分，并可以重新确定单元空间的边界，以及更换组合形式。

考布里奇小镇商业街区的空间利用可以充分反映这种“从局部到整体”建立适应性的过程。将自家院落转化成公共的“内街”是考布里奇商业主街两旁商铺的通用改造模式，这一方式不仅促成了“街道—院落”复合空间形态，而且催化了丰富的公共生活。“开放院落”的灵活性体现在为当地的经济生活提供了放大的商业空间、多样化的邻里空间、灵活的步行交通系统，而且在举办集体活动时还可以将院落串联形成连续的公共空间。

每个院落的基本尺度和布局模式是一致的，这归功于早期城镇掌管者对地块的统一划分。早在13世纪城镇初建时，依据城墙边界范围和古罗马路的位置，城墙之内的土地被均分为302个狭长地块，出租给当时的居民作为基本商业单元。这种地块划分方式不仅考虑到了交通、管理、建筑基本尺度模数的影响，还预见了市场的经营模式和多样功能，为日后繁荣的商业街区搭建了基本空间框架，奠定了街区的肌理形式。

随着单元院落空间改造的展开，个体的需求也在这一过程中被植入到具体的微空间形式中。以下选取考布里奇商业街区的几个局部片段进行差异化分析（图8-3，表8-2），它们的原型都来自前文所述的狭长形院落，亦可看作内向的小型广场，单元片段基地尺寸约为9m×60m。在每个片段中，面街一侧布置商铺，界面上留有通入院落内部的通道，院落内部则布置了更多小体量建筑，大多功能辅助

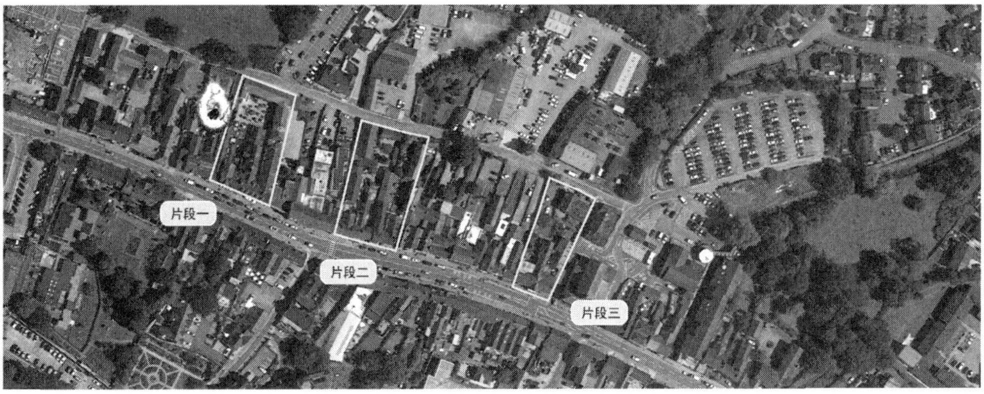

图8-3 考布里奇商业街周边的几个片段

考布里奇商业街中的 3 个片段

表 8-2

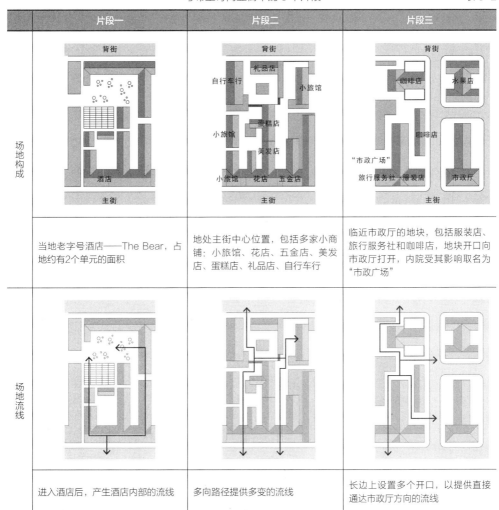

	片段一	片段二	片段三
场地构成	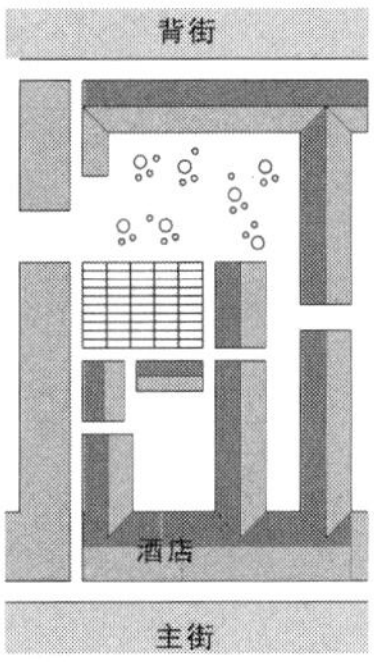	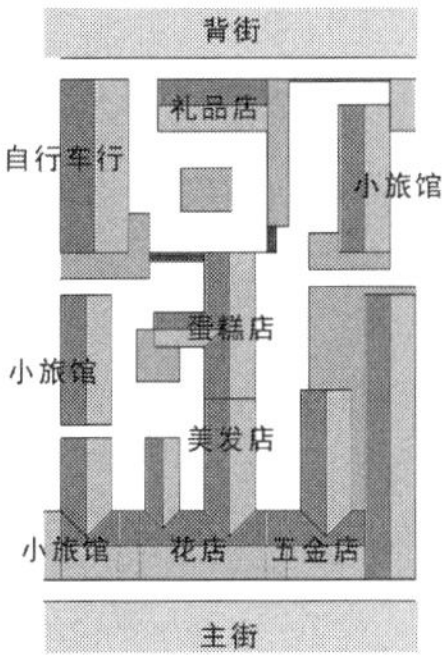	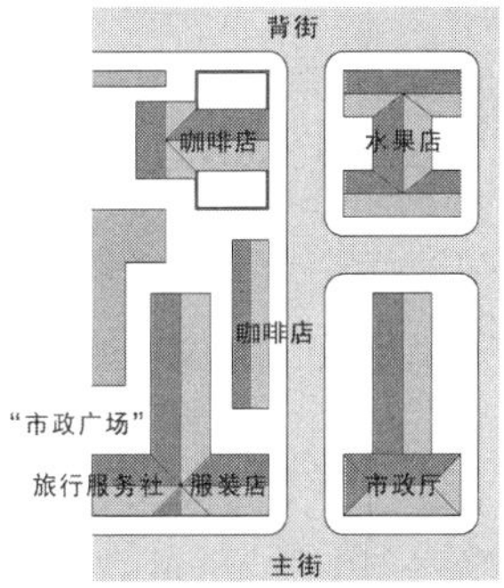
	当地老字号酒店——The Bear，占地约有2个单元的面积	地处主街中心位置，包括多家小商铺：小旅馆、花店、五金店、美发店、蛋糕店、礼品店、自行车行	临近市政厅的地块，包括服装店、旅行服务社和咖啡店，地块开口向市政厅打开，内院受其影响取名为“市政广场”
场地流线	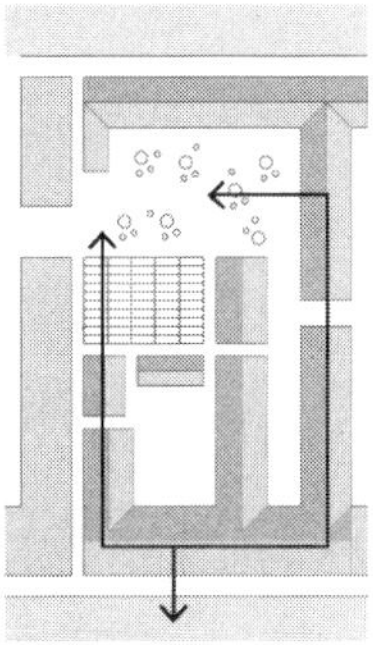	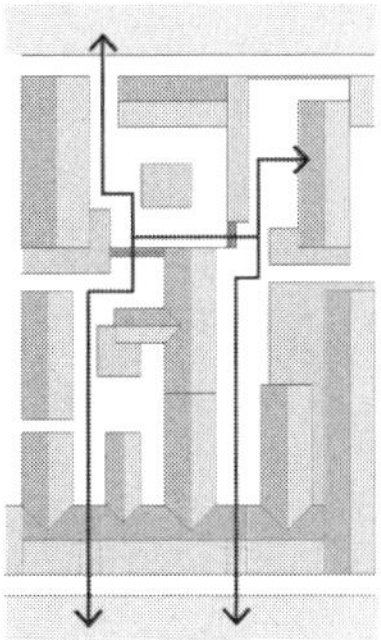	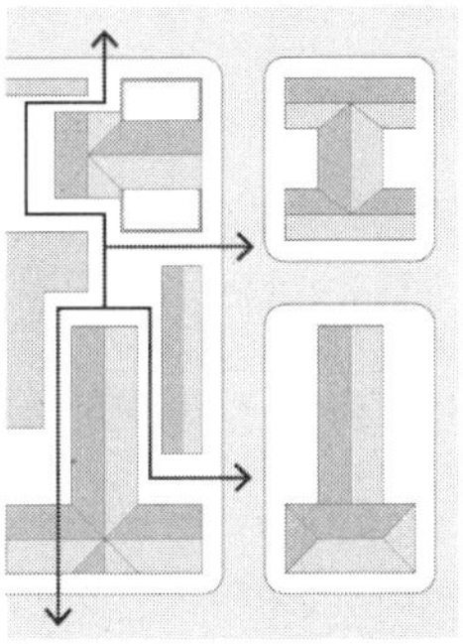
	进入酒店后，产生酒店内部的流线	多向路径提供多变的流线	长边上设置多个开口，以提供直接通达市政厅方向的流线

续表

	片段一	片段二	片段三
室外空间从属关系	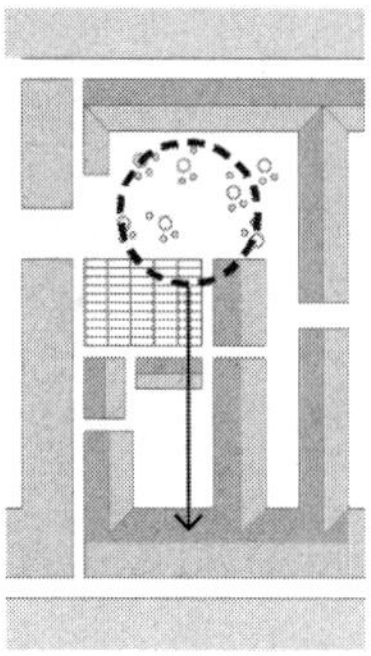	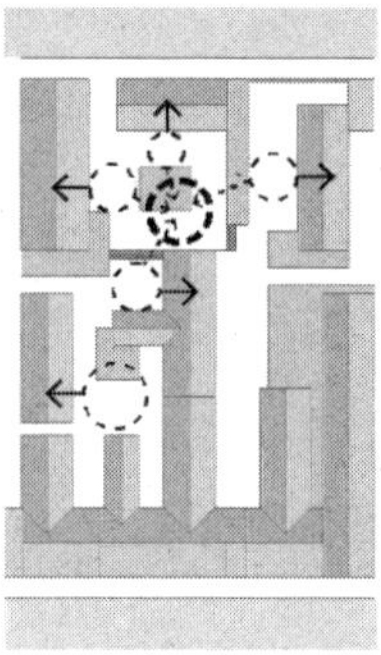	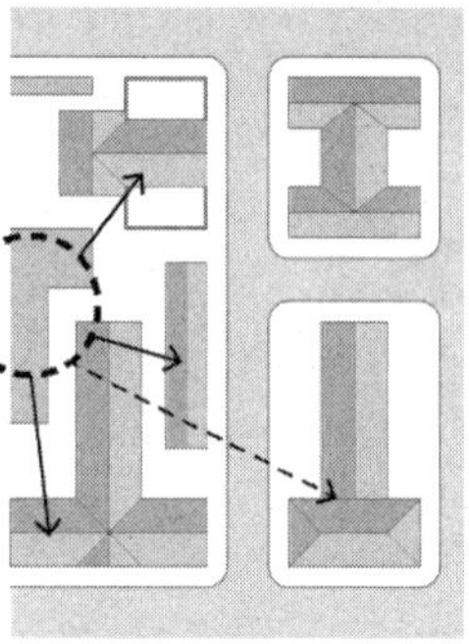
	室外小广场从属于酒店	每个商铺前的场地从属于该商户，并从属于室外空间整体	“市政广场”为几家商铺共享场地，并间接与市政厅发生联系

于面街商铺。

片段一是一家当地的老字号酒店——The Bear，已有上百年历史。其占地面积较其他单元较大，横跨了约2个单元的空间。临街建筑后侧的院落和其他房屋皆从属于酒店本身，其中院落被布置成一个完整的露天休闲区。

片段二是若干家小商铺的联合体，在2个单元地块尺度中共容纳了9家商户，包括3家小旅馆、1家花店、1家五金店、1家美发店、1家蛋糕店、1家礼品店和1家自行车行。院落围合的室外空间成为这些商户的共享空间，每一小部分在不同个体的作用下呈现更精细的布置。同时，路径多向通达，以满足不同人员的行为流线。

片段三是紧邻市政厅的一块空间，其中包含了1家服装店、2家咖啡店和1家旅行服务社。不同于其他院落的主要开口位于地块的南北两侧，受东侧的道路和市政厅的影响，该地块在侧面布置多个开口，提供便于通达市政厅的流线。而内部的院落受到市政厅的影响，取名为“市政广场”。

通过几个片段的对比可以看出，业主是影响每个单元片段形态的最重要因素，决定了单元领域的范围、空间的布局方式和其中可容纳的活动。相对于片段一院落空间的完整利用方式，片段二由于各部分的使用权限被进一步划分，院落的利用方式也更加灵活。对于这些大多处于主街背侧的小商铺来说，内向的院落反而变成了它们直接面向的“主街”，具有较高的开放性和灵活的、直通外部的流线。与各个商铺相邻的外部空间自动变成了该商铺的附属功能空间，如礼品店在外墙窗下布置休闲座椅，自行车行利用门前的空地当作室外修车场地等。可见，开放院落最终空间形态的多样性决定于居民的自主改造：首先是对基本单元平面的进一步拆分与组合，比如将若干单元合并成更大的空间，或将单个空间划分成更多领域，从而使街区的平面肌理产生更多变化，适应不同类型的店铺规模、功能与经营形式；其次是对院落内部空间的利用方式，个体经营者可以决定院落界面的微改造、设施增减、装饰物的布置，以及院落与外街的连接方式等，从而在使用层面对院落空间进行二次创造，使不同院落产生差异化的空间细节。人的活动亦对院落场景具有塑造作用，由于院落具备容纳多样活动与路径的条件，空间的观感和体验也会处处充满变化（图8-4）。

（a）自行车行的室外工作场地

（b）礼品店外墙窗下的座椅

（c）几个商铺共同面对的场地

图8-4　片段二的院落布置

区位亦对片段形态产生间接影响，比如片段二由于位于主街的中心地带，并正对两条主路的“丁”字交叉路口，使得该位置成为各商户极力争取的店铺场地。因此，该地段的商业空间被划分的很小，即使背侧的院落和房屋也被细分给了多个业主。而片段三的院落不仅是地块内部商铺的延伸空间，也服务于不远处的市政厅，这是其中工作人员的日常休闲场地。

因此，每个单元的存在并不是孤立的，虽然内部的业主具有自主控制权，但在形成过程中不可避免地受到两种因素的影响：一是当地大环境中保有的通用建设模式，即一种建设的原型；二是基地周边具体环境的影响。事实上，只有遵从了原型所建立的基本空间建设逻辑，片段才可以更好地融入整体环境，并在有限的空间中挖掘出最大的实用价值；而根据周边环境产生合理的变化，每个片段才能在城镇的不同区位随机应变并满足自我实现。因此，城镇中各部分空间的形成过程是由内而外的局部与整体建立联系的过程。普通房屋的组成逻辑，是其只属于本地的存在秩序，在置入城镇的过程中经由个体和微环境的影响自发变形，在多重因素的协调作用下促进城镇各方面构成的紧密程度，从而建立完整的适应性。

8.1.2 以需求修正环境

人的需求总会随着时间不断产生变化，因此，一种建成环境的模式不可能永远具备适宜性。根据每个时代特定的需求适当对既定环境进行修修补补，这是一种正常的城镇空间新陈代谢形式。

这种修正性的城镇建设途径以人的需求和环境之间的矛盾为出发点，并将建立新的适应性作为基本目标。但由于城镇中每个时代的居民总和自己的祖先保有血脉、认知和情感上的联系，因此，这种对环境的修正一定是在保持历史连续性的基础上，对原有空间模式进行的拓展和改变。在这种情况下，修正性建设通常不是一种大规模的改造，而是对空间的轻微调整。比如，只替换某些空间的局部，或添加某种空间的功能，甚至在原本空间构成要素的基础上组织一种新的使用模式来建立更符合时宜的适应性，并获得新的需求的满足。

居住建筑的修正性建设始终在城镇中持续发生。由于其规模较小且功能简单，所以一般只是性能上和外观上的提升。对城镇空间影响更大的更新建设活动在于对公共空间的修正。这种修正是对空间在使用层面上和象征层面上的同时改变，既要能对公众产生实际意义，又要有场所记忆的延续。

小城镇空间的修正，常发生在历史环境之中，因此，需要处理新的空间与历史环境之间的关系。而城镇中的历史空间也往往具有多功能的潜力，在时间的推移中，新的居民会对旧的空间产生不同于以往的观念和认识，从而在同一地点叠加不同的使用方式和人群活动。

考布里奇的城堡空间曾在历史进程中经过若干次“自下而上”的修正。它是考布里奇城镇中心的公共活动场地和原始组成部分，由城墙围合成封闭的空间。在时代变迁中的城墙经历了数次角色的转换，它是城镇历史的“见证官”。它在不同历史时期承担的作用分别是：

1. 防卫边界。在城镇形成初期，北部中心区的城墙被视为边界，受古罗马路走向的影响形成近四方形，在东西南北四个方向各设有一个城门，行人进出城堡需要通过身份的检验。城墙内中部偏北是依托古罗马路生发的商业街巷，南部是当地贵族的住处、花园和一座教堂。城墙四角设有向外突出的瞭望台，用以观测周边土著人的行踪，但该城镇历史上并未遇到过较严重的战事。

2. 市场边界。在经济贸易快速发展下，往来考布里奇中心区的商人逐渐增多，城墙变成了外来商户进入市场的必经边界。而城门此时也再次发挥了效用：它作为经济活动的“入口”，成为管理公共活动秩序的节点。城墙内部的空间则以古罗马路为主体，形成了一个颇具规模的市场，这种传统一直延续到16世纪。由于城墙内部空间拥挤，新的市场（一座猪市、一座牛市）只得建在城墙外西侧的空地上。之后城墙外部的建设逐渐增多，打破了原有经济活动的边界。

3. 历史遗产。随着城镇不断向外生长，城墙的边界作用渐渐消失了。尤其是中段和北段的城墙对不断扩大规模的经济活动造成了障碍，最终被拆除。如今只有南段的城墙被完整保存了下来，它依然守护着“贵族花园”。而这个花园早已不是当地贵族的私有产物，被重新修整成了一个对外开放的公园。当前公园分为一大一小两部分，小的区域完整保留了贵族花园的全貌，大的区域则增设了一座图书馆和一座幼儿园，注入了新的用途。城墙本身除了界定公园的范围以外，还被当作遗产展示了出来，与教堂、贵族花园一同组成了完整的历史区域。

即便城墙本身在历史进程中没有太多变化，但当社会环境改变时，它在城镇生活中的角色也在不断转变。如果说考布里奇的街巷空间整合了“地方感”与“丰富性”，那么城墙空间则整合了“历史性”与“现实性”，在城镇中塑造了另一种具有故事性和厚重感的公共空间，使环境意蕴更具多样层次（图8-5）。

而在当代，通过植入小型公共项目和转化场地使用方式，使城堡空间得到进一步的激活，在今天焕发出新的生命力。随着城镇不断开放化、民主化，曾经的私家贵族花园如今成为可供当地居民随意进出的公共场地。为了发挥这块空间的公共作用，当地政府在花园西侧的空地上布置了两座社区公共设施——图书馆和幼儿园。建筑本身采用低调简洁的传统形式，使其融合在历史环境背景之中；而对于整个场地来说，新建筑的植入大大增加了它的公共价值以及居民的使用频率（图8-6）。

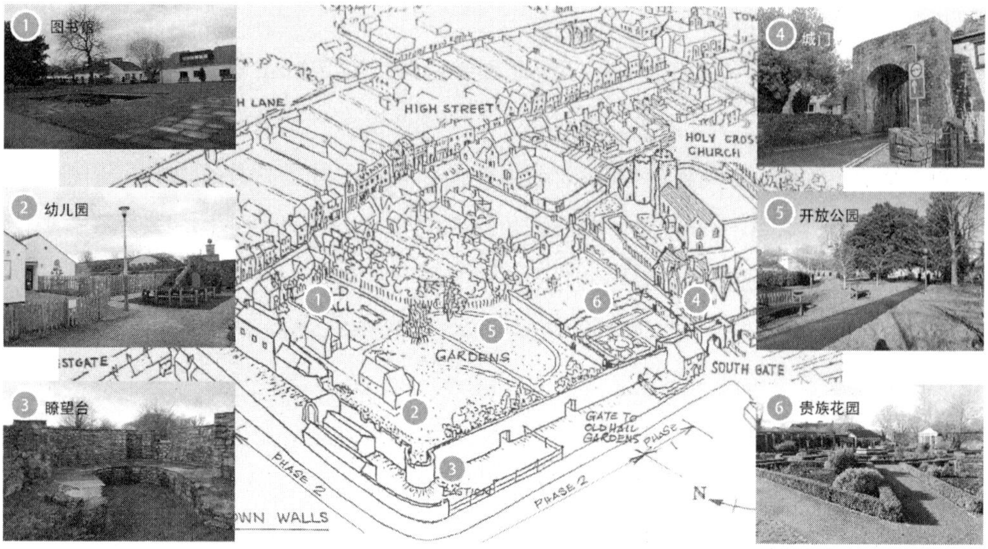

图8-5　城墙及内部的空间

（a）图书馆和幼儿园　　（b）公共环境

图8-6　历史花园现状

当前的城堡空间具备了4种不同的公共功能：

其一，作为步行交通系统的一部分。花园在北、南、东三个方向留有出入口，与外侧的街道相连，结合内部道路形成自由的穿行空间。事实上，当地居民已经习惯将花园内部的小路纳入日常散步、通行路径的一部分。

其二，作为花园内部的功能建筑——图书馆和幼儿园的附属空间。花园可辅助公共设施疏散人流，尤其对于幼儿园来说，大片开阔、安全、宜人的空地可作为儿童室外授课的场地。

其三，作为历史呈现空间。当前花园内部仍保存了若干历史遗迹：西侧和南侧边界位置的城墙、北侧的市政厅旧建筑立面和庭院，以及东侧的古典花园。这些遗迹受到当地政府的保护和志愿者的维护，还统一进行了标识，并展示给大众。

其四，作为公共共享空间。花园内部以绿地为主，内部种植多种植物，为居民和游客提供了优美的生态空间。西侧布置了由三排环形座椅围合成的“故事角”（Story Space），当地居民无须预订便可自由使用（图8-7）。

城镇中的同一场所会对身处其中的不同年代人群产生差异化的使用价值，当一个客观的场地从实用的角度满足微观主体的需要时，才能成为被居民所接纳的合理的公共场所。通过空间的修正，使场所具备吸收不同“内容”的“能力”，产生不同功能和活动上的适应性，从而产生现实意义和历史意义的碰撞。这种途径不仅可以用来补充社区的公共功能，还可以积极转化场地的使用方式，起到激活场所的作用。在置入过程中除了充分协调空间实体形态与原场地的关系外，在使用和意义上也会考虑得更多一些，是一种空间与活动并重的建设途径。

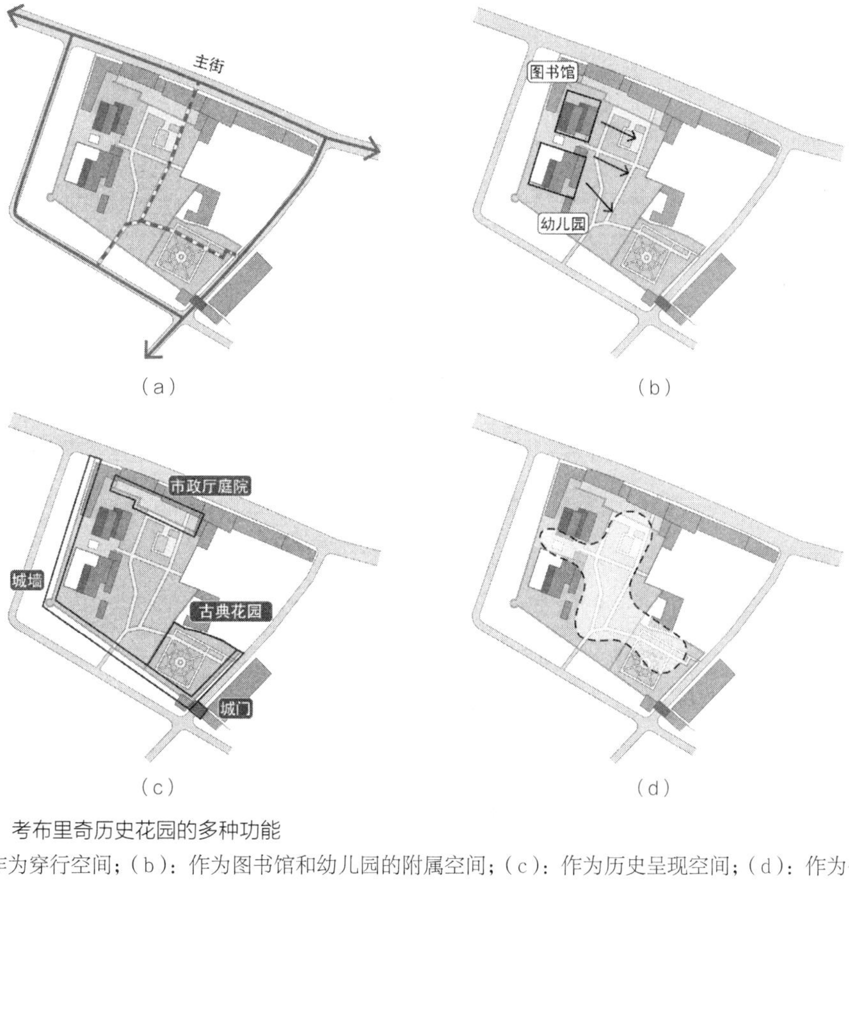

图8-7　考布里奇历史花园的多种功能

(a)：作为穿行空间；(b)：作为图书馆和幼儿园的附属空间；(c)：作为历史呈现空间；(d)：作为公共共享空间

8.1.3 以需求驾驭环境

另一种“自下而上”营建途径的实现方式是以需求驾驭环境。其中驾驭并不意味着人对环境的通盘掌控，而是可以以整体的视角协调各种不同的因素。在城镇生长过程中，人所面临的环境逐渐变得复杂，自然的变迁、历史的沉淀、社会的变化使环境特征逐渐异化，不断打破人与环境之间的适应性，并期待建立新的关系。而人自身的需求也产生了多元化的发展，进一步增加了群体需求的丰富性。由此对城镇建设产生了新的要求，即一种多方协同的要求。这就需要通过一种整体的运行，在不同人群之间建立默契，使多种“自下而上”的力量相互协作。

达默小镇当前便是以一种整体驾驭的角度实现“自下而上”的城镇建设、管理和运行的，它的组织架构和运行机制较好的支持了这种营建途径的实现。

当今达默作为自治市，逐渐完善了适合自身的社区管理体制，为多维度“自下而上”途径的实现提供了有利的支撑。主要管理机构包括市议会、社会福利公共中心、警察局及各咨询委员会。每个组织的理事会会议都是向市民公开，允许市民旁听并发表建议的。

达默小镇的最高行政机关是市议会，完全由市民选举产生，目前由21位议员组成，其中也包括市长。由议员选举产生董事长，市秘书监督议会行动的合法性。市长和执行议会是合法的实施部门，同时还负责执行上级（省、地区、联邦政府）的决定。社会福利公共中心（OCMW）对城市资产做出使用决定，筹划公共服务事业，由市议员选举产生，目前由9位议员组成，其理事会会议也是公开的。警察局是警察区最高行政机关，该委员会由附近城镇克诺克-海斯特（Knokke-Heist）的13名市议员和达默小镇的4名议员组成，同时，两市市长都在警察局兼职。警察局规定由市议会负责起草重要文件，警察局每年至少召开4次公开会议。其他咨询委员会和管理机构包括：文化委员会和文化遗产委员会、青年线和体育委员会。其中，文化委员会旨在促进整体文化政策，负责组织或支持文化活动，而文化遗产委员会是其分支；青年线是一支年轻的顾问委员会，负责为儿童和青少年组织活动，使达默小镇成为对孩子友善的地方；体育委员会则负责为居民制定体育政策，根据市民需求组织各种体育活动（图8-8）。

目前，由地方政府主导而实现的工作包括：公共景观及基础设施系统的完善、公有的历史遗产的修复和维护以及其他公共服务设施的运行（图8-9）。

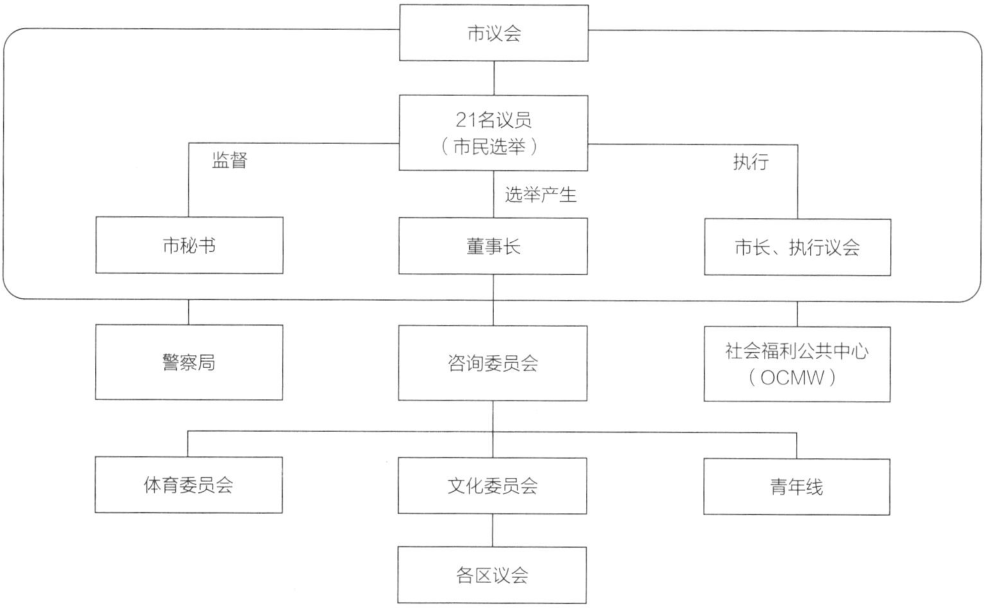

图8-8　组织管理架构

（a）升级景观及公路系统

（b）征集遗产方案

（c）举办公共活动

图8-9　政府主导的部分工作

公共景观及基础设施主要包括道路、河道及景观植被。在道路系统的维护和更新中，政府通过新建城市公路、停车场、车站等设施满足现代车辆行驶的需求，并用原材料翻新的方式保留原有历史道路系统的特征形态。河道的清理和维护工作也由政府主管，同时在河上组织开展了多项公共活动：包括公共游船系统的设置和管理，以及皇家达默—布鲁日（Damme-Brugge）游泳比赛、冬季滑冰等各种体育活动。在公共景观的组成中，外沿的星形边界也是非常重要的景观遗产，是受法律保护的内容。目前，对星形边界的几个区段做了不同处理：一是南段设置了供游客体验的自行车道；二是北段作为仅存西班牙战争遗迹的部分作展示使用；三是西段因生态条件较好作为自然保护区；四是东段作为城市边界原态保留。

从遗产方面来看，达默小镇目前被认定的历史建筑大多归政府所有，而政府对公有历史遗产的修复必须依照弗兰芒地区的相关法律进行——大多情况下只可原样修复，并在执行前向市民征集意见。

其他公共服务设施还包括市政厅、博物馆、教堂、幼儿学校等，目前使用率都很高，大多具有展示和服务的双重功能。同时，达默小镇还拥有很多开放的公共广场，过去也是贸易市场的位置，它们与重要公共建筑一起形成了达默小镇的中心。这里周末还会举办各种活动，并有很强的市民参与性。

总体来说，公共服务设施和系统单纯依靠市民自己是无法建立完善的，地方政府通过公共建设支持了旅游和经济的发展，带动了地方就业，并实现了当地居民生活环境的整体提升，很大程度上帮助保留了原住民。

市民主导的建设工作主要围绕私有产权地块以及建筑的修建和翻新。从对房屋外观影响大小的角度看，其主要修建活动可以分为：性能修复、外观改造和整体重建三大类（图8-10）。

修建活动需要遵守的法律包括：《弗兰芒空间更新条例》（Vlaamse Code voor Ruimtelijke Ordening，2014年颁布）、历史风貌保护区（A Protected City or Village View）相关规定及其他城市规划和导则。其中《弗兰芒空间更新条例》中规定，“体量（Volume）是否改变”是衡量私人建设活动是否需要申请政府管理部门批准的标准。因此，大部分性能修复中的门窗更新、屋顶更新、其他室内及地下改建都可以由市民自己决定。

在房屋外观改造中，普通地段的立面更新可根据使用者自身喜好决定（因为体量不变），但在一些受风貌保护的街道，私人房屋的立面改造不可随意进行，需吻

（a）门窗更新　（b）屋顶更新（体积变动）　（c）房屋新建

（d）风貌区控制下的立面更新　（e）背立面装饰

图8-10　市民主导的部分工作

合保护区规定的形式和材料。而这些建筑的背立面是可以自由更新的，因此可以看到一些主要街道建筑背面被漆成不一样的颜色。对于院落来说，业主完全可以根据个人喜好和功能需求设计景观和摆放功能性设施，然而有两种情况需要特殊对待：其一是移除院子中原有的树木；其二是当在院落中加建超过40m^2的构筑物（如雨棚）时则需要递交图纸申请。

房屋整体重建需要向相关部门提交相关设计图纸（如建筑平面图等），主要审核新的设计形式对城市整体风貌的影响以及相关安全规范问题，待审核通过并获得《建设许可证》后方可实施。

总体来看，市民私有产权地块上的建设需要根据其对整体风貌的影响程度来判断由个人还是集体决定最终结果，真正完全由使用者自身决定的建造行为非常有限，最终城市风貌的呈现是经过集体意识过滤的结果。

今天的城镇设计及建设途径和过去对比，在以下几个方面发生了变化。（1）公共系统的规划和实现更加需要依靠地方政府来实现。过去政府规划和建设的内容比较零碎，一般是聚焦于某一项具体内容而产生的解决途径。但现在规划涉及的范围更广、复杂程度更高、内容更加丰富，更需要与“自上而下”的衔接。（2）目前个体建设的自由度减小了，尤其涉及影响城市风貌的内容集体决议的成分增加，有利于保护集体的利益和地域性的完整。（3）目前经济形式发生了很大转变，城镇功能和服务的人群更加复杂，需要通过集体的努力建立有序的经营体制和方式，才能匹配“知名旅游城市”的定位。（4）目前遗产保护相关内容渗透到城市管理和建设的方方面面，说明文化开始发挥强大的作用。

在这种城市设计途径中，看似每个个体在单元地块上的建设自由度变小了，但对城镇建设的参与感却增强了，这有助于维持整体的社区感。而对于历史城镇来说，它还是保护城镇传统风貌的一种有效方法。

8.2 “自下而上”营建途径的形式变迁

8.2.1 典型的“自下而上”和“自上而下”营建途径

在不同历史时期，“自下而上”营建途径对城市形态的影响是不同的，存在一种演化发展。

以达默小镇为例，在其历史演进的过程中，形态的演变表现在不同要素的更替变化中。为了抽解分析不同形体要素的变迁方式，本节选择了最能代表每个时代特征的4张地图作为研究底图，剥离相应的形态构成要素，并分析各要素的形态演变过程。选定的4张研究底图分别是: 16世纪由荷兰皇家制图师雅各布·范德文特（Jakob van Deventer）绘制完成的达默城镇地图、17世纪绘图师约翰·布劳（Joannes Blaeu）绘制的星形堡垒平面图、19世纪拿破仑完成新运河建设之后的测绘地籍图、现在的谷歌航片图。达默的城镇形态构成要素主要包括：水、道路、房屋群、公共空间、城防等。

在达默城镇形态发展演变的过程中可以看出，自其出现直至16世纪的生长阶段中，其大部分是在“自下而上”的力——自然、经济的作用影响下发展的；17—19世纪在战争的影响下，以“自上而下”的力——军事、政治为主导影响力；而20世纪以后两种力交织在一起共同发挥着作用，并随着历史层叠的增加，受力的情况也更加复杂。在这一形态演变的过程中，很难将每段时期的每一种元素明确界定出是通过“自下而上”还是“自上而下”的力而形成的。在此，不如先把具有明确受力倾向的元素剥离出来，分析其在城镇形态的演变中的形成方式。

从不同时期来看，早期城市从整体形态层面受到“自下而上”的自然、生活、经济的影响，而基于个体生活和行为生活因素对聚落形态形成产生的作用力却非常明显，这是比较单纯的“自下而上”的作用力，由此自然形成了依照地形和水势勾勒成形的道路、房屋、市场。这种“自下而上”的营建途径是通过大量个体建设活动无意识产生的，其建成空间以满足个体需求为主。在驻军城市时期和新航道时期，由于受到较多“自上而下”的控制，“自下而上”在形态上的增长不太明显，更多发生在从整体层面无法辨别的内部更新上。通过“自上而下”的方式实现了星形城防设施、新运河等新的形态构成要素，使城镇形态出现了“自上而下”的特征。这种“自上而下”的途径由城镇的上级政府经过有意识的计划、操控，并通过政治权力调动大量人力来实现，以满足上级政府的需求为主。

除去明确以“自下而上”或“自上而下”作用力为主导影响形成的元素之后，可以发现剩下的形态构成要素组成了一个具有模糊属性的中间地带，这包括各个时期的公共建设、内部更新、系统梳理等。它们既不是由聚焦到个体的使用者来决定，也没有过于强势和完整的规划意图，产生的结果带有某种集体的整体感和一致性，又兼具自然有机的形态特征（图8-11）。

8.2.2 “弱自下而上”途径

总的来说，这种模糊的状态**虽然由地方管理者和专业人员执行，但反映了地方人群的需求，体现个体使用者的意志**。通过特定管理机制、集体活动、地方法律的转化，使之成为带有地方定制效果的“自上而下”。这种中间状态带有某种“自下而上”的属性，甚至可以认为它是“自下而上”作用力的一种——非典型的“弱自下而上”。而在当代，这种混杂特征力的表现较以前更为明显（图8-12）。

经过“弱自下而上”作用力的剖析，“自下而上”城镇营建途径的概念内涵在此可以得到延伸：**当由使用者所构成的社区的诉求被考虑进城市发展途径中时，就产生了带有“自下而上”属性的城镇营建途径**。所谓的“下”，代表生活在特定地理区域，具有特殊文化背景和生活习惯的人群的需要，他们在具备个体差异的同时兼具集体的地方共性；所谓的“上”，代表城市整体发展定位和所有居民要求下的公共系统及空间的实现。而当城市建设脱离了实际生活的需要，由额外的目标（一

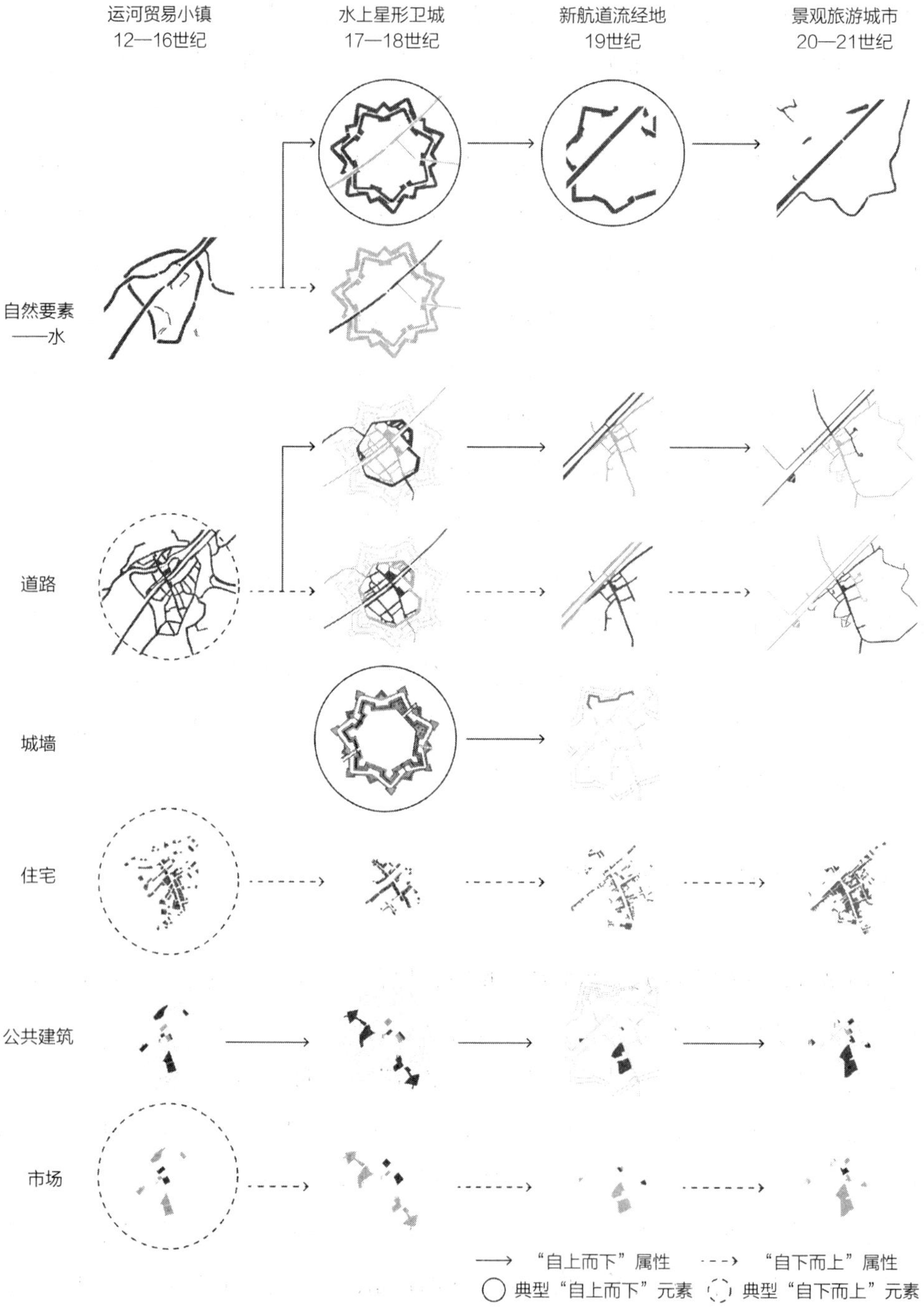

图8-11　形态构成要素演变过程

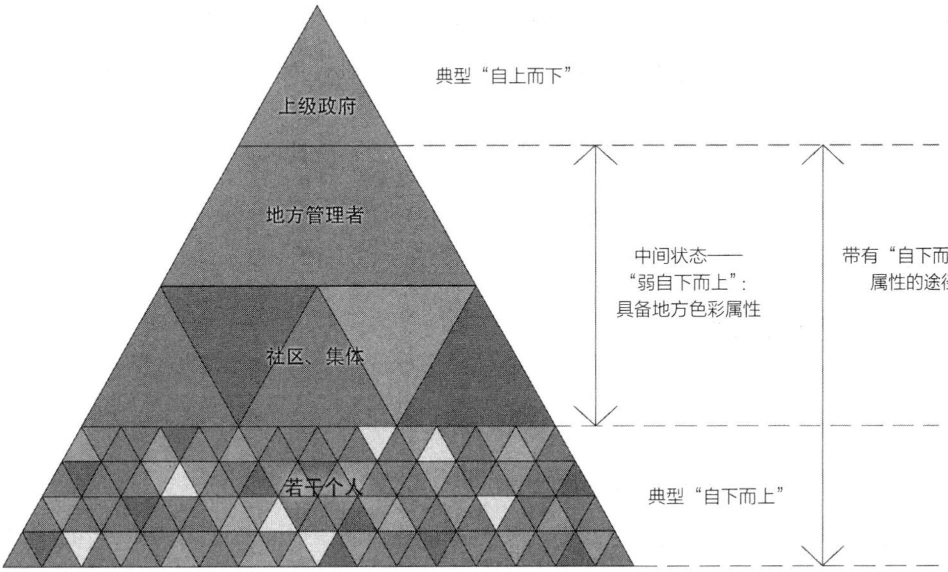

图8-12 “弱自下而上”途径及与“自上而下”和“自下而上”的关系
典型的“自上而下”途径是由超出地方之上的管理者或统治者在超出实际使用者需求之外的目标牵动下进行的建设途径，不考虑地方特征和需要；典型的“自下而上”途径是由不同使用者个体根据生活需要实现的建设途径，反映了个体差异和地方特征；而“弱自下而上”途径则介于两者之间，由少数管理者实现，反映的意志虽不具体到每个个体，但这种操作具有对特殊地方特殊群体的针对性。

般是少数人决定的）作为发展推动力时就脱离了“自下而上”性质，产生了片面的“自上而下”的设计。经过这种中间状态的延伸思考，会发现实际上“自下而上”与“设计”之间并非矛盾，它们存在提取、转化并运用的可能。

纵观不同城镇案例的历史进程，城镇取得最大发展的时期都离不开“弱自下而上”途径的作用，这种作用的前提在于“自上而下”的介入程度适宜，而“自下而上”被控制在一定有序的范围内。

对于达默小镇来说，城镇发展最顺畅的时期为中世纪运河贸易小镇时期和今天的景观旅游城市时期。在中世纪阶段，弗兰芒公爵为社区秩序的维护和公共设施的建设作出重要贡献，为整个地区的自由经济贸易创造了稳定有序的条件；而在今天，地方市议会承担了衔接上级政策与市民需求的中间作用，使得传统城镇在公共建设的带动下实现了当地居民生活环境的整体提升，很大程度上帮助保留了原住民。

对于新场古镇来说，城镇最繁华兴盛的状态出现于元代至明末清初时期，此时两浙盐运司署仍在当地发挥作用，在特殊部门的管理下大规模的制盐事业得以有序开展，盐商交易环境安全稳定，最终对经济活动产生巨大的影响力。这种“自上而下”的作用对公共生活的维护和集体意愿的实现起到非常大的作用，带有一定的“自下而上”的色彩。

8.3 本章小结

本章结论有以下几点：

1.“自下而上”小城镇的形态共性特征表现为与自然环境积极互动的整体形态，它反映历史演化脉络的空间层次。而基于城镇功能和生活形态的空间结构，以及均质而理性的街区肌理，则具有地域特色的居住建筑和大量丰富多样的邻里空间。这其中城镇的宏观形态更多反映出当地人群对整体环境的应对策略，而微观形态更多表现出不同个体的多元需求。

2.“自下而上”的营建途径可以分为以下3种形式：一是以需求适应环境；二是以需求修正环境；三是以需求驾驭环境。其中“以需求适应环境”以在特定环境中建立居住的适宜性、稳定性为主要目标，通过建立与环境特征一一对应的城镇建设策略，形成符合该地环境的“自下而上”途径；“以需求修正环境”是使用者根据需求变化对空间的轻微调整，通过替换某些空间的局部，添加某种空间的功能，或在原本空间构成要素的基础上组织一种新的使用模式，来建立更符合时宜的适应性；“以需求驾驭环境”关键在于以整体的视角协调各种不同的因素，通过一种整体的运行，在不同人群之间建立默契，并使多种“自下而上”的力量相互协作。

3. 在很多情况下，城市发展是由一种模糊的途径——兼具“自下而上”和“自上而下”特征的、非典型的“弱自下而上”建设方式来推动的，从而延伸了“自下而上”营建途径的深刻内涵，即带有使用者所构成的社区意志色彩的城市发展途径。“自下而上”的营建途径在时间进程中存在一个演化过程，对于今天来说，纯粹基于个体生活的“自下而上”途径作用不如以前明显，转而变成多重因素影响下的“弱自下而上”途径的综合影响。

9

当代小城镇聚落空间的“自下而上”营建探索

本章在前文研究的基础上，探讨“自下而上”营建途径在当代小城镇聚落更新中的再生方式。首先，从城镇建设过程中设计师所扮演的角色分析开始，探索专业人员在城镇空间形态演化中可能发挥的作用。进而以当代为背景，讨论在以设计师为操作主体的设计中，融入和转化曾在传统小城镇聚落生长中发挥重要作用的“自下而上”途径的方式。最后，针对中国小城镇城市设计的现状和问题，讨论不同尺度下的具体操作途径，以及针对不同对象的设计策略和思路。

9.1 设计师的角色

9.1.1 城镇设计者的转变

是谁在设计城镇？这个问题放在过去和现在可以得到两种不同的答案。在历史上的绝大多数时期，尚没有形成明确的专业房屋和城市设计行业，几乎家家都有建房的技术知识。由于社会及技术的原因，有时也根据需要动用集体力量建造公共建筑①。因此，大多情况下地方居民是城镇实实在在的设计者和营造者。而在当代，伴随着工业化对城镇发展方式的深入影响，专业化与行业分工正同物质空间建设一同发展。由于城镇建设方式、工具和技术的改变，今天的城镇发展对设计与营造提出了更加专业化的要求，设计师对城镇形态构建的影响正在逐步加大。这不仅决定了当代大城市的空间发展方式，也深刻改变了近年小城镇的空间改造与营建方式。

一方面，传统工艺的消失使普通人直接参与城镇建设的机会越来越少了。城镇建设速度的加快、工业化的建设模式和大量新材料的涌入，使普通群众渐渐远离建房技艺，不再能够轻易驾驭与空间环境建设相关的工作。这就使得过去那种居民主动参与设计、与当地工匠频繁互动并共同进行现场建造的方式难以在当代延续。在这种情况下，自行效仿或聘请专业的设计师已成为当前小城镇和乡村房屋建设的主要方式②。但由于在这一过程中，程序化与模式化的建设模式更多占据主导，使得居民个性化的意愿表达和个体创造力的发挥难以得到实现。

另一方面，政府、市场和设计师对地方城镇空间形态的干预程度正在逐步增加。随着城镇机动化，以及生产经营模式、公共生活需求等方面的改变，当代城镇公共空间的建设变得更加需要专业化团队的支持。在这种技术门槛的限制下，当今的城镇建设对专业设计师有了新的依赖需求。从提供具体的建筑设计方案到制定、控制街区形态和制定整体规划框架，设计师已逐步成为城镇形态的重要影响者之一。这从刘店子和阿博莱伦的城镇形态构建中均可看出，即在政府和设计师的共同

---

① 阿摩斯·拉普卜特．宅形与文化［M］．常青，等译．北京：中国建筑工业出版社，2007.

② 刘国强，张卫，刘欣纯，等．新时代乡村建设中建筑师与当地村民的角色定位——以西河粮油博物馆为例［J］．城市建筑，2018（20）：10-12.

谋划下，城镇空间形态可以让人明确感受到一种规划和设计意识的操控。

城镇设计者的转变决定了传统的“自下而上”途径无法继续延续过去的方式，并在今天的城镇建设中发挥有效的作用。在当下，如果我们仍然认为“自下而上”的营建途径对于城镇空间的多样性活力及地方特色的形成具有重要价值，并期望“自下而上”途径可以在城镇建设中发挥积极的效用，就应该思考规划师和设计师如何积极地对“自下而上”的营建方式进行转化利用，为今天的城镇环境更新探索更灵活、更科学的方法。

9.1.2 阿博莱伦的启示

在设计型小城镇威尔士阿博莱伦的建设过程中，设计师起到的作用值得解读和借鉴（图9-1）。从早期设计师设计形成的空间分布图（图9-2）可以看出：这张地图所表现的城镇系统与我们现在所看到的实体结构几乎是一致的，早期设计师在城镇空间形态的形成中发挥了巨大的作用。最初的设计师和建设者包括：原领主继承人和城镇发起人阿尔班・格温（Alban Gwynne）、早期港口和建筑设计师威廉・格林（William Green）、规划师和建筑立面导则制定者爱德华・哈克（Edward Haycock），以及其他重要公共建筑——教堂、医院、旅馆等建筑设计和工程师。

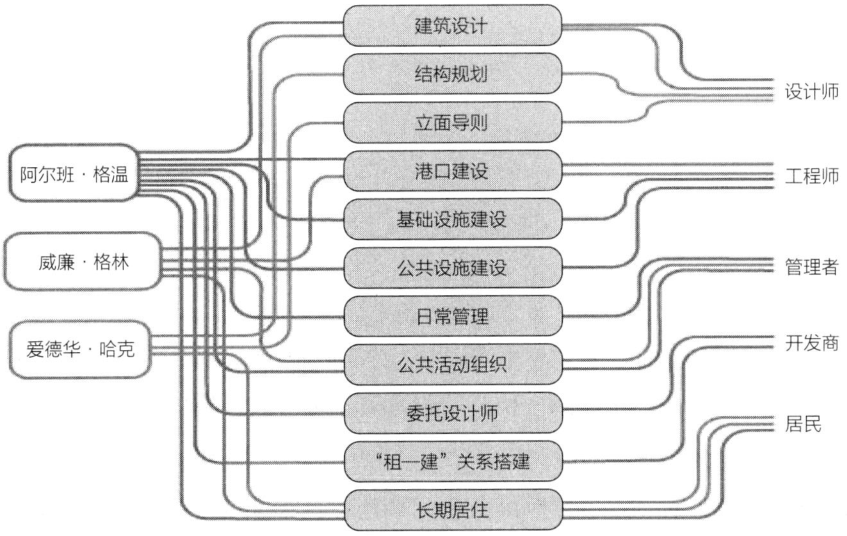

图9-1　几位主要设计师的多重身份

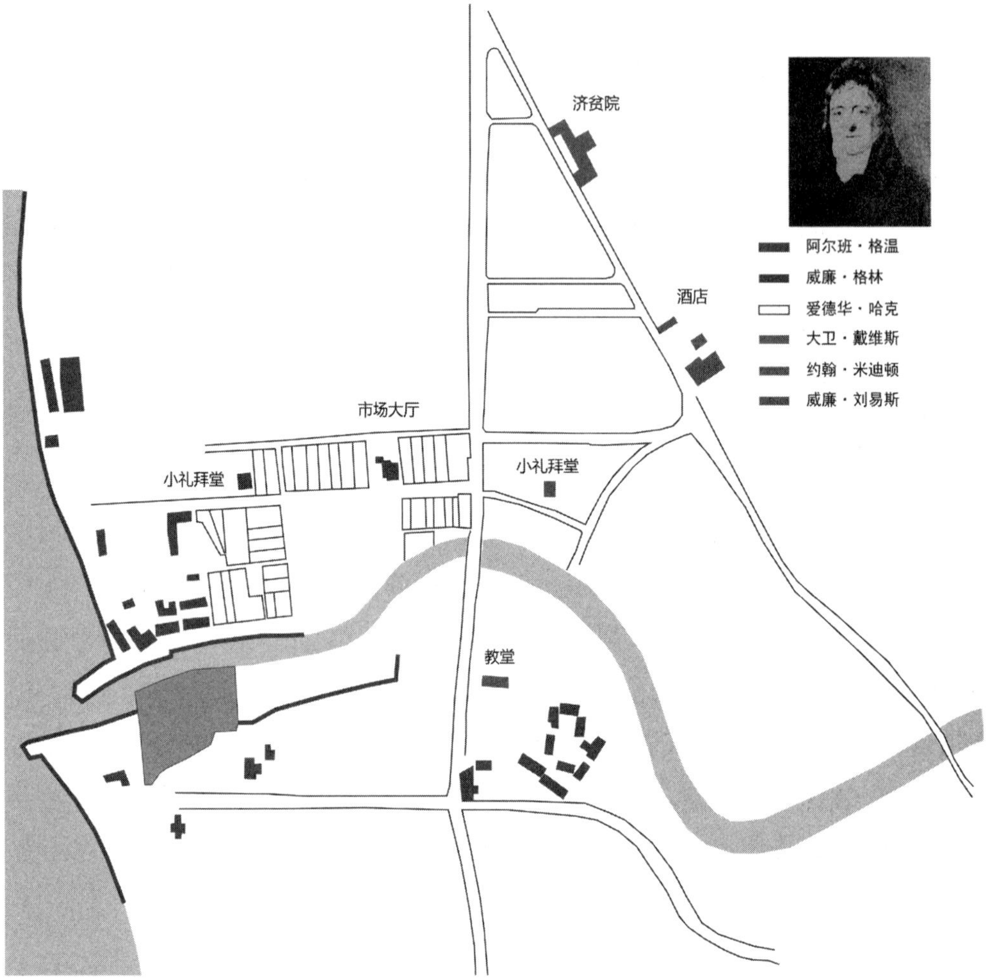

图9-2　早期不同设计师的贡献

阿尔班·格温：阿尔班·格温是阿博莱伦的建设领袖。他在初建聚落时声明："给所有愿意在海港附近居住的人以最慷慨的帮助。"他继承的房屋和工厂主要位于内港南侧，或坐落于阿丰艾尔河南岸山坡上。聚落的建立过程并非一帆风顺，海洪曾摧毁他早期建立的10座住宅和1座学校，因此，在后来的房屋建设上大多采用了在离海岸线更远的地方选址，或是把基地垫高等。在海港建设和小镇整体规划上，阿尔班·格温联系了设计师威廉·格林和爱德华·哈克，通过依靠专业的方式实现小镇的有序生长。

威廉·格林：威廉·格林是阿博莱伦早期建设者中成就最显赫的建筑师和工程师，他不仅完成了港口码头及防洪墙的设计，而且还在当地设计建筑，包括泰比麦克街（Tabemacle Street）上著名的小教堂和周边的几座房子。作为坚定的基督教徒，威廉·格林还发起了早期的公共活动——教会活动，并在他建设的另一座重要房子中开设了周日学校。

爱德华·哈克：爱德华·哈克是早期建设队伍中的学院派建筑师。他曾在威尔士阿博里斯特威斯（Aberystwyth）、巴茅斯（Barmouth）等城市中设计过教堂。在阿博莱伦，他是格温家族的专用设计师，帮助阿尔班完成私人房屋外形设计，之后将立面形式法则拓展到其他房屋建设的要求上。同时，他在阿尔班的要求下，依托城镇原基底完成了整个城镇的规划，是小镇生长框架的缔造者。

阿尔班·格温、威廉·格林、爱德华·哈克都是小镇的社区组建者，并且是**具有多重角色的领袖：设计师、工程师、管理者、开发商**。除此之外，他们还有另一个重要的角色——**居住在当地的普通居民**，将毕生的事业和生活都倾注在这样一个地方。他们的身份决定了工作特点：（1）**渐进式的发展**。对于阿尔班这样的人物来说，其权力、财力、知识等多方面的能力是非常有限的。因此，不可能在短时间内完成一个宏大的城镇建设目标，所以必须组织更多人慢慢地、渐进式地实现计划。（2）**追求实际效果**。对于无名的人和无名的城镇来说，必须通过实实在在的成就吸引更多人加入这个城镇梦想的实现过程，因此他们所有工作的实操感很强。（3）**多方关系融洽**。威廉·格林、爱德华·哈克与阿尔班是好友，并都将建设小镇当作毕生的事业。他们二者的关系，就像现在的设计师、政府与开发商的关系一样，有着非常融洽而紧密的联系，并实现了角色的融合。

设计师在阿博莱伦城镇建设中发挥的作用是很关键的，他们以空间示范的形式让更多居民建立新生活的信心。而在真正实现过程中，他们是提供控制城市发展框架、保持空间与社会有序拓展的关键组织者。对今天来说，该如何去认识设计师角色的问题，阿博莱伦的例子为我们提供了一个样板。在现代城市中，职业一再被精细分化，使得设计师、使用者和管理者被完全分离，以致造成空间的浪费和使用的混乱等问题，究其根本原因就是城镇设计与建设脱离了生活，并不能很好地迎合实际使用需求。与现在相比，阿博莱伦的创造者们在城镇建设过程中考虑问题的视角更宽，而实际控制的内容更少，这恰恰是现在设计师所需要加强的部分。

同时，阿博莱伦的例子说明，通过“设计”实现“自下而上”建设城镇的方式是可行的，它是一个持续渐进的过程，需要在这一过程中让设计与自然和生活相互结合、不断互动。阿博莱伦的案例表明：当“设计”占40%~50%的时候，城镇可以实现整洁度、丰富性和地方感并存的效果。而空间设计背后的社会生活组建与此是同步进行的，需要找到合理的经济和社会运行机制。

9.1.3 专业设计师可能扮演的角色

通过阿博莱伦的案例解读可以发现，当设计师可以充分理解城镇当地环境特征和居民需求并实现多重角色的有效切换时，可以使专业设计工作在发挥“自上而下”的引导作用时兼顾一种“自下而上”的特征。当设计师建设城镇的目标与居民实现美好生活的朴实意愿在一定程度上重合时，即便采用的设计策略带有一定“自上而下”的控制意味，也是可以具有本地的适宜性并可以被生活在其中的居民充分接纳的。当下存在很多“自上而下”的设计难以融入城镇自身脉络的情况，起因在于设计师过于看重自身的专业角色，将设计仅作为一项“自上而下”的任务来看待，并以统一的“标准”制定策略。如果换一种角度，当设计师把引导城镇空间形态发展作为一种责任，就会反思策略的适宜性。大多数情况下，现在的专业人员并不具备像阿博莱伦的设计师们长期生活在某一城镇的条件，他们大多是城镇中的“外来人员”。因此，更加需要在设计开展的前期做足功课，尽早进入地方角色，并在设计进行过程中努力实现多重角色的转换。其中可能的角色包括观察者与记录者、组织者与策划者、发掘者与代行者、示范者与指导者等。

观察者与记录者：在规划设计工作开展之前，设计师首先应当作为一座城镇的观察者和记录者，他们深入现场去了解地方城镇空间与人群的真实特点。设计师切身融入地方社会环境，这是进入地方设计语境的第一步。应当高度重视地方调研工作，在真实的城镇环境中充分观察空间的构成方式和细节，并观察人在其中的生活方式和行为特点。人眼对空间细节与场景的捕捉以及专业人员的真实感知体验，这是分析空间人性化特征的重要依据。可以通过空间步测和手绘、空间细节观察、人群行为观察、人群抽样半结构式访谈等方法详细记录现场空间和行为信息。在观察和记录的过程中，实现对地方“自下而上”特征的理解，并进一步在设计中尊重传统特征。

组织者与策划者：在“自下而上”的传统小城镇聚落建设过程中，“无权利者”是社区营造成功的关键[①]。尽可能让普通民众参与到城镇空间设计与营建的专业过

① 弋念祖，许懋彦．美好社区的营造战术——社会空间治理下的日本社区设计师角色观察［J］．城市建筑，2018（25）：47-50.

程中去，这是今天实现“自下而上”城镇营建的关键内容之一。设计师也可以积极尝试在城镇营建中发挥组织者的作用，为公众争取重新参与空间营造的权利，并推动这一互动过程的实现。而在这一过程中，设计师与公众应当是相互学习的关系，设计师在充分掌握普通民众真实意愿的前提下做设计，以确保设计具有一定的社会价值。同时，在了解地方诉求的过程中，通过民众的视角了解地方环境、经济、文化的特征，且以在地资源为基础，提出城镇空间未来发展建设的方向，这是专业人员在空间设计中应当一并考虑和呈现的。

发掘者与代行者：当前城镇中由普通个体直接进行空间建设的情况和以往相比有所减少，尤其是对于公共空间与设施的建设，更多情况下需要借助专业的设计师、工程师的力量来帮助代行。即便如此，过去人们利用自然资源的方式、对聚居模式的选择和房屋形式的创造，以及对地方材料的利用等在地化的建设经验仍可以为今天的设计师提供大量的灵感和素材。设计师应当善于发掘并学习地方建设的传统智慧，并在当代设计的不同维度中加以融合和利用，充分考虑在地性在当代规划与设计中的体现。在设计中应当尽可能遵从“好用”大于“好看”、“传承”大于“求新”、“地方风格”大于“个人风格”的原则，实现适合本地文脉和生活的设计。

示范者与指导者：针对传统小城镇聚落中占绝大多数的居住性空间，当前在很多情况下仍然需要依靠“自下而上”的力量去完成自主更新和建设。通常居民对持有产权地块内部空间的建设仍具有一定自主权，从而决定单元地块的空间形态。这类空间累加起来是城镇的“基底”，对城镇整体风貌的呈现起到重要作用，对其空间形态的导控也应有足够的重视。而对于这些居住空间的更新方式，设计师不一定要完成“设计全覆盖”，只需提供一定的专业指导意见，对居民的自主建设进行合理引导。其中应当规定设计中所要遵循的各项指标的“底线”，并对改造中应鼓励采用的做法进行示意的防止乱搭乱建，并帮助居民进行有效的空间改善和自我更新能力的培育。

9.2 “自下而上”营建途径的当代再生

一般的城镇规划设计，是指以专业设计师为主导、以有意识的操作和调整城镇物质空间构成，并安排和构想内部人群活动为主要工作内容的城镇空间形态布局。

这与在“礼俗社会”中，“由若干个体的意向多年累积叠合来设计和建设城镇”的“自下而上”途径[①]相比，发生了实施主体和操作过程、方法等一系列内容的变化。在当代的城镇空间更新与建设中，运用“自下而上”的营建途径，就需要将这些历史中自然出现的、久经考验的“自下而上”的途径进行有效转化并加以利用。

小城镇和大城市，特别是城市新区有明显的不同，它们大多数经历了漫长的成长过程，并在这一进程中形成了独有的“自下而上”的营建途径。因此，对于以小城镇为对象的城镇规划和设计来说，小城镇既是研究本体，又是设计对象。将历史中“自下而上”的途径融入当下的专业城市设计过程中，则要求设计师要尽可能地分析、理解城镇中既定存在的“自下而上”途径，并成为当下城市设计策略的“基本原型”。在此基础上再酌情参照、提取“自下而上”形成的设计要素、构成逻辑和潜在内涵，并保留、运用、重塑到当下的城镇设计与建设中去。与此同时，关注现实生活中的日常行为和空间问题，有针对性地补充和完善“自下而上”的设计内容，整体化地构建对城镇内部特定群体“量身定制”的营建途径，从而形成从研究到设计的闭环。

从历史上由多元个体实现的“自下而上”营建途径，到当下由专业设计师操作的“自下而上”途径的转化过程，实际是充分激活“弱自下而上”途径的过程。它存在3种可能的再生方式，这分别是“保留”“代行”和“借鉴”。这3种方式会在下文分别阐述（图9-3）。

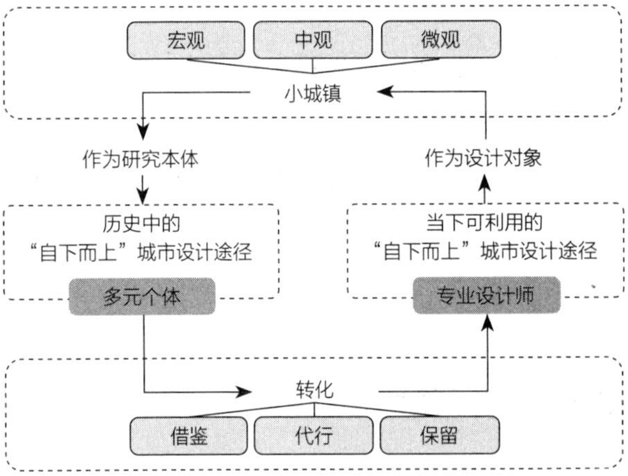

图9-3 “自下而上”营建途径的转化路径

① 王建国．现代城市设计理论和方法［M］．南京：东南大学出版社，2001.

9.2.1 为普通人提供指导——以“保留”为主的途径

“保留”的途径是将以普通个体为实施主体的“自下而上”营建途径直接纳入当前专业设计师主导的城市设计计划中，并成为当下系统考虑的城镇更新建设的一部分。在“自下而上”的城镇中，即使是很小的一部分也需要数千人的合作才能成功[①]，并以普通个体设身处地的参与，去获得建成空间的整体性连贯性和富有的情感。要实现这种“自下而上”的直译性表达，就要求设计师摒弃蓝图式的城市设计结果，去构想一种预期的状态，该状态可以根据内部真实生活的作用不断拓展与变化。因此，专业设计师需要提供一种空间形态的发展框架，不把设计做“满”，让人民群众成为真实空间的最终决定者。将设计转化成为各个层面人员的共同参与过程，让使用者可以和专业人员一样制定设计决策[②]。用自发设计的方式完成城镇空间的最终形态，这也是避免环境千篇一律的有效方法之一。

这种方式的实现，主要通过提升民众公众参与的程度来保留“自下而上”的活力。“保留”所提倡的公众参与，并不只是指普通民众在意见层面上的参与，而是使他们能切身地加入到实地建设过程中去。历史上的无数案例证明了广大民众建设城镇的能力，今天我们也相信这种潜力仍旧可以加以开发和利用。将以政府和设计师为主导的、以完成某种确定性的建设任务为导向的设计方式，转化为地方政府、专业人员、城镇居民合作完成的，并以开放性和持续性为特点的设计过程，从而把建筑（改造）城镇环境的部分权利归还给人民[③]。

既然要“保留”普通居民在实地建设过程中的真实参与，这就需要设计师与居民在适当的环节中进行“分工合作”。事实上，设计师与当地居民都各有“专长”，他们在城镇营建过程中可以互相利用。比如，设计师的“专长”在于对整体形态的把控，而居民的“专长”则在于对当地空间特色的理解和对种种生活细节的重视。因此，设计师与居民的“合作”可以是一种“先后关系”，即设计师将未做“满”的设计交由居民来自发完成，也可以说他们是一种“同时关系”，即设计师与居民同时进行设计，相互启发，及时交流，并不断反馈修正。

---

① C. 亚历山大，等. 城市设计新理论［M］. 陈治业，等译. 北京：知识产权出版社，2002.

② 贾倍思，江盈盈. “开放建筑”历史回顾及其对中国当代住宅设计的启示［J］. 建筑学报，2013（1）：20-26.

③ 王建国. 现代城市设计理论和方法［M］. 南京：东南大学出版社，2001.

“保留”的结果最终会转化为活跃于城镇街区内部各个角落的、中微观尺度上的建设活动，甚至直接变成居民生活的一部分。大部分“自下而上”的建设活动发生于单元产权地块以内，作用于占据小城镇空间绝大部分的居住空间的形成中，但也不排除居民自发创造邻里空间节点的可能。这些小规模的建设活动难以界定其始终的节点，而是随着时间的推进、季节的变迁、生活的变化而持续进行。

保留一定的民众自主建造途径的好处，不仅可以将“自下而上”的城镇营建所追求的在地性和实用性推向一个更深的层次，实现更贴合使用者的设计，同时，还可以在不刻意营造单元空间变化的情况下，使城镇景观呈现出丰富的效果。由于不同的使用者之间存在身份的差异、需求的差异、审美的差异，因此，他们会在空间建设上存在不同的选择，并使城镇局部形态出现细节上的变化。

1. 提供设计“工具”

在这一过程中同时包括了专业设计与自发设计两种形式的设计过程，即在设计中率先纳入、预留一定的居民自发建造的空间，让居民决定空间最终所表达的内容和形式。这种方式既可以发生于产权地块内部空间的自发建造，也可以是小型公共建筑或邻里活动空间的自发建造。其表现形式包括：

（1）设计师提供“未完成”的设计。即设计师率先介入居住空间的设计或改造过程，对建筑结构、环境关系、基本性能等进行恰当的控制，而将使用功能、布局形式、细节装饰等最终决定空间特征和形态呈现的相关内容交由使用者去完成。

（2）设计师为民众提供可选的策略和建议。即由设计师将空间设计和改造的内容分项细化，但预先并不组合到完整的单元空间中去。由使用者按需选择分项细化的设计策略，并加以组合和诠释。

芜湖十里长街的改造方案提供了这样一种设计可选“工具”的示例。它位于青弋江北岸的长街，曾是老芜湖最繁华的商业街，早在明代中叶就已形成，人称“十里长街”，可谓“市声如潮，至夜不休”。如今，在城市规划部门的引导下，长街周围的徽派小楼几乎全部被拆除，取而代之的是鳞次栉比的商品楼，并不断压缩传统商业街的用地，使之日益“缩水”。虽然经过部分翻新，但呆板而重复的建筑形象使得原有街道空间毫无特色，其商品种类虽然繁多，却无法再吸引消费人群，“多样”却不“丰富”，“混乱”而无“人气”（图9-4）。

图9-4 “十里长街”航拍和实景

“十里长街”是一个典型的现实缩影，这类老街大多整体形态已被破坏，周围环境缺少历史氛围，不适宜进行全面翻新和改建，但出于历史文化意义又需要保留和活化。在这两难的境地中，立面更新或许是最直接也是最有效的手段，即落实于近人尺度的场所塑造上，通过立面的翻新整改，尽可能发掘老街商业活力，重现往日风采。项目试图用塑造立面片段改造策略的方法探讨半开放式场所更新的可能，以若干相似建筑和场景的重复组合形成线性空间。其主要步骤有三：首先提取影响立面最终呈现形式的因素，转换成片段的“影响因子”；其次根据“影响因子”设计局部形式，并形成片段改造策略选择菜单；最后由使用者从菜单中选择需要的策略进行组合，完成片段立面更新。

对于此类长街来说，“影响因子”主要包括：（1）环境尺度。由于店铺所在位置的外部空间宽敞程度不同，因此面临的环境尺度差异较大。过于空旷的空间会削减热闹亲切的氛围，过于局促的空间又会妨碍使用和停留，所以，应根据实际情况实施向外延伸、向内后退等不同策略；（2）人的活动。将观察到的各色人的活动叠加进片段设计，以便提供相应的设施空间；（3）售卖功能。由于店铺的经营种类是影响商业界面的一个重要因素，因此，有必要将其提取，并有针对性地对其进行细部设计。

“影响因子”创建片段改造策略的菜单，它包括：环境尺度——界面后退、雨棚、庭院、围墙等；人的活动——休息座椅、盆景绿植、树木、娱乐设施等；售卖功能——节庆用品、小商品、纺织品、餐饮等（图9-5）。在具体的立面更新实践中，使用者可根据自身情况去选择改造方式。本书给出了如下4种可能（图9-6），

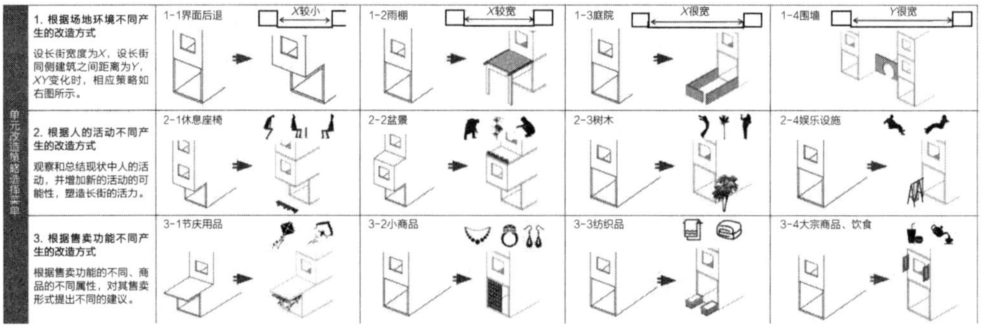

图9-5 片段改造策略菜单

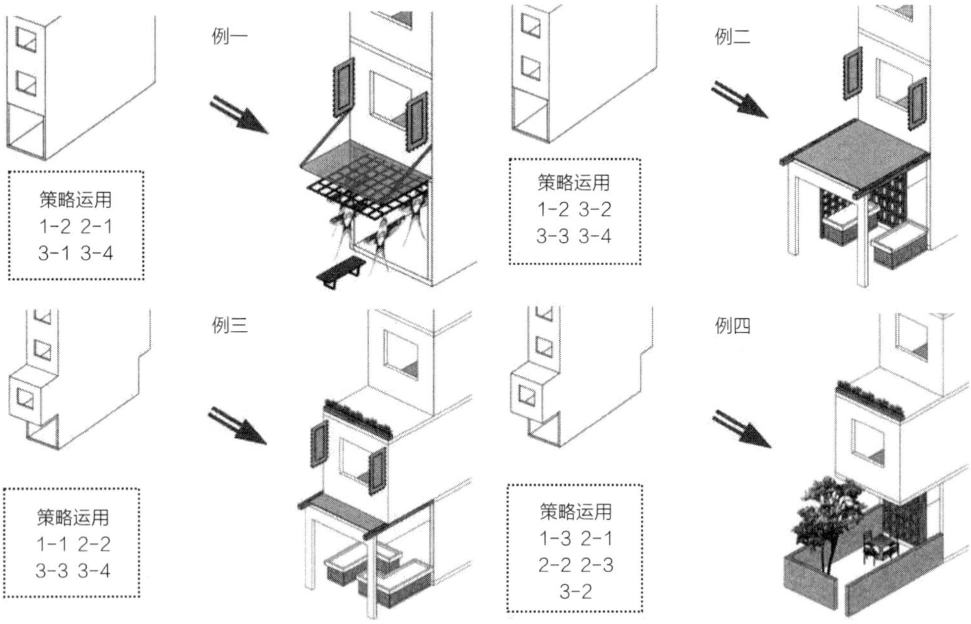

图9-6 可能出现的改造片段示意

见例一、例二、例三、例四。如例一，这是一个门面宽敞程度适中的节庆用品商店，选择增设雨棚、添加休闲座椅和节庆用品装置、增设招牌的改造方式。组合菜单中只给出了16种策略，且每项改造策略简单明了，经由4~5种不同的组合之后可演绎出超过百种不同类型[①]。

① 林岩，沈旸．长卷与立轴:两种城市“片段秩序”画法与城市历史空间更新方法［J］．建筑学报，2017（8）：14-20.

“十里长街”提供了一种改造线性街道的细节化范式，有限的“影响因子”确保了街道的整体风貌。同时，又允许发挥个体的创造力对“影响因子”进行多样组合，这恰恰创造了城镇“自下而上”的建设机会，提供了城镇空间应有的意料之外。

2. 提供设计原则和建议

在城镇建设中亦可保留最基本的“自下而上”的建设途径——居民在各产权地块内部的自主建造现象。为了避免“无意识”建设过分“失控”所造成的“无序”，设计师可预先对建造原则进行若干规定，可采取的形式有以下2种：

（1）提供示例。即设计师先在城镇中建造一定的“样板”，呈现居住空间建造或改造的形式、技术、要点。普通居民在模仿“样板”的基础上加入自身的理解，从而完成空间建设。

（2）设定底线。根据街区整体风貌的要求，对自主建造的范围、体量、层高、立面元素、样式等内容进行限制规定，并进行相应的监督、管理和实施。

这种方式对于城镇肌理的保护与重塑可以发挥一定的作用。城镇肌理是对城镇中微观层面的各形态要素组合特征的理性概括，在小城镇中多表现为街巷格局、街坊组合、居住院落等方面的形态特征①。针对小城镇的城市设计必须深入研究街区肌理特征及其背后的内在逻辑，在设计中加以创造性的继承，并保护好传统街巷的走向、尺度，同时注重街巷、广场等空间的尺度和围合感②。控制空间单元尺度，并梳理居住环境肌理，这一方面既保护了“自下而上”的基本空间构成关系，另一方面也有意识的控制了“自下而上”的乱改乱建。

延续街区传统肌理，这需要在解读街区空间要素构成逻辑的基础上控制基本的单元原型，并探索拓展原型在使用功能和组合形式上的变体，以及研究传统空间更新利用的方式，从而实现街区内部的有机生长。

新场古镇核心空间的设计阐明了这种途径的作用方式。核心空间是指北到牌楼路、南到石笋街、东到新场大街、西到后市河以西40m的区域，曾经出现大量“街—宅—河—园”的住宅形式，是古镇风貌特色的核心所在区域之一。“河街四

---

① 杨俊宴，谭瑛，吴明伟．基于传统城市肌理的城市设计研究——南京南捕厅街区的实践与探索［J］．城市规划，2009，33（12）：87-92.

② 张杰，张弓，张冲，等．向传统城市学习——以创造城市生活为主旨的城市设计方法研究［J］．城市规划，2013，37（3）：26-30.

进”大多已在今天的空间利用中被拆解，特别是花园部分。面对这些隐约可见的历史痕迹，如何基于后市河与新场大街之间的区域空间更新，酌情恢复部分“河街四进”的空间形式，成为挽救新场古镇历史形态日渐消失的关键切入点。

“河街四进”的空间原型是新场古镇街区肌理的塑造单元，是空间特色的历史精髓，而纵向院落的空间多变性和河街的交通灵活性又使之具有置换各种现代使用功能的潜质。前者可视为空间更新中不可变动的基因式“原型”，后者则是根据实际环境条件和使用需求进行形态和功能上拓展的“变形”。核心空间的街巷肌理重构要根据“原型”和“变形”的组合和拓展，以实现整体街区在当代的活化再生。

具体而言，新场古镇的“原型”即为历史上出现过的、以私人居住为主要用途的空间单元，衍生到今天就是一种园林别墅与花园宅院相结合的形式（模式A）。“变形”的创造则秉承两个原则：一是空间上河两边的宅子和花园需一一对应，二是功能上两者需得到互补。结合目前已经在镇里出现的当代功能和可能出现的空间利用形式，我们给出了以下4种空间演化的可能：（1）客栈结合室外客厅（模式B）；（2）檐下商街结合迷你公园（模式C）；（3）微型展览馆结合室外展厅（模式D）；（4）几栋相邻房屋组成的创意工坊结合多功能广场（模式E）。应当注意的是，实际的空间改造具有相当大的包容性，并不需要严格恪守传统的建筑形式不变，而是可以根据具体情况引入新的功能、空间流线与使用方式，甚至在不影响整体风貌的情况下，允许新材料和新技术的运用和表达，从而真实地呈现小镇在时间上的生长和延续（图9-7）。

后市河和新场大街之间的地段空间更新即是在此5种片段模式基础上展开的，但不是一揽子工程，它是根据现场条件和业主意愿（如老宅状况、收储情况等）植入“片段”，并挑选了7处作为恢复“河街四进”的试点。除了保留完整的张氏宅第作为典型的“河街四进”原型进行恢复外，其余宅子均进行了一定的当代功能拓展。不仅在老宅的再使用中有了更强的公共性，而且也使本身有“景观”无“人气”的后市河西岸与街道主体建立了更多联系，并重新成为本身具有吸引力的场所[①]（图9-8）。

---

① 林岩，沈旸．长卷与立轴:两种城市“片段秩序”画法与城市历史空间更新方法［J］．建筑学报，2017（8）：14-20.

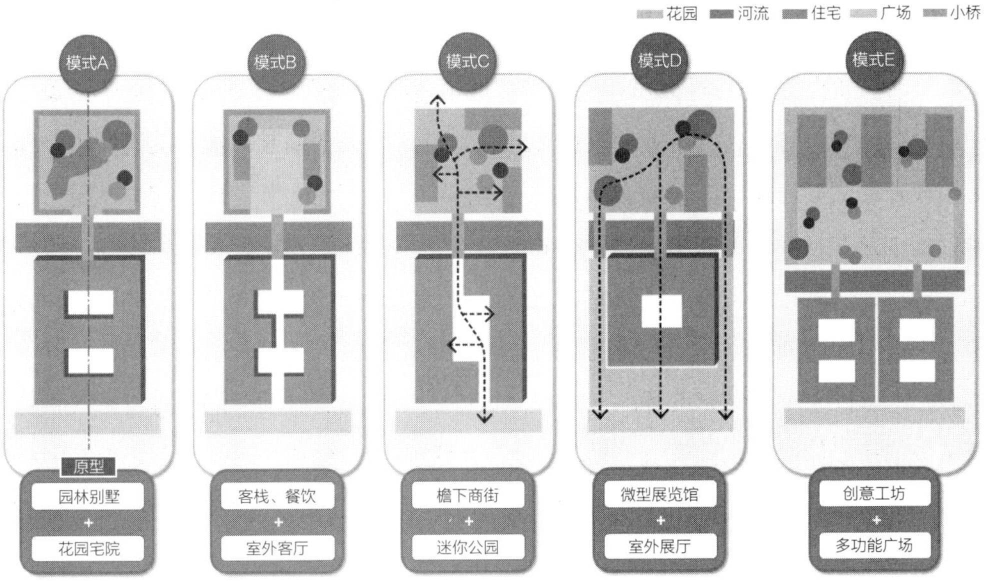

图9-7 核心空间的单元设计

图9-8 核心空间总平面

9.2.2 直接提供专业设计——以“代行”为主的途径

“代行”的方式是设计人员在充分了解城镇内部居民的“自下而上”的生活需求和建设意愿的基础上，以专业的设计方法和建设路径，帮助其完成并实现城镇空间环境提升的营建途径。以普通个体为实施主体的“自下而上”营建途径并不是“万能”的，它在当代城镇建设中显现出的局限性，主要是因为缺乏整体的视角、系统的引导和专业的技术支撑。特别是在宏观、中观层面的城镇空间及系统的更新建设中，由于基于微观视角的“自下而上”建设途径可发生的效用范围并不与此在同一层级上，因此，难以达到理想的效果。以集中的、专业的城镇空间统筹方式代替部分零散的建设作用，从而实现“自下而上”的公共建设意图，这实际上是补充纯粹状态下的“自下而上”营建途径的不足，使其与“自下而上”的建设形成互补的关系。

为了实现有效的“代行”，专业人员应当在实地调研中广泛听取“自下而上”的公共诉求，了解其对于日常出行、公共功能、生态环境等方面的真实想法和需求，在设计中加以回应和解决。一般情况下，城市设计前期对“自下而上”意见的收集可以通过问卷、公示、征集等方式实现。而对于一些乡土特征比较明显的小城镇来说，由于现阶段的居民构成中老年人比重较大，他们传统观念较重、公众参与意识较薄弱，与之面对面的交谈往往能更加有效的收集到真实的信息。特别要注重与城镇原著居民代表的交流，并合理整合碎片化的现实问题，并转化到设计预期的内容之中。同时，设计师需要以他者身份留意观察城镇中的人群活动和景观，以客观行为活动为依据设计对应的空间“容器”。使城镇中设计及改造之后的物质空间形体能够主动“适应”内部使用者的行为和生活，进而加以引导。而非反其道而行之，让使用者被动地接受空间的安排。在设计逐步进行的过程中，需要不断地听取“自下而上”的反馈，并及时修正调整实施方案。可以通过开展不同媒介上的展览、宣传、座谈、听证等互动活动，让普通民众了解与其切身利益相关的城镇改造进程，并介入到城市设计方案的讨论与决策中去。城市设计理应作为一个决策过程，它的组织机构和设计实施过程应反映公众的意见和公众的参与①。

“代行”的结果往往会转化成具体的改造或建设项目工程，落实到城镇空间更

① 仲德崑.“中国传统城市设计及其现代化途径”研究提纲［J］. 新建筑，1991（1）：9-13.

新及拓展的过程中去。实践中应当以对现状较小干预的集约型介入实现公共环境和系统的提升，反对大拆大建、大规模破坏“自下而上”的建成空间，并以维护民众公共利益的态度和方式界定公共空间的开发强度和保护底线。

1. 提供吻合当地特征的方案

小城镇中的公共活动空间和人们的交流活动互为存在的因果关系。人群互动是城镇公共场所实现的基本依据，反过来，具有明确定义的公共活动空间又为人群的聚集提供指引①。小城镇中丰富多彩的人文活动是其空间环境中最生动的活力景观。就某种意义而言，设计小城镇空间也是在为民众设计公共社会活动②，或者说是设计与各种具体活动相适应的场所。

公共服务设施的增补过程必然涉及旧建筑改造、新建筑设计与场地规划等，应当充分考虑新的建设在不影响城镇传统风貌的基础上进行，并形成自然的肌理衔接。同时，由于公共服务设施一般都具有标识性，因此应当尽可能在形式上强调地方特色——在建筑形态上留住乡愁，并通过就地取材和结构变异，实现其工艺的继承和发展，以及实现新老建筑在空间上的对话。

人们在长期的自主建造过程中形成并掌握了一系列地方建筑语言，这包括对建筑与地形关系的整合、对建筑舒适度的探索、对本地材料的理解和对建造工艺的传承等。不断复制和使用地方建筑语言，这将会促进城镇建筑风貌的统一和建筑风格的形成。

在设计中模仿并使用当地的建筑语言，这也是强化地方特征的一种途径，但这并不意味着对先前建造手法的一味复制，而是有选择地继承和发展。对城镇中修缮类的建筑，应当合理进行性能上的补充，并推敲修缮细节与结构本体的协调性，创造建筑整体形态的完整性。而对于新建类的建筑，应当实现其与其他房屋群体在轮廓上的和谐，在形式、色彩、质感上创造视觉效果的统一，并在重要的元素符号上的发生呼应。

苏州市木渎镇藏书老镇区概念性规划设计中对公共空间的塑造表现了这样一种

---

① Micthel Schwarzer. Freedom and Tectonie［M］. Cambridg: The MIT Press，1995.

② 王士兰，曲长虹．重视小城镇城市设计的几个问题——为中国城市规划学会2004年年会作［J］．城市规划，2004，28（9）：26-30.

挖掘地方特征、使用地方语言，并进一步实现从城镇整体层面凸显地方特色的途径。通过对地方历史脉络的了解，设计者发现现存河道的东西两个节点具有不同的场所意义：其中东侧是老镇沿河步行街和后期开发的新疆街的交接处，是具有现代风格和较大体量的建筑与传统步行街及传统滨水空间的转折点；而西侧是历史上城镇最重要的中心节点，在历史发展过程中逐渐转变为传统老街形态和强烈乡镇企业特征等多种类型并置的空间。

基于对环境的基本认识，设计师在公共节点处采用了不同的设计策略。其中东侧节点作为道路交叉口和步行街的起点，是设置乡镇公共空间的绝佳位置。因此，设计内容定义为带有新建筑的传统广场空间。通过增设新建公共建筑“砚台大师馆”以增加空间亮点，并带动周边活力和重塑“街口”形象。其空间氛围上体现传统的感觉，尺度上也由大到小，而建筑形态表征上则有“新—传统”的过渡。在形式上，“砚台大师馆”被定义为具有一定新意的公共建筑，而在材料和造型上则被暗示传统意象（图9-9）。

在西侧节点的设计中，新增了藏书楼、朱买臣纪念馆。同时，利用厂房改造书院，一方面恢复这个地段的重要地位，另一方面不断挖掘小镇的文化潜质和增强小

图9-9　东侧节点场所特征要素的提取和设计

镇的文化氛围。设计上既表达差异性，又表现新旧风格建筑并列而对峙的状态。在藏书古镇的发源处——善人桥的位置设计了藏书楼，从而解决藏书有名无实的现状。作为少见的河上建筑，它使得这一地区的物质空间更具特点和亮点。藏书楼楼下保持桥梁的通行，使新建建筑依然满足交通作用。同时，也对小镇上最老、最完整的一座桥头老宅——许阿菊旧宅进行了修缮保护。整合相应的室外空间，并作为步行街的结束和藏书楼空间的衔接（图9-10）。

2. 组织可参与性的公共设计

和大城市的公共空间相比，小城镇中的公共活动场所不一定规模很大，但通常颇具特色。这是因为这些场所长期容纳的活动内容和活动人群单一，使空间的特征指向日益明显，其空间布局与空间要素通常具有明确而久远的历史意义。这些独特的公共活动空间往往也是城镇特色空间的集中彰显之处，它会在时光流逝中随着内部人群活动的变化而不断变化，但始终是当地人群的集体记忆标识所在。因此，在特色场所的营造中应当充分挖掘和重塑活动场所的历史意义，并注重场所氛围的塑造，这既要有空间文化的传承，又要能满足时下公共活动对空间场所的要求。

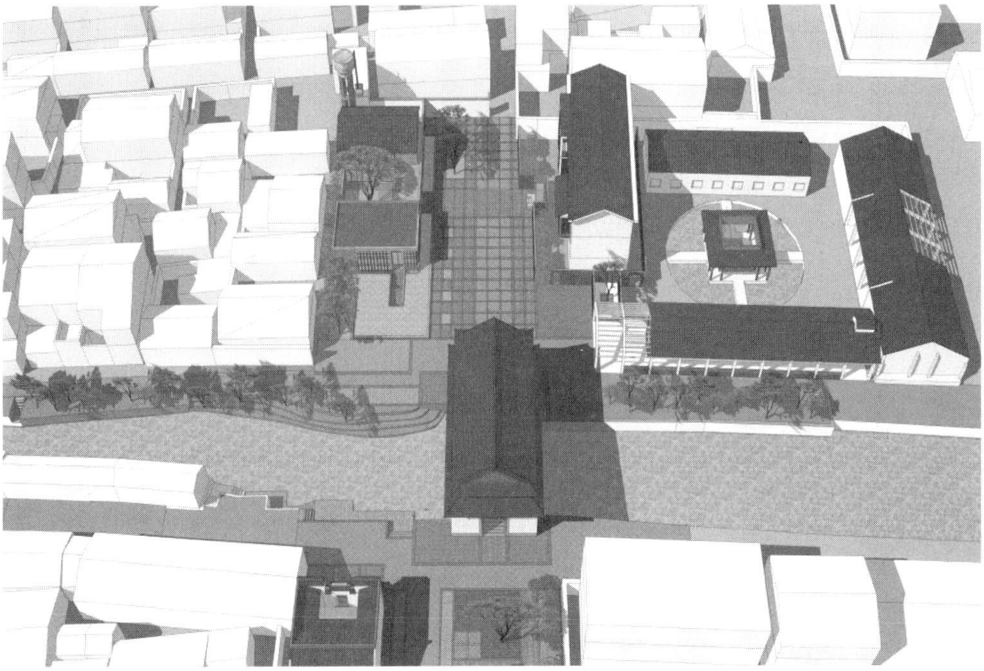

图9-10 西侧节点

在现代生活中，人们对公共生活的要求与日俱增，对各类服务设施的依赖不断增强。要提高传统小城镇中人们的日常生活品质，就需要根据城镇内部人群当下生活的需求，不断补充必要的公共服务设施，如各种生活服务设施、文化娱乐设施、展览交流场地等。而在公共空间的建设中，动用集体的力量、鼓励居民参与和自组织、持续介入城镇的更新以及建设自己的家园，这是“自下而上”场所营造的一种方式。

一些已经践行成功的乡村公共空间改造项目对小城镇开展参与性公共空间设计尚有借鉴意义。例如，在安徽尚村竹篷乡堂的实践中，设计师通过将高家老屋改造成集体的公共客厅，循序渐进地组织当地居民开展环境整治。设计师在对当地环境条件和居民需求调查之后，决定从关注建筑单体的修复转移到公共场所的营造，希望通过宅院改造，提供一个可供公共交流的场所[①]。在设计中，以“古料新用、就地取材；变房为院、邻里互通；尊重肌理、适当加固；结竹为伞，融入自然”[②]为公共场所的营造原则。在具体操作中，以便捷的单元组合的方式完成建筑基本空间构建，这既具有可方便组装的特点，又可以提供多种空间使用模式。采用场地中的废旧建筑材料进行再生利用，并以当地盛产的竹材作为建筑主体的材料。同时，保留场地中的宅门头、中轴线、柱础石、台基石等原有记忆，并组织到现有空间格局中（图9-11）。

在项目推进期间，当地成立了经济合作社。经济合作社由当地德高望重的长者以及干部、中青年骨干、专业人士等组成，这些人是推动当地公众参与的主要力量。在经济合作社的推动下，居民参与了项目中的多项工作：这包括基础性的场地清理、材料收集分类、土建建造等工作，并与设计师现场互动，研究传统工艺在新项目中的使用方式，以及介入前期策划和后期的建筑维护、运营及活动的执行。通过这种方式，当地居民实现了对项目的多方面介入，成为城镇建设的实践者，也是实践成果福利的享用者。

3. 日常微空间设计

日常生活空间真实体现了当地居民的生活、文化和风俗，街道巷弄、水岸桥头等空间都是彰显小城镇特有风情气质的主要载体，加强这些微空间的设计十分具有

① 宋晔皓，孙菁芬．面向可持续未来的尚村竹篷乡堂实践——一次村民参与的公共场所营造［J］．建筑学报，2018（12）：36-43.

② 同上。

图9-11 竹篷现场效果

意义[1]。应把生活因素放到设计的重要位置，并营造居民的生活环境，使小城镇变成民众喜爱的且富有浓厚归属感的生活城镇[2]。

在很多小城镇的整治项目中，实施者往往重建筑、轻环境，没有实现城镇日常活动空间的整体品质提升。而城市设计的系统性思维和方式，可以补充这方面的不足。应在设计中考虑各个单元界面与公共空间的过渡方式，在流线、功能、空间形态等方面实现开放与自然的衔接。对城镇中日常人流量大、使用率高的街道、巷弄、节点等，要特别注重近人尺度的空间塑造和精细化设计。保持并完善小尺度邻里活动空间的多样性和舒适性，通过与自然景观要素的结合，不断增强空间的宜人性。同时，在室外布置特色家具，以鼓励人们在室外的停留和交流。

① 王承华，杜娟．小城镇空间特色塑造探讨——以南京谷里新市镇城市设计为例［J］．小城镇建设，2015，33（5）：64-69.

② 金莉，赵之枫，张建．当代小城镇街道和广场设计理念［J］．小城镇建设，2005（5）：56-58.

在新场古镇城市设计中，设计师加入了大量的日常微空间设计。根据现场调研发现，当地既存的微空间主要集中于3种形式：水边空间、庭院空间、建筑与街道的过渡空间。而这恰巧对应了城镇形态形成中的逐水而居、围院而居、营建市井生活等本地特征，是“自下而上”自然形成的空间。当前，它们依然是承载当地居民大量日常活动的空间载体，因此，对这些微空间的精细化设计将会是一种居民可感知得到的空间提升。

虽然当地的微空间有多种表现形式，但它们的设计策略有一定的共通性：首先，增强建筑单元空间与街道的联系，比如通过增加体量较大的建筑与街道之间的连廊，以丰富其空间层次，或联通庭院，使一些内向空间公共化。其次，添加街边家具，增加休憩空间，比如沿河设置藤架，或增添庭院内部的座椅设施。与此同时，针对场地特点进行空间细化，比如更新铺地样式，或增加连廊上的新闻墙等。通过将这些简单的设计手法作用于数量繁多的微型节点，实现当地生活环境质量的整体性提升（图9-12）。

（a） （b） （c） （d）

图9-12 小城镇中的日常空间设计
（a）、（b）：水边；（c）、（d）：庭院

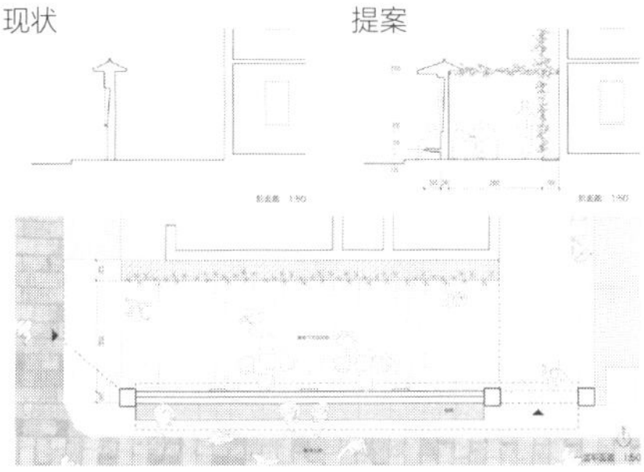

（e）

（f）

图9-12 小城镇中的日常空间设计（续）
（e）、（f）：过渡空间

9.2.3 制定形态发展框架——以“借鉴”为主的途径

所谓“借鉴”，则是将某一城镇历史上出现的“自下而上”的营建途径看成一种已经具备成熟度和适宜性的城市设计经验，将其作为当下城市设计工作的首要参照依据，并在城镇更新建设过程中加以传承。“自下而上”的途径广泛存在于城镇形态形成的历史当中，并具有明确的连续性——表现为从它的出生地、起源以及连续生长过程中的不断繁衍[①]。对这些途径进行借鉴，是为了使新的生长延续原有具体的、特殊的结构，而其前提是充分的尊重。尊重历史中的“自下而上”的城市设计传统，就是要尊重历史上无数个体的选择，并充分承认和肯定他们在建设城镇时所付出的努力。对于已久经历史考验的群体建设意向，不要轻易推翻或否定。由于设计人员大多是小城镇的外来人员，他们对城镇的理解在某种程度上并不及本地居民准确，更需要抱着谦卑和学习的态度，去了解与城镇自身形成特征相关的信息。

了解城镇历史中的“自下而上”营建途径主要有两种渠道，其一是研究其历史形成过程；其二是观察当下仍然沿袭下来的城镇建设途径和方式，其目的都是为了捕获当地城镇生长的“模式语言”[②]。研究城镇的形成历史，则要追溯城市设计“模式语言”的源头，了解其形成的来龙去脉，准确获得城镇“自下而上”的生长信

① C. 亚历山大，等. 城市设计新理论［M］. 陈治业，等译. 北京：知识产权出版社，2002.
② C. 亚历山大，等. 建筑模式语言——城镇·建筑·构造［M］. 王昕度，等译. 北京：知识产权出版社，2002.

息。在这一历史信息的系统梳理过程中，专业人员要致力于抓取该城镇生长的本源特征，并有选择性的将其转化为城市设计所遵从的原则和底线。可见，回顾历史并不是为了照搬过去的做法，而是为了以批判的眼光看待传统的文化与经验，从中发掘可供现代生活利用和借鉴的精华①。而观察当下沿袭下来的城镇建设途径，则是要发掘、验证那些经过时间过滤的、当地居民从一而终遵循的城市设计法则——那些与过去和当前的生活密切相关的内容。同时，分析这些法则在当下城镇发展中的适宜情况，思考在城市设计中对其选择性借鉴的方式：延续过去的经验性做法，或是对其加以改进，并拓展其对现代城镇生活的适应方式。

历史中的“自下而上”营建途径在“借鉴”的过程中，往往通过提炼成特征性的原则、关系或要素来完成向城市设计策略的转化。城市设计中与空间形态相关的大部分内容，均可以在历史中的“自下而上”的途径里找到相关的借鉴对象和方法，它涵盖了各尺度的空间形态形成方式。可以通过梳理“自下而上”的影响因素、整体形态格局、空间构成关系、空间形态要素、人群活动范围和方式等内容，提取可借鉴的“自下而上”途径。

“自下而上”的城镇设计和建设传统在城镇形态的形成中尤为重要，以下是需要今天的城市设计去保留和借鉴的内容：

（1）过去人们对待自然的方式。即在历史中长期形成的人类聚居场所与自然界的空间关系、人们对自然资源的利用方式、自然要素在人居空间中的转化方式等，它们饱含着过去人们与自然和谐共处的智慧。

（2）群体空间的意向性布局。即当地人群对整体城镇空间的构想方式，它体现了生活于某一地方的集体对于居住的普遍理解和期望，并转化到不同功能场所和聚居单元的安排之中。

（3）空间环境中的文化标识。这涉及整体格局、公共场所的地方性形态特征，或反映在具体的空间及符号中。文化标识在任何时空的截面中都是城镇居民与祖先对话的方式，因此，它对当地人群有特定的意义。

（4）与特定行为活动相契合的空间。基于当地人共同的行为习惯而出现的空间载体，通常承载了特定的社会生活和日常行为方式。

某种“自下而上”形成的空间要素在城镇中影响的范围越大、重复次数越多，

---

① 仲德崑.“中国传统城市设计及其现代化途径”研究提纲［J］. 新建筑，1991（1）：9-13.

则往往对当地群体越重要，因此也越能代表该城镇的地方特征，越值得被注意和保留。向历史中的“自下而上”营建途径“借力”，是专业设计师向今天的城镇设计与营建中植入时间延续性的一种方式。这种方式往往会在制定城镇整体形态发展框架的过程中起到重要的作用。

以上海新场古镇为例，下面详细阐述这种以“借鉴”为指导思想的形态发展框架制定方式。

拥有1300年历史的新场镇，被喻为上海浦东新区唯一的一座“活着的古镇”，它拥有完整的古镇特色空间形态，保留了一定比例的原著居民，并形成了独特的生活方式，这在当下实属罕见和珍贵。在城市设计的有限干预下，维持并强化城镇自身的空间特色，在其自然发展的脉络下进行空间和系统的提升，是以“自下而上”的思路开展设计的方式。因此，设计团队提出借鉴城镇自身的发展方式和特点来完成设计，即采用“渐进式”的发展策略，并提出“人地共生、活态保护”的设计目标，使古镇在这一明确愿景的引导下持续优化。

在对城镇整体空间形态结构的规划设想中，提取历史层叠意象作为整体形态的骨架构成。在城镇长期形成的历史格局中，承载空间骨架作用的主要有两部分：其一是“井”字形水网；其二是贯通南北的新场大街，它奠定了整体形态沿河多向线性生长的特点。而在各个功能区块的布局上，城镇形成了东西南北4个方位的不同建设意图：北侧自古以来为衙署所在地，形成管理行政片区；南侧是南山寺所在地，形成城镇的宗教“圣域”，并界定了南部边界；东侧是在政府管理下形成的盐场和集市，是特色商品的生产和交易集中区；西侧是街巷背后的花园区，是当地水乡生活情趣的集中反映。这种方位结构的形成，并非出于构建完整结构的意图，而是针对行为活动特点在各处选择有利地点进行相关建设，合情合理、互不干扰又相互联系，它“自下而上”地构成了符合当地地形特征和生活需求的整体格局。

不同时期的历史意象奠定了当下城镇空间格局和形态生长的基础。当前，其中一些与意象对应的实体空间虽然已经消失了，但它们依然是城镇整体空间意蕴和传统文化特色的组成部分。因此，提取城镇形态中的历史意象，并在结构设计中加以传承，这是利用城市设计手段使古镇空间完整化、特征显著化的一种方式，并进一步在城镇格局的构建中形成“东市西园四水通，北衙南寺中街联”的整体格局。同时，历史意象结构也成为进一步分项系统和特色片区设计的细化依据和建设内容限定的条件（图9-13、图9-14）。

分项系统设计则立足于现状问题和居民需求，为城镇公共系统“差缺补漏”。经调研得知，当前城镇系统方面的问题主要表现在因人群构成、日常活动和出行方式改变等导致的交通容量不够、景观缺乏、功能没有梯度、游线交叉混乱等方面。根据内部人群提升生活环境质量的诉求，并考虑到城镇日后发展的需要，对作为公共支撑的历史展示结构、交通结构、风貌控制、景观系统、功能系统、游线系统等分项进行了梳理和设计。

在展示历史结构的设计中，以历史空间的理想状态为目标，将古镇空间要素和部分节点进行明确年代意象的设计引导，形成明代市井展示轴、水乡风貌展示环、宋代意象入口节点以及清代居园、非遗、多元文化等集中展示片区。

在交通结构设计中，结合以洪东街—洪西街—洪桥港及后市河—新场大街为主的两条河—街复合廊道，打造步行—船游的交通网络。同时，将古镇内部的局部道路向周边车行主次干路打通，增设回车场和停车设施，形成与城市的交通衔接。

在景观系统的设计中，根据功能作用，将景观分为3种类型：塑造历史氛围、传承农耕文化、拓展居民活动空间，形成多尺度、多层次、多内容的景观形态。

在风貌控制中，将当下建成区由内而外划定为4种风貌控制区：传统建筑风

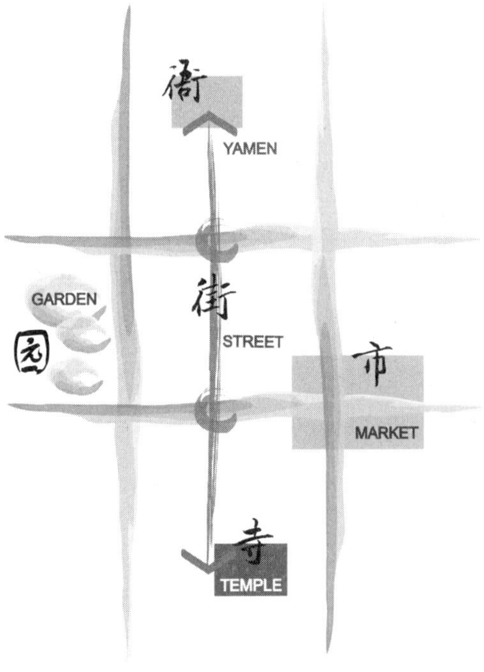

图9-13　历史意象格局

图9-14　根据历史格局形成的总平面

貌区、古今过渡风貌区、工业更新风貌区、乡土田园风貌区，并设定5～10m、10～20m、20～40m三种建筑尺度控制分区。

在功能系统的设计中，将古镇划分为7种功能区，分别是：住区及配套、传统风貌体验区、特色酒店复合区、创意产品区、文化服务区、文化娱乐区和田园风貌体验区。将食、住、观、游四大功能按照精品、中档、亲民的不同等级置入，在洪福桥、包桥港和东入口三个节点形成功能复合圈。

在游线系统的设计中，将古镇中最有特色的14处历史文化资源点，通过主要河流和街道的串联，打造共2.5km的古镇精华游线路。同时，待远期开发的东入口落成后再拓展游线，以形成古镇全域游（图9-15）。

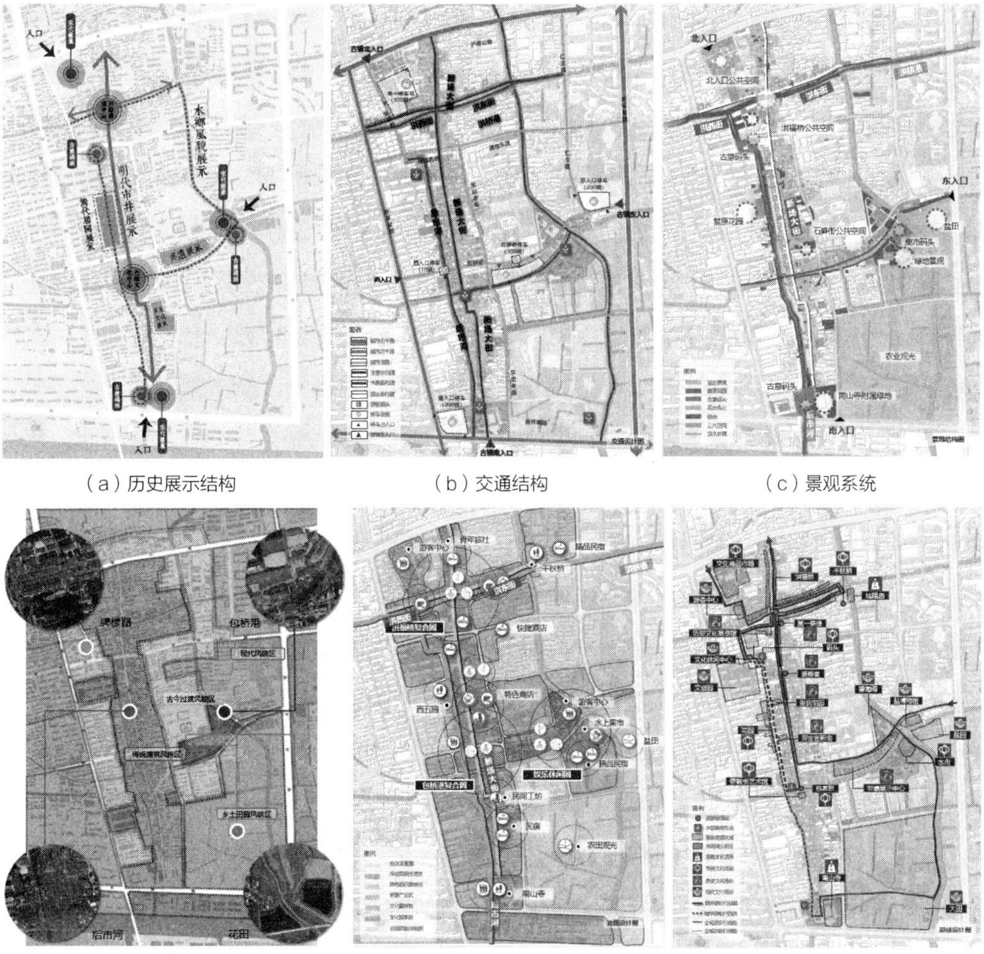

（a）历史展示结构　（b）交通结构　（c）景观系统

（d）风貌控制　（e）功能系统　（f）游线系统

图9-15　分项系统设计

9.2.4 三种途径的关系

“自下而上”营建途径的“借鉴”“代行”和“保留”并不是三种平行的、孤立的城市设计改进途径，它们本身是相互交叠、相互影响的。在城镇设计操作与实施的各个阶段，有机整合三种转化方式，这样才能将“自下而上”的思想意识从一而终地贯穿到城镇营建的整个过程中。

从实施主体来看，“借鉴”和“代行”主要依靠设计师操作专业技能来完成和兑现，而“保留”则是针对包括广大使用者在内的多元主体。因此，对于设计师来说，存在“借鉴”与“代行”同时作用下的策略筛选和变通，并应当预先设定“保留”的方式，将其作为设计构思中“合理化”的一部分。

从作用尺度来看，“借鉴”涉及城镇规划设计中的宏观与中观尺度相关的空间营建方式，是城镇全方位设计的综合参考“基准”；“代行”则可能作用于宏观、中观、微观不同尺度的空间设计，尤其是落实到工程层面时，更多地与公共空间相关；而“保留”则更多地在中观与微观尺度上发挥作用，表现在与个体直接相关的单元空间建设上。

从发挥作用的时段来看，“借鉴”多作用于城镇设计与营建的“前半段”，即从场地调研到方案设计的阶段中表现为“追溯历史—提取要素—整合设计”的过程；“代行”作用于城镇设计与营建的整个阶段中表现为“了解诉求—提出策略—工程实现”的过程；“保留”则更多作用于城镇设计与营建的“后半段”，即从设计到实施的阶段中表现为普通民众“参与设计—参与实施—持续更新改造”的过程。

从三者相互的影响关系来看，“借鉴”相对于“代行”和“保留”更具有统领性的作用，而“代行”和“保留”可理解为其统领下的两种具体作用形式。“借鉴”的源头是历史，是城镇任何阶段更新发展所应当遵循的原则所在，其核心在于坚守城镇生长“不变”的规律，可以进一步转化为约束“代行”的条件和实施“保留”的依据。对于设计师来说，“代行”与“借鉴”几乎是在同步进行的，但它的核心在于以对城镇空间产生直接干预的方式来取得有意义的“变化”，其结果会影响下一阶段城镇建设中的“借鉴”和“保留”。“保留”从某种程度上来说受控于其他途径，而它表现出的建设形式与内容却是影响“借鉴”与“代行”的不可忽视的因素。

9.3 “自下而上”的营建途径在中国的推行方式

9.3.1 中国小城镇聚落空间营建的现状和问题

在中国快速城镇化进程中，随着农村剩余劳动力向城市聚集，小城镇成为劳动力转移的重要场所。只有充分发挥小城镇的作用，才能使城乡在发展进程中处于平衡的关系。从这个角度来看，加强小城镇建设已成为中国新型城镇化过程中迫在眉睫的需要。然而，回眸近年中国小城镇发展历程和取得的阶段性成果，仍然暴露出令人担忧的问题。其中空间建设同质化、盲目追求“做大做强”、特色风貌缺失等空间形态上的问题日益显著。“自下而上”的城镇营建方式的普遍忽视是造成这一现象的重要原因。

1. 发展思路不完善

当前，我国小城镇的规划设计问题尚未形成较为成熟而完善的方法体系。在实践中，小城镇照搬大城市“自上而下”的发展和设计思路，却忽视了小城镇自身的特殊性和独特性。依照“自上而下”的规划和设计逻辑，我国小城镇的空间发展方式只停留在相对粗放的“规划”层面，而缺失精细化的“设计”，它关注布局、层级、体系等指标性、规范性的内容，而没有从人的视角进行城镇空间的再设计和塑造①。其造成的结果：一是城镇空间形态缺乏连续性，即“外来”的空间建设路径与城镇自身历史形态生长逻辑相冲突，削弱了城镇自身形态的整体性特征；二是由于“自上而下”设计思路的单一，造成了不同城镇的同质化发展，不利于保存城镇形态的多样性。

2. 面临问题的复杂

中国国土面积宽广，民族数量繁多，相伴而生的小城镇面广量大、类型多样，而各区域之间发展尚不平衡，地区差异较大。中国小城镇空间建设面临问题的复杂性在于：不同地区的小城镇面临的问题是不一样的。其中，西部内陆地区小城镇发

---

① 王梓晨，朱隆斌．小城镇城市设计的“设计”问题研究［J］．住宅科技，2017，37（4）：16-25.

展滞后，有显著的自然地域特征和民族特色，但经济水平较低，城镇建设技术水平比较落后，需要提升发展的质量。而东部沿海地区小城镇自身经济建设水平较高，并容易受到城市发展的带动，需要适时放慢脚步，协调发展与保护之间的关系。总体来看，自然型、层叠型、设计型小城镇在中国各区域均有一定分布，表现出发展阶段不同、文化差异显著、地理气候不同的特点。针对不同对象实行特定的城镇营建途径，避免一概而论，这样才能有效保护并发展中国各地城镇的丰富性和多样性。

9.3.2 针对不同对象的“自下而上”空间营建

在“自下而上”营建途径的推广使用过程中，需要根据实施对象的不同特点来实行“定制式”的设计对策和实施途径。概括来看，“自下而上”的设计原则以“非设计”“微介入”“塑特色”为主，在客观的城镇生长进程中进行有限的干预，以发掘、提升、利用城镇自身的个性特征为导向。由于自然型、层叠型、设计型小城镇所具备的优势、面临的问题不同，需要利用不同的解决途径，去刺激、补充、完善其自身的“自下而上”发展。总体上需要在“自下而上”营建途径的“借鉴”“代行”和“保留”的整合过程中实现城镇空间的有机更新与生长，而对于不同的对象来说，各转化途径所占的权重和分项策略的选取将有所不同。

1. 针对自然型小城镇的“自下而上”空间营建

（1）城镇的优势

自然型小城镇的优势在于：自然生态景观保存得较为完整，城镇空间与自然结合紧密，城镇空间形态特色明显，具有令人印象深刻的风貌特征；建筑形态的同质性和特征性明确，当地居民对建造材料和工艺有比较深入的理解；人群日常交流密切，社区紧密度高，文化认同感强。

（2）面临的问题

自然型小城镇主要面临的问题在于：城镇的经济基础较为薄弱，基础配套设施无法满足现代生活需求，居民的生活条件较为落后；城镇的空间形式与内部功能过于单一，发展思路不明确，缺乏对外的吸引力和竞争力；内部中青年人员大量外流，城镇内部空心化，建筑老化严重，大量空间废弃。

（3）解决的途径

对自然型小城镇应采用**整体式**的城市设计思路和途径，以“借鉴”和“保留”在地性的城镇建设方式为主，在宏观、中观、微观层面实现策略上的相互关联、一脉相承。由于自然型小城镇中以原著居民居多，以生活服务功能为主，应尽可能根据居民自身生活方式与日常行为模式设定环境改造形式。注重城镇整体的原生态特色保护，并进行内部空间与功能的升级，尽可能将城镇的“自下而上”特点转化为自身发展的优势。

保护多层次的人地关系：总结基本的地缘条件特点，梳理城镇文脉结构特征，协调聚居边界与周边自然环境的关系；提炼影响城镇形态生长的重点自然要素，有针对性地进行自然环境治理与公共空间提升；保护人地关系影响下形成的聚居形式，强化共有的文化身份。同时，在延续原有格局和肌理的基础上明确城镇各部分分区功能，植入系统性的建设指引，补充基础生活设施。

采用针灸式的环境改造：考虑到自然型小城镇在长期一致的“自下而上”建设中已经形成了整体性的空间关系，异质性设计要素的介入大多是对原生风貌的破坏。因此，应以保护和修补原有的建筑与街巷类型为主，维持既定的空间尺度和几何形体关系，不做过多的设计干预。局部的建筑和环境改造应在拓展单元空间原型、烘托原有环境氛围的基础上进行，注重形体、材质与色彩同既有环境的协调，减少异质性要素的出现。

重塑共享式的公共空间：随着中青年人员的外流，自然型小城镇中的公共空间衰落和缺失成了一个普遍的问题，选择对居民有意义的地点重塑公共空间，是提升城镇公共空间活力的一种方式。在设计中可多采用现场操作的方式，有效组织当地居民加入公共空间的建设和后续的运营。居民所熟识的当地建造技艺亦可为公共建设提供支撑，从而加强居民对城镇建设的参与感，并让其成为实践成果的直接受益者。

2. 针对层叠型小城镇的“自下而上”空间营建

（1）城镇的优势

层叠型小城镇的优势在于：城镇形态的构成要素较为丰富，景观构图生动有趣，空间环境呈现出意味深长的叙事性与故事性；城镇整体布局灵活，功能多变，交通较为便捷；它们与周边城镇往往关系紧密，成互补的关系，易受到周边城市发展的带动。

（2）面临的问题

层叠型小城镇主要面临的问题在于：在受到周边城市发展带动的同时，也受其发展的冲击，尤其表现在城市蔓延和基础设施修建对附近小城镇形态带来的压力；城镇内部混乱建造的现象层出不穷，借用现代手法建设的房屋与传统风貌不和谐；在周边环境剧烈变化的情况下，城镇发展路径不明确。

（3）解决的途径

对层叠型小城镇应采用**协调式**的城市设计思路和途径，综合运用“借鉴”“代行”和“保留”三种“自下而上”的设计策略。层叠型小城镇一般具有较好的环境基础、经济基础和发展潜力，与城市的紧密关系是其天然的发展优势，但空间与政策上的相互干扰有时也是让其陷入发展“困境”的原因之一。在周边城镇的带动中，守住小城镇自身的“底线”，协调好保护与发展的空间矛盾，是层叠型小城镇在设计与建设中应当充分考虑的。应在保护传统风貌和空间特色的基础上进行发展，使“自下而上”与“自上而下”两种城镇营建意图形成合力。

保护层叠式的历史格局：在整体规划统筹中，清晰识别城镇发展脉络，鉴别和提炼现存空间中的历史层叠要素，并在此基础上整合城镇空间格局，复合历史信息并梳理空间层次，在整体结构中表达城镇生长的断代特征；串联不同年代的历史节点，形成可令人感知体验的历史路径；将历史格局与当下的生活格局相融合，形成自然的边界衔接。

重构灵活性的街巷肌理：层叠型小城镇的街巷肌理构成，其本身在历史上就表现出了一定的灵活性——在不同年代可以承载不同的生活方式和功能需求。在街区设计中应充分提取和利用原有空间组合形式，在保护肌理特征的基础上，疏通街巷经络，强化感官互动的街巷空间体验。同时，更新街巷内部空间的业态功能，让民众成为空间再利用的直接贡献者，加入到街巷肌理的重塑过程中去。

开发多义性的特色空间：基于历史层叠要素的公共空间和节点往往是层叠型小城镇空间形态中的重要标识，它承载了特殊的集体记忆。通过对这些点状、线状空间的开发利用，将触发并带动整个地区的活化。在场所更新中，延续特定节点对于地方群体的历史意义，同时发展空间形式、丰富空间功能，使其能承载多样活动，并满足多类人群的使用需求。

3. 针对设计型小城镇的“自下而上”空间营建

（1）城镇的优势

设计型小城镇的优势在于：城镇有一定的经济基础和人口基础，其自身具备一定的发展空间、发展潜力和发展活力；城镇的基础设施和公共系统在规划设计中进一步提升，并为现代生活方式提供较好的支撑。

（2）面临的问题

设计型小城镇面临的主要问题在于：在城镇的更新建设中，设计者往往忽视了小城镇自身的资源特点和文脉延续，采用的设计方式往往过于主观化，设计手法也过于模式化，使得城镇风貌千篇一律；忽视城镇内部“自下而上”的生活需求，脱离原有的生态格局和实际尺度①，街巷尺度过大，人性化场所缺失。

（3）解决的途径

对设计型小城镇应采用**结合式**的城市设计思路和途径，在“借鉴”传统城镇空间生长特征的基础上采用“代行”设计的方式，并酌情对“自下而上”的参与性建设方式进行“保留”。小城镇内部的人群生活方式与大、中城市有很大区别，不能简单套用针对城市的粗放式的规划与设计策略。应充分了解城镇的地方特征，将地方要素与设计有机融合，强化各片区之间的差别，增加中观、微观设计的分量。同时放慢城镇更新和建设的速度，为内部的“自下而上”建设预留生长空间。

强化地方性的本底特征：小城镇更宜采用紧凑集约的布局，考虑居民日常出行的便捷和公共空间的可达，合理设置路网，控制道路宽度与间距；强调城镇所在区域的自然本底特征，利用自然优势资源组织城镇开放空间，不做过多的地形改造；突出社群组织形态分布，延续传统空间形态特征。

塑造融合型的社区空间：在设计中加强功能区块之间的沟通与联系，柔化区块边界，促进功能融合；合理布局公共服务设施，通过场所营造和交通串联，打造多层次的公共活动空间，以容纳不同的行为活动；向传统城镇学习，以非机动交通为主，细化步行空间设计，营造良好的步行氛围。

演绎多样化的生活场所：设计型小城镇的视觉风貌和空间特色仍然取决于数量庞大的居住建筑形态，因此，需要在设计中着力塑造丰富的生活空间和场所。可酌情发挥单元地块上的自建作用，以创造局部空间的差异。同时，以渐进式的发展，

① 张立涛，刘星，薛玉峰．小城镇城市设计技术要点研究［J］．小城镇建设，2017（5）：54-60.

为日后“自下而上”的空间生长预留空间，长效发挥社区参与共建城镇的作用。

9.4 本章小结

本章的主要结论如下：

1. 在当下的环境中，如果期望“自下而上”的方式仍可以在城镇建设中发挥积极的效用，就应该思考设计师应当以何种身份切入设计过程。从阿博莱伦的案例中可知设计师在城镇发展中的作用是很关键的，他们以空间示范的形式让更多普通人看到未来可能的城镇前景，同时也是提供控制城市发展框架、保持空间与社会有序拓展的关键组织者。当设计师可以充分理解城镇当地环境特征和居民需求，并实现多重角色的有效切换时，可以使专业工作产生一种“自下而上”的特征。其中有效的身份包括：观察者与记录者、组织者与策划者、发掘者与代行者、示范者与指导者。

2. “自下而上”在当代的转化途径主要有3种：“借鉴”“代行”和“保留”，它们本身在设计的操作过程中是相互交叠、相互影响的。其中“借鉴”具有统领性的作用，其作用依据是历史，作用原则在于坚守城镇生长“不变”的规律；“代行”的作用依据是使用者的意愿，其作用原则在于取得对城镇内部居民有意义的“变化”；“保留”的作用依据是城镇内部的自发建设现象，其作用原则是将普通个体的作用直接纳入到城镇的设计与建设中。

3. 由于自然型、层叠型、设计型小城镇所具备的优势、面临的问题不同，需要采用不同的“自下而上”营建途径。概括地来看，“自下而上”的设计原则以“非设计”“微介入”“塑特色”为主，在客观的城镇生长进程中进行有限的干预，以发掘、提升、利用城镇自身的个性特征为导向。对于自然型小城镇来说，要采用整体式的城镇设计思路和途径：保护多层次的人地关系、采用针灸式的环境改造以及重塑共享式的公共空间；对层叠型的小城镇来说，要采用协调式的设计思路和途径：保护层叠式的历史格局、重构灵活性的街巷肌理和开发多义性的特色空间；对设计型小城镇来说，要采用结合式的设计思路和途径：强化地方性的本底特征、塑造融合型的社区空间以及演绎多样化的生活场所。

10

结语

改革开放40多年来，中国城镇化进程呈现了史无前例的快速增长，城镇面貌随之发生巨大变化，由此产生的空间失序、环境污染、特色丧失、文化断裂等问题亦是前所未有的，不可否认部分发展是以牺牲城镇的宜居性和人民的幸福感为代价的。今天，中国城镇化进入下半场，其目标不再是片面追求城镇发展的大规模和快速度，而是转向社会群体需求的满足和人民福祉的提升。

新型城镇化的核心是“人的城镇化”，同时遵循“以人为本、优化布局、生态文明和传承文化”四大基本原则，其关键是提高城镇化的质量。党的十九大报告深入阐述了“以人民为中心”的重要命题，提出了建设“美丽中国”，即在城镇建设的推进中既要“满足人民日益增长的美好生活需要”，又要“满足人民日益增长的优美生态环境需要”。这就要求城市规划和设计工作者将以物质为核心的规划设计导向转变为以“人”为核心的规划设计导向，将人的特征、人的需求、人的感知作为设计中着重考虑的因素。

新型城镇化标志着中国特色社会主义发展进入以生态文明为导向的新时代，韧性城市正在取代传统思路而成为城市可持续发展的关键战略。这意味着城镇有足够抵御与吸收、响应及适应外界干扰的能力，并在变化中保持原有主要特征、结构和关键功能。要实现韧性城市的中长期持续发展，则要尊重城镇系统的演变规律，并考虑利益相关者在城镇调整过程中的角色和创造的价值。通过对规划技术、建设标准等物质层面和社会管治、民众参与等社会层面相结合的系统构建过程，全面增强城市的结构适应性，把生态文明理念和原则全面融入城镇化的全过程。

新型城镇化亦是一项传承历史文化和重塑城镇特色的艰巨过程。在几千年的人类发展历史进程中，城镇不仅是物质文明的产物，更是民族文化和精神文明的载体。因此，在城镇更新与建设中注重保留历史记忆、塑造地方特色，即是实现文明传承和文化延续的重要途径。在存量经济的新形势下，对大、中、小城市及小城镇的既有城镇空间进行改造、功能提升和更新，这将成为未来城镇发展的重要方式，需要在保护的前提下转化、创新、利用。在本轮城镇建设中，应尽量摒除大拆大建，更多采用微改造这种“绣花”功夫，与城镇的精细化发展相适宜，营造更加宜居的城镇环境。

站在当下城镇发展方式转型的节点上，“自下而上”的营建途径吻合了中国新型城镇化进程中对城镇空间形态塑造的实际要求。在城市规划和设计中关注“自下而上”的微观诉求和公共参与，迎合了“以人为核心”的城镇化发展需要。尊重城镇“自下而上”的客观演变规律，延续渐进优化完善的形态演进过程，这是提高城镇韧性的一种有效方式。保留“自下而上”的城镇地方特色，关注地域的城镇功能、社会价值和文化持续发展，则是留住乡愁、传承文化的具体表现。由此可见，积极推行“自下而上”的城市规划设计理念和技术方法，可谓是提高城镇化质量的基础性解决途径之一。它不仅是小城镇发展中所需要的，也是各尺度城市及乡村地区空间更新及发展建设中应着重考虑的一种设计途径。

10.1 研究结论

本书主要的研究结论如下：

1．本书在早期人类聚居行为的演进过程中，追溯了“自下而上”城镇营建途径的历史发展脉络，并梳理了“自下而上”途径与“自上而下”途径的关系。早期聚居形态的演进整体上呈现了从“局部的片段”到“无序的聚集”，再到“有序的增长”的过程。其中“自下而上”的城镇营建途径是从早期聚居的第二阶段——“无序的聚集”中继承而来的，在其作用下，看似“单纯”“均质”的形态，背后却可能受到多种因素的共同作用，其实现过程中包含了大量单元建设活动的不断循环、反馈和叠加。“自上而下”途径是从第三阶段——“有序的增长”中继承而来的，在其作用下，看似“复杂”的形态，其背后的影响因素也可能很单一，但实现过程是粗放单向的。事实上，“自下而上”与“自上而下”总是交织出现的。由于规模较大的城市在上一轮建设中更多受到“自上而下”营建途径的影响和作用，其“自下而上”的形态表征较为不明显，所以选择传统小城镇聚落作为研究“自下而上”营建途径的载体就更加合适，其生长途径表现为以“‘自下而上’为主、‘自上而下’为辅”的特点。而通过自然型、层叠型、设计型三种小城镇的分类研究，特别是在“自上而下”途径的不同介入下，“自下而上”的途径呈现出不同的形式和特点。

2．自然型小城镇表现了一种单纯状态下“自下而上”营建途径的作用，即它以环境为导向的形态形成途径，表现为人工环境与自然环境相适应并融合的过程；它以需求为导向的形态形成途径，表现为按照内部群体需求自然产生的聚集逻辑和

稳中有变的单元建设方式。城镇空间适应自然环境的方式包括以地形为背景、顺应地形走势和依据地形选址。在城镇建设中，融入自然语言包括了塑造立体景观和统一环境要素两种具体的途径。由于自然型小城镇所处地及周边的社会环境较为稳定，城镇形态表现出连续的变化特征。陈炉古镇中的居民在严苛环境中追求稳定性的目标，决定了各要素的形态聚集逻辑是趋于内向和静态的，具体表现为以社群为单元的固定组团。考布里奇的城镇经济功能和内部丰富的构成人群，决定了它的空间组成形式是更趋于外向和动态的，由此形成了开放式的院落街区。具体的居住形式进一步印证了不同城镇内部人群的生活需求，但均在演变中保持了地方化的基本空间形式和体量关系。

3．**层叠型小城镇体现了“自上而下”与“自下而上”的双重营建，其以环境为导向的形态形成途径，表现为积极利用自然条件优势，并与时局环境不断对话而进行的有限的环境改造；其以需求为导向的形态形成途径，表现为利用公共转化形成的集群意志表达，以及与特殊生活方式相适应的情境构建。**在改造原始自然条件的过程中，本书所研究的两个城镇均有效利用了水环境的优势——其中新场古镇以水网为基础建立了河街系统；而达默小镇以连通海域的通道为基础开辟了水上渠道，其水形态也进而演化为城镇结构的主要特征。在历史进程中，城镇形态同时会顺应社会时局产生变化，这表现为应对区域职能角色而进行的主动建设，以及受到外部政局变迁而产生的被动改造。新场古镇在不同时期的内外需求也在不断转化，但总体上是以构建生产、经营、生活之间的和谐为导向的，并在长期的积累和磨合中形成了一种独特的集体生活形态和深厚的人文环境气质。而达默小镇居民的生活在历史上绝大多数时期都是以抗争为主题的，这磨炼出了当地人的集体精神和合作意识，其公共性在达默小镇的城镇建设中也被不断强化，并逐步成为当地人在城镇建设中追求平衡、开放、包容的价值取向。

4．**设计型小城镇表现了一种以“自上而下”营建途径为主导，同时包容“自下而上”途径作用的小城镇，其以环境为导向的形态形成途径，表现为通过开发环境的价值并搭建城镇空间框架，使城镇环境按照人的构想生长起来，以实现对环境的驾驭；其以需求为导向的形态形成途径，表现为城镇居民在空间框架下通过不断的行为活动，产生的场所定义和生活构建。**其中要实现对环境的有效开发，就要在尊重原始地形的基础上，以多样灵活的方式塑造人工景观。而搭建城镇空间框架的方式主要有两种：一是短时间内形成的整体式框架；二是长期形成的渐进式框架。

在设计型小城镇中，即便规划设计会对城镇形态轮廓产生一定的、甚至是比较大的影响，最终环境的刻画仍然要依靠“自下而上”的生活动能。而个体需求同样可以反映在单元自建的过程中，保留自建中自然形成的细节差异，这也是塑造城镇空间丰富性的一种途径。

5.“自下而上”的营建途径可以分为以下3种形式：以需求适应环境、以需求修正环境、以需求驾驭环境。其中以需求适应环境是以在特定环境中建立居住的适宜性、稳定性为主要目标，通过建立与环境特征一一对应的城镇建设策略，形成符合该地环境的“自下而上”途径；以需求修正环境是使用者根据需求变化对空间的轻微调整，通过替换某些空间的局部、添加某种空间的功能或在原本空间构成要素的基础上，组织一种新的使用模式来建立更符合时宜的适应性；以需求驾驭环境关键在于：以整体的视角协调各种不同的因素，并通过整体的运行在不同人群之间建立默契，使多种“自下而上”的力量相互协作。在很多情况下，城市发展是由一种模糊的途径——兼具“自下而上”和“自上而下”特征的非典型的“弱自下而上”建设方式来推动的。“自下而上”的营建途径在时间进程中存在一个演化过程，对于今天来说，纯粹基于个体生活的“自下而上”途径作用不如以前明显了，转而变成多重因素影响下的“弱自下而上”途径的综合影响。

6. 以“自下而上”价值取向为基础的、可供专业设计师使用的城镇规划与设计策略主要包括以下3种形式：“借鉴”、“代行”和“保留”。这3种途径本身在设计的操作过程中是相互交叠、相互影响的，其中“借鉴”具有统领性的作用，其作用依据是历史，作用原则在于坚守城镇生长“不变”的规律；“代行”的作用依据是使用者的意愿，其作用原则在于取得对城镇内部居民有意义的“变化”；“保留”的作用依据是城镇内部的自发建设现象，其作用原则是将普通个体的作用直接纳入到城镇的设计与建设中。这3种途径又可以根据自然型小城镇、层叠型小城镇、设计型小城镇所具备的优势和所面临问题的不同，有针对性地进行组合。概括地来看，“自下而上”的设计原则以“非设计”“微介入”“塑特色”为主，在客观的城镇生长进程中进行有限的干预，以发掘、提升、利用城镇自身的个性特征为导向。

10.2 研究的创新点

本书的主要研究成果是系统地认识了“自下而上”营建途径的客观现象，并揭示了其在多样类型传统小城镇聚落中的丰富表现形式。同时，以历史经验为基础，提出了与中国“存量时代”城镇更新及发展相适宜的“自下而上”城市设计策略。本书主要的创新点有以下几个方面：

1．提出了城镇规划设计应当重视“自下而上”的内生力量，并合理引导兼备“自下而上”和“自上而下”双重特征的“弱自下而上”途径来推动城镇建设。反思过去几十年在中国城镇形态扩张中起主导作用的“自上而下”途径，回顾城镇聚落演进中呈现的多样形态和伴随出现的两种城镇营建途径，发现了两种途径普遍意义上的交织、协作和不可替代。对于今天来说，纯粹基于个体生活的“自下而上”途径作用不如以前明显了，转而变成多重因素影响下的“弱自下而上”途径的影响，因此，应当在城镇规划设计中合理引导两种途径的综合作用。

2．以“自下而上”途径在城镇生长过程中的介入程度为参照，构建自然型、层叠型、设计型的小城镇类型分析框架，并在此基础上揭示“自下而上”的途径在小城镇中的表现形式。以城镇中普遍存在的“自下而上”与“自上而下”相交织的途径为基础，梳理出包含自然型、层叠型、设计型三种类型的小城镇形态认知框架。其形态特点分别以混沌有机、复合交叠和有序错落为代表，表现了“自下而上”营建途径在多种尺度和层级上发挥作用而呈现的形态结果。

3．基于“借鉴”“代行”和“保留”三种基本的转化途径，和针对不同城镇对象的分项策略组合，提出了“自下而上”营建途径在当代的再生方式。在“以需求适应环境”“以需求修正环境”“以需求驾驭环境”几种基本途径的基础上，通过“借鉴”“代行”和“保留”三种转化形式，完成了从以普通个体为实施主体的“自下而上”营建途径向以设计师为实施主体的“自下而上”设计策略的转变。在实际操作中，以“非设计”“微介入”“塑特色”为有限干预的方式，并基于作用对象特征的不同，有针对性地对多种分项策略进行有机组合。

10.3 研究展望

在正在到来的“存量时代”，城市老区更新、小尺度设计、社区营造等方面的工作需求会越来越多，对于这部分内容不能仅用“自上而下”的空间设计方法来解决，需要结合部分“自下而上”的营建方式。“自下而上”的营建途径虽然在小城镇及乡村中更为常见，但它对空间美感、场所多样性和活力的塑造作用同样是中等城市和大城市所需要的。

本书在以下几个方面有待进一步研究：

1. **研究对象和相关设计策略的拓展**。考虑到本书研究的时限和可操作性，本书仅针对小城镇这一种特定聚落类型进行了“自下而上”现象的初步研究。而“自下而上”营建途径亦广泛存在于各类城市和乡村之中，后续还需要针对不同尺度的对象作进一步的研究和论证，并拓宽“自下而上”途径的运用情境。

2. **应用层面的研究**。由于笔者所参与的城市规划与城市设计实践尚且有限，还不能以足够数量的项目去检验“自下而上”途径及相关策略的有效性。考虑到当下“自下而上”城镇营建途径在应用层面的意义是巨大的，希望未来在不同尺度、不同类型的项目中践行并修正本书所提出的相关策略。

附录1

图片来源

图1-1　千城一面

图片来源：https://image.baidu.com/search/detail?ct=503316480&z

图1-2　不同地域中形态多样的聚落

图片来源：（a）作者自摄；（b）王建国工作室资料；（c）百度图片

图1-3　研究框架

图片来源：作者自绘

图2-1　旧石器时代的简易住房

图片来源：L. 贝纳沃罗. 世界城市史［M］. 薛钟灵，余靖芝，等译. 北京：科学出版社，2000.

图2-2　旧石器时代人类的住地遗迹

图片来源：L. 贝纳沃罗. 世界城市史［M］. 薛钟灵，余靖芝，等译. 北京：科学出版社，2000.

图2-3　旧石器时代的工具

图片来源：L. 贝纳沃罗. 世界城市史［M］. 薛钟灵，余靖芝，等译. 北京：科学出版社，2000.

图2-4　史前壁画

图片来源：Wikimedia Commons

图2-5　壁画中的土耳其加泰土丘

图片来源：斯皮罗·科斯托夫. 城市的形成——历史进程中的城市模式和城市意义［M］. 单皓，译. 北京：中国建筑工业出版社，2005.

图2-6　加泰土丘的考古现场和还原模型

图片来源：上右：L. 贝纳沃罗. 世界城市史［M］. 薛钟灵，余靖芝，等译. 北京：科学出版社，2000. 其余来自视觉中国

图2-7　奥地利哈尔斯塔特（Hallstatt）新石器时代居民点

图片来源：L. 贝纳沃罗. 世界城市史［M］. 薛钟灵，余靖芝，等译. 北京：科学出版社，2000.

图2-8　乌尔城自发的居住区部分

图片来源：L．贝纳沃罗．世界城市史［M］．薛钟灵，余靖芝，等译．北京：科学出版社，2000.

图2-9　亚述浅浮雕中的早期城镇公共生活

图片来源：L．贝纳沃罗．世界城市史［M］．薛钟灵，余靖芝，等译．北京：科学出版社，2000.

图2-10　现存的最古老的城市之一——伊拉克埃尔比勒（最早追溯到6000年前）

图片来源：网络

图2-11　影响因素、营建途径、城镇形态之间的关系

图片来源：作者自绘

图2-12　两种典型途径影响下的形态

图片来源：斯皮罗·科斯托夫．城市的形成——历史进程中的城市模式和城市意义［M］．单皓，译．北京：中国建筑工业出版社，2005.

图2-13　单元循环建设活动

图片来源：作者自绘

图2-14　叠加建设中的影响因素、建设活动和聚居形态

图片来源：作者自绘

图2-15　各种“自下而上”的聚落形态

图片来源：谷歌地图

图2-16　陕西柏社村

图片来源：王建国工作室

图2-17　欧洲“自下而上”的城镇

图片来源：作者自摄

图2-18　苏州藏书演变图

图片来源：苏州市木渎镇藏书老镇区概念性规划设计［Z］．2014

图2-19　单向建设活动

图片来源：作者自绘

图2-20　统一建设中的影响因素、建设活动和聚居形态

图片来源：作者自绘

图2-21　米利都城

图片来源：L．贝纳沃罗．世界城市史［M］．薛钟灵，余靖芝，等译．北京：科学出版社，2000.

图2-22　唐长安平面图

图片来源：L．贝纳沃罗．世界城市史［M］．薛钟灵，余靖芝，等译．北京：科学出版社，2000.

图2-23　巴黎的星形广场和放射道路

图片来源：百度图片

图2-24　巴塞罗那的网格街区

图片来源：百度图片

图2-25 1586年的港口城市圣多明各

图片来源：斯皮罗·科斯托夫. 城市的形成——历史进程中的城市模式和城市意义［M］. 单皓，译. 北京：中国建筑工业出版社，2005.

图2-26 北京故宫

图片来源：斯皮罗·科斯托夫. 城市的形成——历史进程中的城市模式和城市意义［M］. 单皓，译. 北京：中国建筑工业出版社，2005.

图2-27 西方人眼中的广州（1668年）

图片来源：L. 贝纳沃罗. 世界城市史［M］. 薛钟灵，余靖芝，等译. 北京：科学出版社，2000.

图2-28 罗马模型

图片来源：L. 贝纳沃罗. 世界城市史［M］. 薛钟灵，余靖芝，等译. 北京：科学出版社，2000.

图2-29 19世纪初的伦敦景象

图片来源：L. 贝纳沃罗. 世界城市史［M］. 薛钟灵，余靖芝，等译. 北京：科学出版社，2000.

图2-30 改造后的巴黎

图片来源：斯皮罗·科斯托夫. 城市的形成——历史进程中的城市模式和城市意义［M］. 单皓，译. 北京：中国建筑工业出版社，2005.

图2-31 华盛顿规划

图片来源：斯皮罗·科斯托夫. 城市的形成——历史进程中的城市模式和城市意义［M］. 单皓，译. 北京：中国建筑工业出版社，2005.

图2-32 A.E.J. 莫里斯描述的有机生长的（“自下而上”）和规划的（“自上而下”）城镇形态

图片来源：A.E.J. 莫里斯. 城市形态史——工业革命以前［M］. 成一农，等译. 北京：商务印书馆，2011.

图2-33 “自下而上”城镇中的公共要素

图片来源：左：作者自摄；右：斯皮罗·科斯托夫. 城市的形成——历史进程中的城市模式和城市意义［M］. 单皓，译. 北京：中国建筑工业出版社，2005.

图2-34 长安城“坊”平面图

图片来源：李允鉌. 华夏意匠：中国古典建筑设计原理分析［M］. 天津：天津大学出版社，2014.

图2-35 乌尔城平面

图片来源：A.E.J. 莫里斯. 城市形态史——工业革命以前［M］. 成一农，等译. 北京：商务印书馆，2011.

图2-36 柏林的生长

图片来源：沈芊芊. 柏林——建筑与城市设计的理念实验场［D］. 南京：东南大学，2005.

图2-37　中华人民共和国成立前唐山城市发展演进图

图片来源：董鉴泓. 中国城市建设史［M］. 第3版. 北京：中国建筑工业出版社，2004.

图2-38　民国时期景德镇总平面

图片来源：陈新. 从地名变迁考述景德镇城市空间演变［D］. 景德镇：景德镇陶瓷学院，2012.

图2-39　澳门半岛的演变

图片来源：童乔慧. 澳门城市环境与文脉研究［D］. 南京：东南大学，2004.

图2-40　两种途径在历史中的表现

图片来源：作者自绘

图3-1　自然地形对城镇形态的影响

图片来源：斯皮罗·科斯托夫. 城市的形成——历史进程中的城市模式和城市意义［M］. 单皓，译. 北京：中国建筑工业出版社，2005.

图3-2　寒冷地区的房子

图片来源：作者自摄

图3-3　炎热地区的房子

图片来源：作者自摄

图3-4　不同地区环境与建筑的关系

图片来源：作者自绘

图3-5　不同地区的风貌

图片来源：网络

图3-6　日本合掌造民居

图片来源：马晓，周学鹰. 白川村荻町——日本最美的乡村［J］. 中国文化遗产，2013（5）：102—107.

图3-7　材料的再利用

图片来源：作者自摄

图3-8　华山村建造技术中的古制

图片来源：作者自摄

图3-9　篱笆小屋

图片来源：http://www.tooopen.com/view/433345.html

图3-10　徐州户部山戏马台

图片来源：（a）http://www.997788.com/a164/5982624/

（b）http://image.baidu.com/i?ct=503316480&z=0&tn

图3-11　通过建筑组合形成的安全屏障

图片来源：（a）斯皮罗·科斯托夫. 城市的形成——历史进程中的城市模式和城市意义［M］. 单皓，译. 北京：中国建筑工业出版社，2005.

（b）约翰·里德 .城市［M］. 郝笑丛，译. 北京：清华大学出版社，2010.

（c）作者自摄

图3-12　城墙

图片来源：（a）http://www.xiangshanpark.com.cn/info/201206/932.html

（b）作者自摄

图3-13　黎槎村道路

图片来源：作者在谷歌地图的基础上自绘

图3-14　黎槎村内部交通系统

图片来源：作者自绘

图3-15　黎槎村交通系统的局部形式

图片来源：作者自绘

图3-16　道路结构类型

图片来源：作者自绘、自摄

图3-17　复杂的路面铺设

图片来源：作者自摄

图3-18　道路的重要性

图片来源：作者自摄

图3-19　遂愿里台阶的自行车道

图片来源：作者自摄

图3-20　澳洲土著人传统露营地

图片来源：阿摩斯·拉普卜特. 文化特性与建筑设计［M］. 常青，等译. 北京：中国建筑工业出版社，2004.

图3-21　起居生活内容及私密程度

图片来源：作者自绘

图3-22　华山村设施现状

图片来源：作者自绘

图3-23　日常生活的亲水空间

图片来源：作者自摄

图3-24　黎槎村的水井

图片来源：作者自摄、自绘

图3-25　华山村的排水沟形式

图片来源：作者自摄

图3-26　黎槎村的公共空间

图片来源：作者自绘

图3-27　蚬岗村“四合一”公共节点

图片来源：作者自绘、自摄

图3-28　黎槎村遂愿里—北村口公共节点

图片来源：作者自绘

图3-29　蚬岗村村口节点

图片来源：作者自绘

图3-30 典型的法国农庄平面示意图

图片来源：阿摩斯·拉普卜特. 宅形与文化［M］. 常青，等译. 北京：中国建筑工业出版社，2007.

图3-31 与房屋结合的生产空间

图片来源：作者自摄

图3-32 休闲式的生产

图片来源：作者自摄

图3-33 不同地区的“泥叫叫”

图片来源：左：http://www.bbs.dzwww.com

右：作者自摄

图3-34 农民购买不同生活用品的范围

图片来源：作者根据《小城镇　大问题》自绘

图3-35 传统聚落中的交易空间

图片来源：作者自摄

图3-36 古老的商业街

图片来源：作者自摄

图3-37 蚬岗村集市

图片来源：作者自绘、自摄

图3-38 交易摊位

图片来源：作者自绘

图3-39 文化与生活方式

图片来源：阿摩斯·拉普卜特. 文化特性与建筑设计［M］. 常青，等译. 北京：中国建筑工业出版社，2004.

图3-40 社交性的宴席

图片来源：（a）http://gd.sina.com.cn/travel/photo/2014-07-24/0918115069.html

（b）作者自摄

图3-41 山东临沂刘店子村丧葬空间的变化

图片来源：作者自绘

图3-42 华山村龙脊街

图片来源：作者自绘

图3-43 黎槎村全景

图片来源：http://blog.sina.com.cn/s/blog_64badd8c0101f27h.html

图3-44 神树

图片来源：作者自摄

图3-45 祖庙和祠堂

图片来源：作者自绘

图片来源：作者自绘

图5-13 不同形体与坡地的关系

图片来源：作者自绘

图5-14 考布里奇整体形态及边界变化

图片来源：作者自绘

图5-15 陈炉古镇防御城堡的选址

图片来源：作者自绘、自摄

图5-16 原始地形

图片来源：作者自绘

图5-17 地形与城镇形态的关联

图片来源：作者自绘

图5-18 中观景观

图片来源：作者自绘

图5-19 石灰石材料的运用——从环境到建筑

图片来源：作者自摄

图5-20 11个“社”的分布

图片来源：作者自绘

图5-21 考布里奇的经济空间

图片来源：作者自绘

图5-22 经济空间样态

图片来源：作者自摄、自绘

图5-23 陈炉古镇中的各种窑洞平面

图片来源：李斌. 陈炉古镇传统民居院落及窑居建筑研究［D］. 西安：西安建筑科技大学，2008.

图5-24 两个窑洞单元

图片来源：作者自绘

图5-25 窑洞形态

图片来源：王建国工作室资料

图5-26 文化构成

图片来源：作者自绘

图5-27 环境细节

图片来源：作者自摄

图5-28 不同时期的居住建筑形式

图片来源：作者自摄

图6-1 新场镇的区位

图片来源：作者根据谷歌地图自绘

图6-2 新场古镇实景

图片来源：上海新场古镇城市设计［Z］. 2017.

图6-3　新场古镇航拍

图片来源：上海新场古镇城市设计［Z］. 2017.

图6-4　历史信息层叠

图片来源：作者自绘

图6-5　形态研究范围

图片来源：（a）谷歌地图；（b）王建国工作室

图6-6　新场古镇整体形态构成

图片来源：作者自绘

图6-7　达默小镇的区位和卫星图

图片来源：谷歌地图

图6-8　达默小镇实景

图片来源：作者自摄

图6-9　中世纪的城市地图

图片来源：Devliegher L. Kunst Patrimonium van West-vlaanderen: De Sint-Salvatorskatedraal to Brugge inventaris［M］. Den Haag, Lannoo, 1960.

图6-10　驻军时期地图

图片来源：Jan Hutsebaut en Tom Vermeersch. De Damse Vaart［M］. Grafische dienst province West-Vlaanderen, 2015.

图6-11　新航道设计

图片来源：Jan Hutsebaut en Tom Vermeersch. De Damse Vaart［M］. Grafische dienst province West-Vlaanderen, 2015.

图6-12　运河沿线景观规划

图片来源：Jan Hutsebaut en Tom Vermeersch. De Damse Vaart［M］. Grafische dienst province West-Vlaanderen, 2015.

图6-13　达默整体形态构成

图片来源：作者自绘、自摄

图6-14　达默周边海域变化

图片来源：作者根据当地博物馆资料改绘

图6-15　比利时及达默地区历史上的权力变更

图片来源：作者自绘

图6-16　河街系统相关信息

图片来源：（a）新场古镇风貌保护导则［Z］. 2016.

（b）王建国工作室；（c）同（b）；（d）作者自绘

图6-17　泽恩地区的水上经济路线

图片来源：Devliegher L. Kunst Patrimonium van West-vlaanderen: De Sint-Salvatorskatedraal te Brugge inventaris［M］. Den Haag, Lannoo, 1960.

图6-18　达默周边的水系

图片来源：Devliegher L. Kunst Patrimonium van West-vlaanderen: De Sint-Salvatorskatedraal te Brugge inventaris［M］. Den Haag, Lannoo, 1960.

图6-19　新场周边的盐场

图片来源：新场古镇风貌保护导则［Z］. 2016.

图6-20　社会环境变化引发的城镇建设

图片来源：Devliegher L. Kunst Patrimonium van West-vlaanderen: De Sint-Salvatorskatwedraal te Brugge inventaris［M］. Den Haag, Lannoo, 1960.

图6-21　典型的街道界面

图片来源：作者自摄

图6-22　两个以桥头为中心的重要节点

图片来源：王建国工作室资料

图6-23　河道

图片来源：作者自摄

图6-24　“见缝插针”的公共建设

图片来源：作者自摄

图6-25　旅游为市民带来的新生活气象

图片来源：作者自摄

图6-26　“河街四进”单元剖面

图片来源：上海新场古镇城市设计［Z］. 2016.

图6-27　“河街四进”航拍和真实感受中的空间细节

图片来源：左：王建国工作室资料；其余作者自摄

图6-28　“河街四进”的分布

图片来源：上海新场古镇城市设计［Z］. 2016.

图6-29　不同的居住建筑

图片来源：作者自摄

图6-30　不同类型的日常空间

图片来源：作者自绘

图6-31　舒适的住宅

图片来源：作者自摄

图6-32　不同的工作岗位

图片来源：作者自摄

图6-33　传统的工作和生活

图片来源：作者自摄

图7-1　刘店子区位

图片来源：作者根据谷歌地图自绘

图7-2　城镇实景

图7-21 小镇成形过程
图片来源：作者自绘
图7-22 作为不同场所的街道
图片来源：作者自摄
图7-23 集市分区布局
图片来源：作者自绘
图7-24 资本循环
图片来源：作者自绘
图7-25 新旧住宅肌理对比
图片来源：作者在谷歌地图基础上自绘
图7-26 多种单元布局
图片来源：作者自绘
图7-27 自建的多样性
图片来源：当地博物馆资料、作者自摄
图8-1 马斯洛的需求层次理论
图片来源：https://image.baidu.com/search/detail?ct=503316480&z
图8-2 几种不同层次的环境
图片来源：作者自绘
图8-3 考布里奇商业街周边的几个片段
图片来源：作者自绘
图8-4 片段二的院落布置
图片来源：作者自摄
图8-5 城墙及内部的空间
图片来源：作者根据资料和实景自绘
图8-6 历史花园现状
图片来源：作者自摄
图8-7 考布里奇历史花园的多种功能
图片来源：作者自绘
图8-8 组织管理架构
图片来源：作者自绘
图8-9 政府主导的部分工作
图片来源：作者自摄
图8-10 市民主导的部分工作
图片来源：作者自摄
图8-11 形态构成要素演变过程
图片来源：作者自绘
图8-12 “弱自下而上”途径及与“自上而下”和“自下而上”的关系

附录2

案例来源

本书所选案例不仅来源于笔者的个人调研，也受惠于相关的实践项目和研究项目。主要研究案例来源如下：

1）陈炉古镇案例来源：

陕西省城乡风貌特色发展战略院士咨询项目（政府委托），项目主持：王建国院士，2016.

东南大学主要参与人员：许昊皓、林岩

2）考布里奇案例来源：

笔者个人调研

3）新场古镇案例来源：

上海市新场古镇核心区城市设计（政府委托），项目主持：王建国院士、坂本一成（Kazunari Sakamoto）教授（东南大学、东京工业大学合作项目），2016-2017.

东南大学主要参与人员：杨俊宴、葛明、沈旸、郭屹民、林岩、成实等

4）达默小镇案例来源：

笔者个人调研

5）刘店子案例来源：

笔者个人调研

6）阿博莱伦案例来源：

笔者个人调研

参考文献

参考著作

[1] Kevin. Lynch. A Theory of Good City Form[M]. Cambridge: MIT Press, 1981.

[2] 王建国. 现代城市设计理论和方法[M]. 南京：东南大学出版社，2001.

[3] 赵晖. 说清小城镇——全国121个小城镇详细调查[M]. 北京：中国建筑工业出版社，2017.

[4] 费孝通. 乡土中国（修订本）[M]. 上海：上海人民出版社，2013.

[5] 艾伦·B. 雅各布斯. 美好城市：沉思与遐想[M]. 高杨，译. 北京：电子工业出版社，2014.

[6] 戴维·格雷厄姆·肖恩. 重组城市：关于建筑学、城市设计和城市理论的概念模型[M]. 张云峰，译. 北京：中国建筑工业出版社，2016.

[7] F. 吉伯德，等. 市镇设计[M]. 程里尧，译. 北京：中国建筑工业出版社，1983.

[8] 费孝通. 小城镇四记[M]. 北京：新华出版社，1985.

[9] 何帆. 变量——看见中国社会小趋势[M]. 北京：中信出版集团，2019.

[10] 刘易斯·芒福德. 城市发展史——起源、演变和前景[M]. 宋俊岭，倪文彦，译. 北京：中国建筑工业出版社，2005.

[11] 斯皮罗·科斯托夫. 城市的形成——历史进程中的城市模式和城市意义[M]. 单皓，译. 北京：中国建筑工业出版社，2005.

[12] 约瑟夫·里克沃特. 城之理念——有关罗马、意大利及古代世界的城市形态人类学[M]. 刘东洋，译. 北京：中国建筑工业出版社，2006.

[13] Raimund Abraham. Elementare Architecture Architectonic[M]. Salzburg: Pustet, 2001.

[14] 伯纳德·鲁道夫斯基. 没有建筑师的建筑：简明非正统建筑导论[M]. 高军，译. 天津：天津大学出版社，2011.

[15] 阿摩斯·拉普卜特. 宅形与文化[M]. 常青，等译. 北京：中国建筑工业出版社，2007.

[16] 阿摩斯·拉普卜特. 文化特性与建筑设计[M]. 常青，等译. 北京：中国建筑工业出版社，2004.

[17] Amos Rapoport. Spontaneous Settlements as Vernacular Design[M]// PATTON, CARLV (EDITOR). Spontaneous Shelter: International Perspectives and Prospects. Philadelphia: Temple University Press, 1988.

[18] 原广司. 世界聚落的教示100[M]. 于天炜，刘淑梅，译. 北京：中国建筑工业出版社，

2003.
[19] 藤井明. 聚落探访[M]. 宁晶，译. 北京：中国建筑工业出版社，2003.
[20] 刘沛林. 家园的景观与基因——传统聚落景观基因图谱的深层解读[M]. 北京：商务印书馆出版社，2014.
[21] 赵之枫. 传统村镇聚落空间解析[M]. 北京：中国建筑工业出版社，2015.
[22] 简·雅各布斯. 美国大城市的死与生[M]. 金衡山，译. 南京：译林出版社，2006.
[23] Lynch K. The Image of the City[M]. Cambridge: M.I.T. Press, 1960.
[24] C. 亚历山大，等. 建筑模式语言——城镇·建筑·构造[M]. 王听度，等译. 北京：知识产权出版社，2002.
[25] C. 亚历山大，等. 城市设计新理论[M]. 陈治业，等译. 北京：知识产权出版社，2002.
[26] 威廉·H. 怀特. 小城市空间的社会生活[M]. 叶齐茂，等译. 上海：上海译文出版社，2016.
[27] 约翰·里德. 城市[M]. 郝笑丛，译. 北京：清华大学出版社，2010.
[28] 伊德翁·舍贝里. 前工业城市：过去与现在[M]. 高乾，冯昕，译. 北京：社会科学文献出版社，2013.
[29] 阿摩斯·拉普卜特. 建成环境的意义——非语言表达方法[M]. 黄兰谷，等译. 北京：中国建筑工业出版社，2003.
[30] A.E.J. 莫里斯. 城市形态史——工业革命以前[M]. 成一农，等译. 北京：商务印书馆，2011.
[31] V. Gordon Childe. What Happened in History——The Classic Study Which Opened Up New Perspectives in History[M]. Puffin, 1964.
[32] 尤瓦尔·赫拉利. 人类简史——从动物到上帝[M]. 林俊宏，译. 北京：中信出版社，2017.
[33] 徐远. 人·地·城[M]. 北京：北京大学出版社，2016.
[34] 河森堡. 进击的智人[M]. 北京：中信出版社，2018.
[35] 大卫·克里斯蒂安. 极简人类史——从宇宙大爆炸到21世纪[M]. 王睿，译. 北京：中信出版社，2016.
[36] L. 贝纳沃罗. 世界城市史[M]. 薛钟灵，余靖芝，等译. 北京：科学出版社，2000.
[37] 卓旻. 西方城市发展史[M]. 北京：中国建筑工业出版社，2014.
[38] 李允鉌. 华夏意匠:中国古典建筑设计原理分析[M]. 天津：天津大学出版社，2014.
[39] 杰里米·布莱克. 大都会——手绘地图中的城市记忆与梦想[M]. 曹申堃，译. 太原：山西人民出版社，2016.
[40] 王昀. 向世界聚落学习[M]. 北京：中国建筑工业出版社，2011.
[41] Micthel Schwarzer. Freedom and Tectonie[M]. Cambridg: The MIT Press, 1995.
[42] 王建国. 城市设计[M]. 南京：东南大学出版社，2009.

[43] 阿尔弗雷德·申茨．幻方——中国古代的城市［M］．梅青，译．北京：中国建筑工业出版社，2009.
[44] 斯皮罗·科斯托夫．城市的组合——历史进程中的城市形态的元素［M］．邓东，译．北京：中国建筑工业出版社，2008.
[45] 雷德侯．万物——中国艺术中的模件化和规模化生产［M］．张总，等译．北京：生活·读书·新知三联书店，2012.
[46] 周彝馨．移民聚落空间形态适应性研究——以西江流域高要地区“八卦”形态聚落为例［M］．北京：中国建筑工业出版社，2014.
[47] 王昀．传统聚落结构中的空间概念［M］．北京：中国建筑工业出版社，2009.
[48] 克里斯蒂安·诺伯格-舒尔茨．建筑——存在、语言和场所［M］．刘念雄，译．北京：中国建筑工业出版社，2013.
[49] 诺伯舒兹．场所精神：迈向建筑现象学［M］．施植明，译．武汉：华中科技大学出版社，2010.
[50] 东京大学都市设计研究室．图解都市空间构想力［M］．赵春水，译．南京：江苏凤凰科学技术出版社，2019.
[51] 芦原义信．东京的美学：混沌与秩序［M］．刘彤彤，译．武汉：华中科技大学出版社，2018.
[52] 吴良镛．北京旧城与菊儿胡同［M］．北京：中国建筑工业出版社，1994.
[53] 埃德蒙·N．培根．城市设计［M］．黄富厢，朱琪，译．北京：中国建筑工业出版社，2003.
[54] 王鲁民．营国——东汉以前华夏聚落景观规划与秩序［M］．上海：同济大学出版社，2017.
[55] 铜川市地方志办公室翻印．同官县志［M］．1985.
[56] 段进，等．城镇空间解析——太湖流域古镇空间结构与形态［M］．北京：中国建筑工业出版社，2002.
[57] 王士兰，游宏滔．小城镇城市设计［M］．北京：中国建筑工业出版社，2004.
[58] 夏健，龚恺．小城镇中心城市设计［M］．南京：东南大学出版社，2001.
[59] 赵之枫，张建，骆中钊，等．小城镇街道和广场设计［M］．北京：化学工业出版社，2005.
[60] 阿尔多·罗西．城市建筑学［M］．黄士钧，译．北京：中国建筑工业出版社，2006.
[61] 柯林·罗，弗瑞德·科特．拼贴城市［M］．童明，译．北京：中国建筑工业出版社，2003.
[62] 伊恩·伦诺克斯·麦克哈格．设计结合自然［M］．芮经纬，译．天津：天津大学出版社，2006.
[63] 武进．中国城市形态：结构、特征及其演变［M］．南京：江苏科学技术出版社，1990.
[64] 胡俊．中国城市：模式与演进［M］．北京：中国建筑工业出版社，1995.

[65] 龚恺，等. 徽州古建筑丛书[M]. 南京：东南大学出版社，1996.
[66] David Leatherbarrow. The Roots of Architectural Invention: Site, Enclosure, Materials [M]. Cambridge: Cambridge University Press, 1993.
[67] Larkham P J, Jones A N. Glossary of Urban Form[M]. Norwich: Geo Books, 1991.
[68] N.J.Habraken. The Structure of the Ordinary: Form and Control in the Built Environment [M]. Cambridge, Massachusetts: The MIT Press, 2000.
[69] Raimund Abraham. Elementare Architecture Architectonic[M]. Salzburg: Pustet, 2001.
[70] Amos Rapoport. Spontaneous Settlements as Vernacular Design[M]// PATTON, CARLV (EDITOR). Spontaneous Shelter: International Perspectives and Prospects. Philadelphia: Temple University Press, 1988.
[71] Stewart Williams. South Glamorgan——a county history [M]. Barry, Stewart Williams, Publishers, 1975.
[72] Jeff Alden. How well do you know Cowbridge?[M]. Cowbridge: Cowbridge Record Society, 2005.
[73] Devliegher L. Kunst Patrimonium van West-vlaanderen: De Sint-Salvatorskatedraal te Brugge inventaris [M]. Den Haag, Lannoo, 1960.
[74] Jan Hutsebaut en Tom Vermeersch. De Damse Vaart [M]. Grafische dienst province West-Vlaanderen, 2015.
[75] Authors in Aberaeron. Memories——Reminiscences of Aberaeron[M]. Carmarthen, ARTS CARE, 1998.

学术期刊

[76] 任远. 城镇化的升级和新型城镇化[J]. 城市规划学刊，2016(2)：66-71.
[77] 赵燕菁. 城市化2.0与规划转型——一个两阶段模型的解释[J]. 城市规划，2017(3)：116.
[78] 王建国. 基于城市设计的大尺度城市空间形态研究[J]. 中国科学，2009(5)：830-839.
[79] 王建国. 从理性规划的视角看城市设计发展的四代范型[J]. 城市规划，2018，42(1)：9-19，73.
[80] 王建国. 21世纪初中国城市设计发展再探[J]. 城市规划，2012(1)：1-8.
[81] 金广君. 城市设计：如何在中国落地？[J]. 城市规划，2018，42(3)：41-49.
[82] 浦欣成，王竹. 国内建筑学及其相关领域的聚落研究综述[J]. 建筑与文化，2012(9)：54-55.
[83] 单军，吴艳. 地域性应答与民族性传承——滇西北不同地区藏族民居调研与思考[J]. 建筑学报，2010(8)：6-9.
[84] 张钦哲，朱纯华. SAR的理论基础与我国住宅建设[J]. 建筑学报，1985(07)：66-69.
[85] 王建国. 自上而下，还是自下而上——现代城市设计方法及价值观的探寻[J]. 建筑师，

1988（10）.
［86］李匡，黄靖. 新农村规划建设中“权威主义”与“公众参与”的思辨：以北京怀柔官地村旧村改造为例［J］. 城市环境设计，2007（2）：34-37.
［87］李薇. 公众参与转变“精英决策”——乐从北围片区发展概念规划前期研究案例［J］. 城市建设理论研究，2012（5）.
［88］李璟璐. 设计民主化进程——论参与式设计［J］. 城市建设理论研究，2015，5（12）：3151-3152.
［89］仲德崑. “中国传统城市设计及其现代化途径”研究提纲［J］. 新建筑，1991（1）：9-13.
［90］贾倍思，江盈盈. “开放建筑”历史回顾及其对中国当代住宅设计的启示［J］. 建筑学报，2013（1）：20-26.
［91］金莉，赵之枫，张建. 当代小城镇街道和广场设计理念［J］. 小城镇建设，2005（5）：56-58.
［92］王承华，杜娟. 小城镇空间特色塑造探讨——以南京谷里新市镇城市设计为例［J］. 小城镇建设，2015，33（5）：64-69.
［93］杨俊宴，谭瑛，吴明伟. 基于传统城市肌理的城市设计研究——南京南捕厅街区的实践与探索［J］. 城市规划，2009，33（12）：87-92.
［94］张杰，张弓，张冲，等. 向传统城市学习——以创造城市生活为主旨的城市设计方法研究［J］. 城市规划，2013，37（3）：26-30.
［95］王士兰，曲长虹. 重视小城镇城市设计的几个问题——为中国城市规划学会2004年年会作［J］. 城市规划，2004，28（9）：26-30.
［96］张立涛，刘星，薛玉峰. 小城镇城市设计技术要点研究［J］. 小城镇建设，2017（5）：54-60.
［97］吕迪华，徐雷，王卡. “链接”与“生长”——兼并过程中小城镇形态保护的两种方式［J］. 城市规划，2005（1）：89-92.
［98］卢峰. 山地中小城镇旧城更新的策略与方法［J］. 重庆建筑大学学报，2005，2（2）：23-25.
［99］李大勇，吴强. 地域文化传承视角下的小城镇形象特色的建构［J］. 小城镇建设，2010（2）：85-89.
［100］熊勇，宋丽美，张志强. 小城镇城市设计中的地域性回归研究——以株洲市云田镇为例［J］. 湖南工业大学学报，2016，30（3）：91-96.
［101］陈超，徐宁，张姚钰，等. 新型城镇化背景下小城镇城市设计实践反思——以南京市江宁区土桥新市镇城市设计为例［J］. 规划师，2016，32（1）：105-111.
［102］刘迪，朱慧超，俞为妍. 中国传统社会小城镇本土化城市设计刍议［J］. 城市规划学刊，2017（S2）：206-210.
［103］马青锋，张鑫，郑先友. 小城镇历史街区的“自然生长”改造模式——以黄屯老街为例［J］. 南方建筑，2018（2）：72-77.

[104] 冯伟，秦亚梅，武芳，等. 基于空间形态特征的小城镇城市设计策略［J］. 建筑与文化，2019（5）：147-149.
[105] 赵彦超，张清华，唐克然. 基于山水林田城村共同体视角的小城镇城市设计路径探索——以青海省贵德县中心城区为例［J］. 小城镇建设，2019，37（6）：41-48.
[106] 孙亮，何依. 从规范到精准：基于特色的名村保护研究——以宁波市为例［J］. 城市规划，2019，43（2）：74-83.
[107] 齐康. 城市的形态（研究提纲初稿）［J］. 城市规划，1982（6）：16-25.
[108] 齐康. 城市的形态［J］. 现代城市研究，2011（5）：92-96.
[109] 林岩，王建国. 基于"自下而上"城市设计途径的聚落空间形态研究——以广东高要黎槎村和蚬岗村为例［J］. 建筑师，2016（3）：94-100.
[110] 林岩，沈旸. 长卷与立轴：两种城市"片段秩序"画法与城市历史空间更新方法［J］. 建筑学报，2017（8）：14-20.
[111] 董亦楠，韩冬青，沈旸，等. 适于传统街区保护再生的"类型学地图"绘制与应用——以南京小西湖为例［J］. 建筑学报，2019（2）：81-87.
[112] 张悦，郝石盟，朵宁，等. 开间更新：一种基于整体保护与人居改善的北京老城微更新模式［J］. 建筑学报，2018（7）：16-22.
[113] 徐磊青，宋海娜，黄舒晴，等. 创新社会治理背景下的社区微更新实践与思考——以408研究小组的两则实践案例为例［J］. 城乡规划，2017（4）：43-51.
[114] 刘思思，徐磊青. 社区规划师推进下的社区更新及工作框架［J］. 上海城市规划，2018（4）：28-36.
[115] 翟宇佳，徐磊青. 城市设计品质量化模型综述［J］. 时代建筑，2016（2）：133-139.
[116] 言语，徐磊青. 记忆空间活化的人本解读与实践——环境行为学与社会学视角［J］. 现代城市研究，2016（8）：24-32.
[117] 徐磊青. 城市意象研究的主题、范式与反思——中国城市意象研究评述［J］. 新建筑，2012（1）：114-117.
[118] 吴瑕玉，柳健. 平民设计，日用即道——凸显日常的重庆小城镇街道微更新操作指南［J］. 规划师，2017，33（S2）：180-186.
[119] 郑莘，林琳. 1990年以来国内城市形态研究述评［J］. 城市规划学刊，2002，26（7）：59-64.
[120] 王慧芳，周恺. 2003—2013年中国城市形态研究评述［J］. 地理学科进展，2014（5）：689-701.
[121] 刘铨，丁沃沃. 城市肌理形态研究中的图示化方法及其意义［J］. 建筑师，2012（1）：5-12.
[122] 丁沃沃，刘青昊. 城市物质空间形态的认知尺度解析［J］. 现代城市研究，2007（8）：32-41.
[123] 谷凯. 城市形态的理论与方法——探索全面与理性的研究框架［J］. 城市规划，2001

（12）：36-41.
［124］陈飞，谷凯．西方建筑类型学和城市形态学：整合与应用［J］．建筑师，2009（2）：53-58.
［125］寿焘，仲文洲．际村的“基底”——乡村自组织营造策略研究［J］．建筑学报，2016（8）：66-73.
［126］王浩峰，饶小军．承传存续：乡村聚落空间复兴机制诌议［J］．建筑师，2016（5）：72-79.
［127］邓浩，宋峰，蔡海英．城市肌理与可步行性——城市步行空间基本特征的形态学解读［J］．建筑学报，2013（6）：8-13.
［128］菲尔·琼斯．生态城市——自下而上项目的路线［J］．UED，2016（6）：193-197.
［129］周彝馨，李晓峰．移民聚落社会伦理关系适应性研究——以广东高要地区“八卦”形态聚落为例［J］．建筑学报，2011（11）：6-10.
［130］马晓，周学鹰．白川村荻町——日本最美的乡村［J］．中国文化遗产，2013（5）：102-107.
［131］韩晓峰．建筑城市——自下而上城市建筑发生机制研究［J］．现代城市研究，2012（12）：4-8.
［132］李丽．礼俗社会与法理社会的比较分析——《乡土中国》书评［J］．法制与社会，2008（17）：278，292.
［133］汪池．从“城市雏形”谈起——与杜瑜同志商榷［J］．松辽学刊，1985（1）：15-18.
［134］唐相龙．新城市主义及精明增长之解读［J］．城市问题，2008（1）：87-90.
［135］吴才珺．新场古镇传承与保护［J］．上海城市规划，2012（4）：137-141.
［136］刘国强，张卫，刘欣纯，等．新时代乡村建设中建筑师与当地村民的角色定位——以西河粮油博物馆为例［J］．城市建筑，2018（20）：10-12.
［137］弋念祖，许懋彦．美好社区的营造战术——社会空间治理下的日本社区设计师角色观察［J］．城市建筑，2018（25）：47-50.
［138］宋晔皓，孙菁芬．面向可持续未来的尚村竹篷乡堂实践——一次村民参与的公共场所营造［J］．建筑学报，2018（12）：36-43.
［139］王梓晨，朱隆斌．小城镇城市设计的“设计”问题研究［J］．住宅科技，2017，37（4）：16-25.
［140］Nick R · Smith. Beyond top-down/ bottom-up: Village transformation on China's urban edge［J］. Cities, 2014, 41: 209-220.
［141］MA Wuding, SHI Ke. Cityscape: An Indication of City's Value［J］. China City Planning Review, 2010(3).
［142］Aalto, HE,Ernstson, H. Of plants, high lines and horses: Civic groups and designers in the relational articulation of values of urban natures［J］. Landscape and Urban Planning, 2017(1)：309-321.

[143] MA Wuding. Some Reflections on "Livable City" [J]. China City Planning Review, 2007(2).

[144] Ken Doust. Toward a typology of sustainability for cities [J]. Journal of Traffic and Transportation Engineering (English Edition), 2014(3).

[145] ZHANG Jie, DENG Xiangyu, YUAN Luping. Exploring New City Building Types, Weaving Urban Context: A Case Study on Old City of Jinan [J]. China City Planning Review, 2006(2): 56-62.

[146] ZHAO Miaoxi, XU Gaofeng, LI Xinjian, et al. Media Representation of Space Images of Shanghai Downtown Areas [J]. Journal of Landscape Research, 2013(9).

[147] Mantha Zarmakoupi. Balancing Acts Between Ancient and Modern Cities: The Ancient Greek Cities Project of C. A. Doxiadis [J]. Historical Review-La Revue Historique, 2013(10): 135-160.

[148] Petrescu, D, Petcou, C, Baibarac, C. Co-producing commons-based resilience: lessons from R-Urban [J]. Building Research & Information, 2016(7): 717-736.

[149] Cupers, K. Mapping and Making Community in the Postwar European City [J]. Journal of Urban History, 2016(11).

[150] Kibwami, N, Tutesigensi, A. Integrating clean development mechanism into the development approval process of buildings: A case of urban housing in Uganda [J]. Habitat International, 2016(4): 331-341.

[151] Brand, D, Nicholson, H. Public space and recovery: learning from post-earthquake Christchurch [J]. Journal of Urban Design, 2016(2).

[152] Sripanich, B, Nitivattananon, V, Perera, R. City development fund: A financial mechanism to support housing and livelihood needs of Thailand's urban poor [J]. Habitat International, 2015(10): 366-374.

[153] D'Acci, L. Mathematize urbes by humanizing them. Cities as isobenefit landscapes: psycho-economical distances and personal isobenefit lines [J]. Landscape and Urban Planning, 2016(7): 63-81.

[154] Lawless, P. Reconciling "Bottom-Up" Perspectives with "Top-Down" Change Data in Evaluating Area Regeneration Schemes [J]. European Planning Studies, 2013(10).

[155] Novy, A, Redak, V, Jager, J. The End of Red Vienna Recent Ruptures and Continuities in Urban Governance [J]. European urban and Regional Studies, 2001,(4).

[156] Barredo, JI, Demicheli, L. Urban sustainability in developing countries' megacities: modelling and predicting future urban growth in Lagos [J]. Cities, 2003(10): 297-310.

[157] Brady, Maureen E. The Failure of America's First City Plan [J]. Urban Lawyer, sum 2014.

[158] Dicks, Bella. Participatory Community Regeneration: A Discussion of Risks,

Accountability and Crisis in Devolved Wales [J]. Urban Studies, 2014(4).
[159] Kellett, Ronald, Christen, Andreas, Coops, Nicholas C. A systems approach to carbon cycling and emissions modeling at an urban neighborhood scale [J]. Landscape and Urban Planning, 2013(2): 48-58.
[160] Bramwell, Allison. Networks Are Not Enough ... But They Do Matter: Urban Governance and Workforce Development in Three Ontario Cities [J]. Urban Affairs Review, 2012,(5).
[161] Goodchild, Barry, Jeannot, Gilles，Hickman, Paul. Professions, Occupational Roles and Skills in Urban Policy: A Reworking of the Debates in England and France [J]. Urban Studies, 2010(11).
[162] Novy, Andreas, Hammer, Elisabeth. Radical innovation in the era of liberal governance-The case of Vienna [J]. European urban and Regional Studies, 2007(7).

学位论文

[163] 王鑫. 环境适应性视野下的晋中地区传统聚落形态模式研究 [D]. 北京：清华大学，2014.
[164] 杨梦云. Jacob Leslie Crane与当代互助自建 [D]. 长沙：湖南大学，2015.
[165] 王婷婷. 社区规划师的角色定位及其职业制度建构——一种公众参与城市规划的路径探索 [D]. 南京：南京大学，2010.
[166] 林岩. 基于“自下而上”城市设计途径的城镇聚落研究 [D]. 南京：东南大学，2015.
[167] 何依. 四维城市理论及应用研究 [D]. 武汉：武汉理工大学，2012.
[168] 刘祥春. 自下而上旧城更新模式研究 [D]. 广州：华南理工大学，2017.
[169] 费移山. 整体视角下的城市形态史研究 [D]. 南京：东南大学，2015.
[170] 李家翔. 宜兴市丁蜀镇古南街传统砖木建筑适应性改造方法探析 [D]. 南京：东南大学，2017.
[171] 浦欣成. 传统乡村聚落二维平面整体形态的量化方法研究 [D]. 杭州：浙江大学，2012.
[172] 侯正华. 城市特色危机与城市建筑风貌的自组织机制 [D]. 北京：清华大学，2003.
[173] 陈涛. 城市形态演变中的人文与自然因素研究 [D]. 北京：清华大学，2005.
[174] 雷蕾. 城市自发更新空间研究——以重庆为例 [D]. 重庆：重庆大学，2010.
[175] 孙静. 人地关系与聚落形态变迁的规律性研究——以徽州聚落为例 [D]. 合肥：合肥工业大学，2007.
[176] 兰文龙. “型”、“类”、“期”视角下的城市形态分析方法研究 [D]. 南京：东南大学，2015.
[177] 徐晓曦. “城市修补”理念下特色小城镇旅游适应性更新研究 [D]. 南京：东南大学，2016.
[178] 郝凌佳. 城市非正规视角下南京四牌楼街区更新策略研究 [D]. 南京：东南大学，2016.
[179] 孔祥恒. 城市意象和城市形态相关性研究初探 [D]. 南京：东南大学，2009.

[180] 彭健航."自下而上"城市更新模式审视与自组织更新研究——以上海田子坊地区为例[D]. 杭州：浙江大学，2014.

[181] 尚正永. 城市空间形态演变的多尺度研究——以江苏省淮安市为例[D]. 南京：南京师范大学，2011.

[182] 朱蓉. 城市记忆与城市形态[D]. 南京：东南大学，2005.

[183] 于梦瑶. 墨家平等思想与自下而上的城市公共空间[D]. 北京：清华大学，2012.

[184] 文闻. 自下而上的住区公共服务设施研究[D]. 长沙：中南大学，2012.

[185] 綦伟琦. 城市设计与自组织的契合[D]. 上海：同济大学，2006.

[186] 谭莹. 基于日常生活的城市设计策略研究[D]. 重庆：重庆大学，2011.

[187] 朱少华. 小城镇城市设计初探[D]. 西安：西安建筑科技大学，2006.

[188] 方智果. 基于近人空间尺度适宜性的城市设计研究[D]. 天津：天津大学，2014.

[189] 李斌. 陈炉古镇传统民居院落及窑居建筑研究[D]. 西安：西安建筑科技大学，2008.

致谢

记得2018年2月的一天，我独自在考布里奇调研。那天天气异常的冷，威尔士山区冬天的寒风也格外地刺骨。就在我走上山坡，一束光刚好打在了考布里奇城镇密密麻麻的房子上。此情此景，可爱极了。虽然我是第一次踏上这片土地，但这座城镇却让我感受到一种特殊的“联系（Connection）”，那种感觉仿佛是“看到了满天繁星”。我想，这就是自硕士学习阶段开始研究“传统城镇聚落”带给我的馈赠吧！那一刻，我感到做一个城镇研究者幸福极了。

本书基于我在东南大学建筑学院完成的博士和硕士学位论文的基础上写成的，整个研究的时间跨度长达6年。本项成果的顺利完成，首先要感谢我的博士和硕士学习阶段的导师——王建国院士。在东南大学跟随王建国老师学习的7年多时间里，王老师“求真不求胜”的作风和对学术的极度尊重深深地影响了我，并让我对城镇空间研究和城市设计产生了浓厚的兴趣。本项研究之所以能顺利开展，主要得益于导师对此项研究的长期指导和鼓励。

同时，还要感谢我的外籍导师——卡迪夫大学威尔士建筑学院院长Chris Tweed教授。在我于卡迪夫大学访学的一年时间里，Chris Tweed教授的单独指导让我受益良多，并为我提供了多次公开与本校学者交流的机会。感谢卡迪夫大学威尔士建筑学院城市设计方向带头人Assem Inam教授，若干次深入的学术讨论让我深受启发和感动。感谢Ian Knight教授、Julie Gwilliam博士、Mhairi McVicar博士、Christopher Whitman博士等的帮助。

感谢母校东南大学其他老师在学习过程中对我的关照和帮助。感谢杨俊宴教授、沈旸教授、葛明教授、张彤教授、鲍莉教授对我学习和研究的帮助和启发。感谢外籍院长David Leatherbarrow教授在课程中和私下里帮助我学习和思考。同时，还要特别感谢WJG Atelier以及长期以来和我一同学习和工作的老师和同学们：师姐姚昕悦、成实博士、许昊皓博士、李京津博士、沈宇驰博士、吕明扬、陈海宁等。

感谢江苏省社会科学基金、江苏省“双创博士”计划项目的支持。感谢我的工作单位中国矿业大学建筑与设计学院对本书出版的支持。

最后，感谢我的父母对我学术研究的鼓励和生活上的照顾，感谢我的爱人赵立元博士的陪伴与同行。